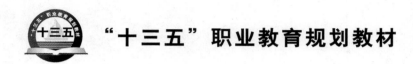

"十三五"职业教育规划教材

液压与气动技术

YEYA YU QIDONG JISHU

主　编　赵建平
副主编　李现友
参　编　张宠元　娄丽莎
　　　　吴立新　王建华
主　审　张红俊

中国电力出版社
CHINA ELECTRIC POWER PRESS

内 容 提 要

本书为"十三五"职业教育规划教材。全书包括液压传动与气压传动两部分内容，以项目引领、任务驱动的模式编写，全书共十七个项目。本书主要介绍了液压与气动基本知识、液压动力元件与执行元件结构原理与选用、液压控制元件结构原理及选用、液压基本回路分析与搭建、辅助元件结构原理及选用、典型工业液压系统分析与设计、气压传动元件及回路选用与维护等内容。本书着重培养学生分析、设计液压与气动基本回路，安装、调试、使用、维护液压与气动系统，诊断和排除液压与气动系统故障的能力。在各教学环节设置了技能训练模块，以培养学生应用实践技能，技能训练内容可根据专业需要进行相应调整开展教学；并在附录列出了常用液压与气动元件图形符号。

本书可作为高职高专院校机械类、机电类相关专业的教材，也可供其他专业的师生和相关工程技术人员、中职院校学生参考使用。

图书在版编目（CIP）数据

液压与气动技术/赵建平主编. —北京：中国电力出版社，2015.8（2020.11重印）

"十三五"职业教育规划教材

ISBN 978 - 7 - 5123 - 7875 - 9

Ⅰ. ①液… Ⅱ. ①赵… Ⅲ. ①液压传动-高等职业教育-教材②气压传动-高等职业教育-教材 Ⅳ. ①TH137②TH138

中国版本图书馆 CIP 数据核字（2015）第 126277 号

中国电力出版社出版、发行

（北京市东城区北京站西街 19 号　100005　http://www.cepp.sgcc.com.cn）

三河市航远印刷有限公司印刷

各地新华书店经售

*

2015 年 8 月第一版　　2020 年 11 月北京第二次印刷

787 毫米×1092 毫米　16 开本　15.75 印张　377 千字

定价 **32.00** 元

前　　言

　　《国务院关于加快发展现代职业教育的决定》指出，职业教育坚持以立德树人为根本，以服务发展为宗旨，以促进就业为导向，适应技术进步、生产方式变革及社会公共服务的需要，坚持校企合作、工学结合，强化教学、学习、实训相融合的教育教学活动，实现专业课程内容与职业标准对接，教学过程与生产过程对接，突出"文化素质＋职业技能"并重的人才培养目标，培养生产一线的高素质劳动者和技术技能人才。本书是编者根据高职人才培养要求，依据《高等职业学校专业教学标准（试行）》提出的教学要求，针对高职高专机械类、机电类专业的人才培养目标和岗位技能要求，结合高职高专院校教学改革成果和自身多年教学经验编写而成。

　　本书根据液压与气动技术行业所必需的基本理论知识和技能，优化内容，简化结构，突出教学内容的实践性与应用性，以项目教学为引领，以任务驱动为途径，将技能训练融入到理论教学中，实现了理论知识与技能训练的统一，努力实现教学与工业实际应用的衔接。学生能够在学习中实现利用理论指导技能训练，同时以技能训练促进理论学习的目标。在教材编写过程中参考了相关行业的职业技能标准规范和液压与气动技术方面的相关资料，吸收了液压与气动技术领域的新知识、新技术、新方法，尽力使教材内容符合液压与气动技术行业应用的需要。

　　本书由17个项目组成：液压与气动基本知识、液压动力元件与执行元件结构原理与选用、液压控制元件结构原理及选用、液压基本回路分析与搭建、辅助元件结构原理及选用、典型工业液压系统分析与设计、气压传动元件及回路选用等。本书着重培养学生分析、设计液压与气动基本回路，安装、调试、使用、维护液压与气动系统，诊断和排除液压与气动系统故障的能力。每个项目的子任务都提出了相应的任务描述与任务目标以指导教师与学生开展教学。在相应项目中设置了技能训练模块，以培养学生应用实践技能，技能训练内容可根据专业需要进行相应调整。

　　本书由包头职业技术学院赵建平任主编，李现友任副主编。参加编写的有包头职业技术学院赵建平（项目1、2、12及附录）、李现友（项目3、8、9、10）、张宪元（项目4、17及部分技能训练）、娄丽莎（项目5、6、7、11）、吴立新（项目13～16），以及包头永华液压控制有限公司王建华（技能训练）。本书由山西煤炭职业技术学院张红俊教授主审。

　　由于编者水平有限，书中难免有不妥之处，恳请广大读者批评指正。

编　者

2015.5

目　　录

项目1 液压与气压传动系统概述

任务1.1 认识液压与气压传动系统

【任务描述】

液压与气压传动是以密闭系统中的受压流体（液体或空气）为工作介质来传递运动和动力的一种传动方式。通过现场观察分析典型液压系统及设备工作运行情况，学习和掌握液压与气压传动的基本工作原理、组成结构及特点。

【任务目标】

（1）掌握液压与气动系统的工作原理与组成结构。

（2）认识液压与气动系统的基本职能符号。

（3）了解液压与气动系统的优缺点。

（4）观察分析典型设备液压系统基本工作原理与结构特点。

【基本知识】

1.1.1 液压与气压传动工作原理

液压与气压传动技术是以密闭系统中的受压流体（压缩液体或压缩空气）为工作介质，来传递运动和动力的一种传动方式。液压与气动技术发展十分迅速，目前已广泛应用于军工、冶金、工程机械、农业机械、汽车、轻纺、船舶、石油、航空和机床工业中。当前，液压技术正向高压、高速、大功率、低噪声、低能耗、经久耐用、数字化、高度集成化、机电一体化等方向发展，气压传动正向节能化、小型化、轻量化、位置控制的高精度化，以及机、电、液相结合的综合控制方向发展。

液压与气压传动和控制的方法基本相同，都是利用各种元件组成具有所需功能的基本控制回路，再将若干基本控制回路加以综合利用而构成能完成特定任务的传动和控制系统，实现能量的转换、传递与控制，只是液压传动的工作介质是受压液体，气压传动的工作介质是受压气体。液压与气压传动在基本工作原理、回路组成等方面都非常相似。

下面以图1-1所示液压千斤顶的工作原理为例来介绍液压传动的基本工作原理。

如图1-1所示，大油缸9和大活塞8组成举升液压缸，杠杆手柄1、小油缸2、小活塞3、单向阀4和7组成手动液压泵。若提起手柄使小活塞向上移动，小活塞下端油腔容积增大，形成局部真空，这时单向阀4打开，通过吸油管5从油箱12中吸油；用力压下手柄，小活塞下移，小活塞下腔压力

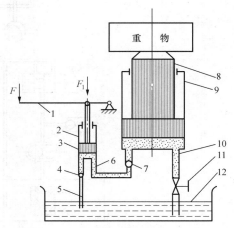

图1-1 液压千斤顶工作原理图

1—杠杆手柄；2—小油缸；3—小活塞；
4、7—单向阀；5—吸油管；6、10—管道；
8—大活塞；9—大油缸；11—截止阀；
12—油箱

升高，单向阀 4 关闭，单向阀 7 打开，下腔的油液经管道 6 输入举升大油缸 9 的下腔，迫使大活塞 8 向上移动，顶起重物。再次提起手柄吸油时，单向阀 7 自动关闭，使油液不能倒流，从而保证了重物不会自行下落。不断地往复扳动手柄，就能不断地把油液压入举升缸 9 下腔，使重物逐渐地升起。如果打开截止阀 11，举升缸下腔的油液通过管道 10、截止阀 11 流回油箱，重物就向下移动。这就是液压千斤顶的工作原理。

　　通过对上面液压千斤顶工作过程的分析，可以了解液压传动的基本工作原理是利用变化密封容积内的受压油液作为工作介质来传递运动和动力。压下杠杆时，小油缸 2 容积减小输出压力油，将机械能转换成油液的压力能，压力油经过管道 6 及单向阀 7，推动大活塞 8 举起重物，将油液的压力能又转换成机械能。大活塞 8 举升的速度取决于单位时间内流入大油缸 9 中油液体积的多少。

1.1.2　液压与气压传动系统的组成

　　图 1-2 所示为简化的磨床工作台液压系统，其对液压缸动作的基本工作要求是：工作台能够实现直线往复运动、变速、在任意位置停留，以及承受不同的负载等功能。其工作原理如下：液压泵 17 由电动机驱动后，从油箱 19 中吸油。油液经滤油器 18 进入液压泵，油液在泵腔中从入口低压到泵出口高压，在如图 1-2（a）所示的状态下，通过手动换向阀 10、节流阀 7、换向阀 5 进入液压缸 2 左腔，推动活塞 3 使工作台 1 向右移动。这时，液压缸右腔的油经换向阀 5 和回油管 6 排回油箱。

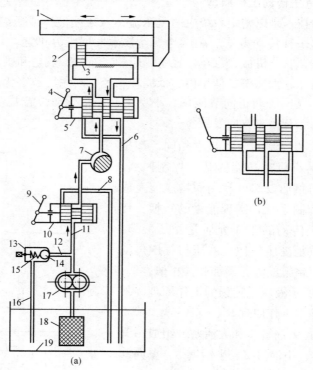

图 1-2　机床工作台液压系统工作原理图

1—工作台；2—液压缸；3—活塞；4—换向手柄；5、10—手动换向阀；6、8、16—回油管；
7—节流阀；9—开停手柄；11—压力管；12—压力支管；13—溢流阀；
14—钢球；15—弹簧；17—液压泵；18—滤油器；19—油箱

如果将换向阀手柄转换成如图 1 - 2（b）所示的状态，则压力管中的油将经过手动换向阀 10、节流阀 7 和换向阀 5 进入液压缸右腔、推动活塞使工作台向左移动，并使液压缸左腔的油经换向阀 5 和回油管 6 排回油箱。

工作台的移动速度是通过节流阀 7 来调节的。当节流阀开口增大时，进入液压缸的油量增多，工作台的移动速度增大；当节流阀开口关小时，进入液压缸的油量减小，工作台的移动速度减小。为了克服移动工作台时所受到的各种阻力，液压缸必须产生一个足够大的推力，这个推力是由液压缸中的油液压力所产生的。系统压力大小由溢流阀 13 调节，并将液压泵排出的多余液压油送回油箱，其调定压力应略高于液压缸的工作压力。

图 1 - 3 所示为一可完成某程序动作的气压传动系统的组成原理图。电动机 12 带动空气压缩机 11 旋转，产生压缩空气输送到储气罐 1 中，通过储气罐 1、过滤器 10、油雾器 9、逻辑元件 3、方向控制阀 4 和流量控制阀 5 进入气缸 6 的一腔，推动气缸 6 的活塞运动，气缸另一腔的气体通过流量控制阀、方向控制阀和消声器 8 排到大气。控制装置是由若干气动元件组成的气动逻辑回路，它可根据气缸活塞杆的始末位置，由行程开关 7 等传递信号，在做出逻辑判断后指示气缸 6 下一步的动作，从而实现规定的自动工作循环。

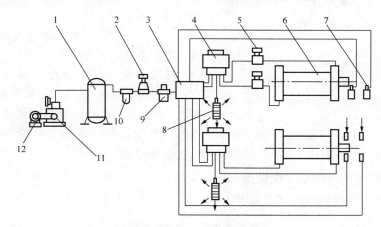

图 1 - 3　气压传动系统
1—储气罐；2—压力控制阀；3—逻辑元件；4—方向控制阀；5—流量控制阀；6—气缸；
7—行程开关；8—消声器；9—油雾器；10—过滤器；11—空气压缩机；12—电动机

从上述液压和气压传动系统的工作过程可以看出，一个完整的、能够正常工作的液压和气压传动系统，应该由以下五个主要部分来组成。

（1）动力元件：供给液压、气动系统压力油或压缩空气，把机械能转换成压力能的装置。最常见的有液压泵、空气压缩机。

（2）执行元件：把压力能转换成机械能以驱动工作机构的装置。其形式有做直线运动的液压缸、气缸，以及做旋转运动的液压马达、气动马达。

（3）控制调节元件：对系统中的流体的压力、流量或流动方向进行控制或调节的装置，如溢流阀、节流阀、换向阀、逻辑元件等。

（4）辅助元件：上述三部分之外的其他装置，如油箱，滤油器，油管、管接头、冷却器、消声器、蓄能器、仪表、密封装置等。它们对保证系统正常工作是必不可少的。

（5）工作介质：传递能量和动力的载体，液体工作介质还有润滑作用，液压传动的工作介质为液压油或其他合成液体，气压传动的工作介质是压缩空气。

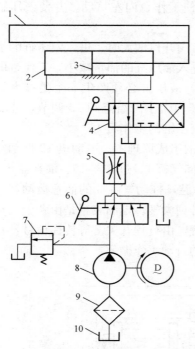

图 1-4 机床工作台液压系统的图形符号图
1—工作台；2—液压缸；3—活塞；4、6—手动
换向阀；5—节流阀；7—溢流阀；
8—液压泵；9—滤油器；10—油箱

图 1-2 所示为一种半结构式液压系统的工作原理图，它的优点是直观性强、容易理解，当液压系统发生故障时，根据原理图检查十分方便，但图形比较复杂，绘制比较麻烦。通常采用 GB/T 786.1—2009 所规定的液（气）压图形符号来绘制液压与气动系统原理图。图 1-4 所示为采用图形符号绘制的磨床工作台液压系统图。液压与气压传动系统中，只表示元件的功能，不表示元件的结构和安装位置，这种图形符号也称为职能符号图，因此凡是相同功能的液（气）压元件均可用相同职能符号图表示。对于这些图形符号有以下几条基本规定：

（1）符号只表示元件的职能，连接系统的通路，不表示元件的具体结构和参数，也不表示元件在机器中的实际安装位置。

（2）元件符号内的油液流动方向用箭头表示，线段两端都有箭头的，表示流动方向可逆。

（3）符号均以元件的静止位置或中间零位置表示，当系统的动作另有说明时，可作例外。

如图 1-4 所示用液压系统图图形符号绘制的工作原理图，使用这些图形符号可使液压系统图简单明了，且便于绘图。

1.1.3　液压与气压传动的优缺点

液压传动和气压传动的优缺点见表 1-1。

表 1-1　　　　　　　　　　液压传动和气压传动的优缺点

名　称	优　点	缺　点
液压传动	1. 单位体积输出功率大 2. 工作比较平稳，能在低速下稳定工作 3. 能在较大范围内实现无级调速 4. 易于实现自动化 5. 易于实现过载保护 6. 液压元件已实现标准化、系列化、通用化	1. 易发生泄漏 2. 传动比不精确 3. 能量损失大，传动效率低 4. 温度变化影响黏度，从而影响运动稳定性 5. 制造精度高，出现故障难以查找
气压传动	1. 以空气为工作介质，来源方便，无污染 2. 空气流动损失小，便于集中供气和远距离传送 3. 动作迅速，反应快，维护简单 4. 工作环境适应性强 5. 结构简单轻便，使用安全可靠	1. 空气具有可压缩性，运动稳定性差，动作速度易受负载影响 2. 工作压力低，输出力小，传动效率低 3. 排气噪声大

1.1.4　液压与气压传动的应用及发展

1. 液压与气压传动的主要应用

在工业生产中液压与气压传动技术的应用不尽相同。液压传动技术由于具有结构简单、体积小、重量轻、输出力大的显著优点，已经广泛应用于各个领域之中，例如在工程机械、矿山机械、起重运输机械、建筑机械、农业机械、冶金机械、汽车工业、航空航天等领域；而气压传动由于其操作方便，且无油、无污染的特点，广泛应用于电子工业、包装机械、印染机械、食品机械等方面。液压传动在各类机械行业中的应用举例见表1-2。

表1-2　　　　　　　　　液压与气压传动在各类机械行业中的应用实例

行业名称	应用场所举例
工程机械	挖掘机、装载机、推土机、压路机、铲运机等
起重运输机械	汽车吊、港口龙门吊、叉车、装卸机械、皮带运输机等
矿山机械	凿岩机、开掘机、开采机、破碎机、提升机、液压支架等
建筑机械	打桩机、液压千斤顶、平地机等
农业机械	联合收割机、拖拉机、农具悬挂系统等
冶金机械	电炉炉顶及电极升降机、轧钢机、压力机等
轻工机械	打包机、注塑机、校直机、橡胶硫化机、造纸机等
汽车工业	自卸式汽车、平板车、高空作业车、汽车中的转向器、减振器等
智能机械	折臂式小汽车装卸器、数字式体育锻炼机、模拟驾驶舱、机器人等

2. 液压与气压传动的发展方向

（1）液压传动发展方向。

1）液压传动技术正向着高压、高速、大功率、高效、低噪声、经久耐用、高度集成化的方向发展。

2）与计算机科学技术相结合。新型液压元件与液压系统的计算机辅助设计（CAD）、计算机辅助测试（CAT）、计算机直接控制（CDC）、计算机实时控制技术、机电一体化技术、计算机仿真技术和优化技术相结合。

3）与其他相关科学技术相结合。例如，污染控制技术和可靠性技术等也是当前液压技术发展和研究的方向。

4）开辟新的应用领域。

（2）气动技术的发展方向。

1）机、电、气一体化。由PLC-传感器-气动元件组成的控制系统仍然是自动化技术的重要方面；发展与电子技术相结合的自适应控制气动元件，使气动技术从开关控制进入到高精度的反馈控制；复合集成化系统不仅减少配线、配管和元件，而且拆装简单，大大提高系统的可靠性。

2）小型、轻量和低功率。元件的超薄、超小型化制造采用铝合金、塑料等新型材料，并进行等强度设计，质量大为减轻，现已出现仅重10g的低功率电磁阀，其功率只有1~0.5W。

3）高质量、高精度、高速度。电磁阀的寿命达300万次以上，气缸寿命达2000~

6000km；定位精度达 0.5～0.1mm，小型电磁阀的工作频率达数十赫兹，气缸速度达 3m/s 以上。

4）无给油化。为适应食品、医药、生物工程、电子、纺织、精密仪器等行业的无污染要求，不加润滑脂的不供油润滑元件已经问世。构造特殊、用自润滑材料制造的无润滑元件，不仅节省大量润滑油，不污染环境，而且系统简单、性能稳定、成本低、寿命长。

技能训练　观察分析典型液压系统工作原理

1. 训练目标

在实训教师指导下观察液压千斤顶、磨床等典型液压设备的液压系统工作过程，了解其基本组成结构，分析其工作原理；通过控制简单液压传动系统的运行，建立对液压与气压传动系统的感性认识，激发学生对于液压与气压传动技术的学习兴趣。

（1）通过观察液压与气动设备的工作过程建立液压与气动系统的感性认识。

（2）观察工业液压、气动元件与透明元件模型的结构，初步了解常用液压与气动元件组成结构及基本工作原理。

（3）建立液压与气动回路的基本概念。

（4）根据 GB/T 786.1—2009 绘制简单液压或气压传动系统图。

2. 训练设备及器材

表 1-3　　　　　　　　　　　　训 练 设 备 及 器 材

设备、器材及其型号		数　量
液压综合实验台	YYSYT-003（或其他同类综合实验台）	6 台
平面磨床	M7140（或其他典型液压设备）	2 台
液压千斤顶	液压千斤顶	6 台
工业液压（气动）元件	各种液压（气动）泵、缸、阀、辅助元件	若干
透明液压元件模型	各种液压（气动）泵、缸、阀透明模型	若干
工具	内六角扳手、固定扳手、螺丝刀等各种辅助工具	6 套

3. 训练内容

（1）观察如图 1-5 所示的液压千斤顶工作过程，分析其工作原理。

（2）观察平面磨床工作台工作过程，试分析其工作原理。

（3）观察分析现场提供的工业液压（气动）元件与透明元件模型，初步认识液压（气动）元件的名称、外形和图形符号。

4. 液压与气压传动实训安全操作规程

（1）液压与气动实验台及其他设备周围要留有足够的空间，便于实训人员进行操作和训练。

（2）在进行液压与气动实训之前要检查实训设备、元件和器械，保证完好。

（3）训练过程中所有液压与气动元件及工具均需摆放整齐，不得随意放置。

图 1-5　液压千斤顶

（4）按照操作要求安装固定液压与气动元件，保证管路连接可靠，避免出现事故。

（5）训练时液压与气动系统不得超过实验台限定工作压力，避免出现事故。

（6）按照训练要求接好回路后，必须经检查无误，通过教师检查和允许后才能启动电动机，不得在连接管路过程中启动动力源。

（7）实训设备电气系统必须由专业维修人员进行连接和维修、维护。

（8）在实训过程中不允许在有压力情况下拆卸管路，实训完毕后必须将液压泵卸荷，然后关闭油泵，切断电源。

（9）实训完毕后按要求收回所有连接管路和液压气动元件，并擦拭干净工作台和液压（气动）元件。

在拆装工业液压系统时的注意事项见表 1-4。

表 1-4　　　　　　　　　　　　液压系统拆装注意事项

项　目	说　明
液压油的处理	拆卸前，应将液压油排放到干净的油桶内，并盖好桶盖，经过观察或化验，质量没有变化的液压油允许继续使用。取下液压油箱的箱盖时，必须用塑料板盖好，并用螺钉压紧
释放回路中残余压力	1. 在拆卸液压系统以前，必须弄清液压回路内是否有残余的压力，拆卸装有蓄能器的液压系统之前，必须把蓄能器所有能量全部释放，如果不了解系统中有无残存压力而盲目拆卸，可能发生重大事故。 2. 在拆卸挖掘机、装载机、推土机等液压系统前，必须将挖斗或铲斗放到地面或用支柱支好
拆卸步骤	液压系统的拆卸，最好按部件进行。从待修的机械上拆下一个部件，经过性能试验，低于额定指标 90% 的部件才做进一步分解拆卸，检查修理
操作方法	1. 拆卸时不能乱敲乱打，以防损坏螺纹和密封表面。 2. 在拆卸缸时，不应将活塞硬性地从缸筒中打出，以免损坏表面。正确的方法是在拆卸前依靠液压油压力使活塞移动到缸筒的末端，然后进行拆卸。 3. 拆下零件的螺纹部分和密封面都要用胶布缠好，以防碰伤。 4. 拆下的小零件要分别装入塑料袋中保存。 5. 若无必要，不要将多联阀拆成单体
拆卸油管	1. 在拆卸油管时，要及时做好标签，以防装错位置。 2. 拆卸下来的油管，要用冲洗设备将管内冲洗干净，然后在两端堵上塑料塞。拆下来的液压泵、液压马达和阀的孔口，也要用塑料塞塞好，或者用胶布粘盖好。在没有塑料塞时，可以用塑料袋套在管口上，然后用胶纸粘牢。禁止用碎纸、棉纱代替

能力拓展

1. 什么是液压传动与气压传动？简述其工作原理。

2. 液压系统由哪几部分组成？试说明各部分的作用。

3. 在学习中你所接触或认识的液压（气动）元件的功能是什么？你所认识的液压（气动）元件属于哪类元件？尝试把所认识的元件进行归类。

4. 根据国家标准所规定的液压图形符号，绘制出教学中所搭建的液压传动系统的液压元件图形符号和回路系统图。

5. 举例说明液压与气压传动在实际生产中的应用。

6. 试述液压与气压传动有哪些优缺点。

项目2 流体力学基础

任务2.1 液压油的性质

【任务描述】

液压油是液压传动的工作介质,它在液压传动系统中承担着传递能量和信号、润滑、冷却、防锈的作用。掌握液压油的性质,正确选择与使用液压油,保证液压系统可靠有效的工作具有重要意义。本任务主要学习和掌握液压工作介质的基本性质、种类及对液压油的要求与选用方法。

【任务目标】

(1)掌握液压油的基本性质。

(2)掌握液压系统对液压油的基本要求。

(3)掌握液压油的选用方法。

【基本知识】

液压油是液压传动系统中的工作介质,在液压传动和控制中起到传递能量和信号的作用,同时还对液压系统和元件起着润滑、冷却和防锈的作用。液压传动系统的压力、温度和流速在很大的范围内变化,液压油的质量直接影响液压系统的工作性能。因此,合理选择液压油是一项非常重要的工作。

2.1.1 液压油的性质

1. 密度

单位体积液体的质量称为液体的密度,用 ρ 表示,即

$$\rho = \frac{m}{V} \quad (\text{kg/m}^3) \tag{2-1}$$

式中　V——体积,m^3;

　　m——质量,kg。

液体的密度是一个重要的物理参数,一般液压油的密度为 900kg/m^3,通常情况下液体密度随温度和压力的变化可以忽略不计。

2. 可压缩性

液体受压力作用使其发生体积减小的性质称为液体的可压缩性。在压力为 p 的作用下液体体积为 V,当压力由 p 增加到 $p+\Delta p$ 时,体积减小了 ΔV,则液体在单位压力变化下体积的相对变化量称为液体体积的压缩系数,用 k 表示,即

$$k = -\frac{1}{\Delta p} \frac{\Delta V}{V} \tag{2-2}$$

由于液压油的可压缩性很小,所以在一般情况下可以忽略不计。但当液压油中混有空气时,其压缩性显著增加,严重影响液压系统工作性能,因此应尽量减少液压油中的空气或其他易挥发物质。

3. 黏性

液体在外力作用下流动时，由于液体分子间的内聚力会阻止液体分子间的相对运动，即液体分子间产生了一定的内摩擦力，液体流动时呈现的这种特性称为液体的黏性。黏性是液体重要的物理性质，也是选择液压油的主要依据。黏度是衡量液体黏性的指标，常用的有动力黏度、运动黏度和相对黏度。

(1) 动力黏度。液体在管路中流动时，由于液体的黏性及液体和固体壁面间的附着力，会使液体内部各层间的流动速度大小不等。如图 2-1 所示，两平行平板间充满液体，下平板固定不动，上平板以速度 u_0 向右移动，由于液体的黏性作用，紧贴下平板的液体速度为零，紧靠上平板的液体速度为 u_0，而中间各层液体速度则从上至下近似呈线性规律分布逐渐减小。

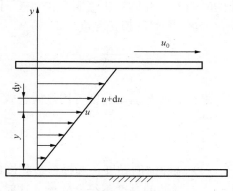

图 2-1　液体的黏度示意图

牛顿液体内摩擦定律：实验表明，液体流动时相邻液层间的内摩擦力 F 与液层接触面积 A 成正比，与液层间相对运动的速度 du 成正比，而与液层间的距离 dy 成反比，表示为

$$F = \mu A \frac{du}{dy} \tag{2-3}$$

式中　μ——比例常数，又称为黏性系数或动力黏度，Pa·s；

$\dfrac{du}{dy}$——速度梯度，即液层相对运动速度对液层间距离的变化率。

若以 τ 代表内摩擦切应力，即液层间在单位面积上的内摩擦力，则式（2-3）可改成

$$\tau = \frac{F}{A} = \mu \frac{du}{dy} \tag{2-4}$$

由牛顿液体内摩擦定律可知，在静止液体中，由于 $\dfrac{du}{dy}=0$，$\tau=0$，因此，静止液体不呈黏性，液体只有流动时才显示黏性。

(2) 运动黏度。在相同温度下，液体的动力黏度 μ 与其密度 ρ 的比值，称为运动黏度，用 ν 表示，即

$$\nu = \frac{\mu}{\rho} \tag{2-5}$$

运动黏度 ν 没有明确的物理意义，但在工程应用中常用运动黏度的平均值来表示液压油的黏度等级。运动黏度的单位是 m^2/s，和常用旧单位 St（斯）和 cSt（厘斯）之间的关系是

$$1m^2/s = 10^4 cm^2/s(St) = 10^6 mm^2/s(cSt)$$

液压油的牌号是采用该液压油在 40℃ 时运动黏度的平均值来表示。例如，牌号为 L-HL46 的液压油是指这种液压油在 40℃ 的运动黏度平均值为 46cSt。

（3）相对黏度。相对黏度又称条件黏度，由于测量仪器和条件不同，各国相对黏度的含义也不同，如美国采用赛氏黏度（SSU），英国采用雷氏黏度（R），而我国、德国和俄罗斯则采用恩氏黏度（°E）。

恩氏黏度（°E）用恩氏黏度计测定，即将 200mL 被测液体装入恩氏黏度计的容器内，容器周围充水，使液体均匀升温到某一温度 t℃，液体由容器底部 $\phi2.8mm$ 的小孔流出所需要的时间 t_1，和同体积蒸馏水在 20℃时流出同一小孔所需时间 t_2 的比值，称为被测液体在这一温度 t℃时的恩氏黏度，即

$$°E_t = \frac{t_1}{t_2} \qquad (2-6)$$

恩氏黏度与运动黏度可用经验公式（2-7）换算：

$$\nu_t = \left(7.31°E_t - \frac{6.31}{°E_t}\right) \times 10^{-6} \quad (m^2/s) \qquad (2-7)$$

（4）调和油的黏度。选择合适黏度的液压油，对液压系统的工作性能起着重要的作用。有时现有油液的黏度不符合要求，这时可以把同一型号两种不同黏度的液压油按一定比例混合起来使用，称为调和油。调和油的黏度和两种油的比例可用经验公式（2-8）计算：

$$°E_t = \frac{a°E_1 + b°E_2 - c(°E_1 - °E_2)}{100} \qquad (2-8)$$

式中　$°E_1$、$°E_2$——混合前两种油液的恩氏黏度，取 $°E_1 > °E_2$；

　　　$°E_t$——混合后的调和油的恩氏黏度；

　　　a、b——参与调和的两种油液各占的百分数（$a\% + b\% = 100\%$）；

　　　c——实验系数，见表 2-1。

表 2-1　　　　　　　　　　　　实验系数 c 的值

a	10	20	30	40	50	60	70	80	90
b	90	80	70	60	50	40	30	20	10
c	6.7	13.1	17.9	22.1	25.5	27.9	28.2	25	17

4. 黏压特性

压力对油液的黏度有一定影响。压力越高，分子间的距离越小，黏度增大。不同的油液有不同的黏度压力变化关系，这种关系称为黏压特性。液压油在中低压液压系统内，压力变化很小，因对黏度影响较小可以忽略不计。当压力较高（大于 20MPa）或压力变化较大时，则需考虑压力对黏度的影响。

5. 黏温特性

温度对液压油黏度的影响很大，当油液温度升高时，其黏度下降。这种油液的黏度随温度变化的性质称为黏温特性。油液黏度的变化直接影响液压系统的性能和泄漏量，因此希望黏度随温度的变化越小越好。图 2-2 所示为国产常用液压油的黏温图。

油液的黏温特性可用黏度指数 VI 来表示，VI 值越大表示黏温特性越平缓，即油液的黏度受温度变化影响小，因而性能好。一般液压油要求 VI 值在 90 以上。

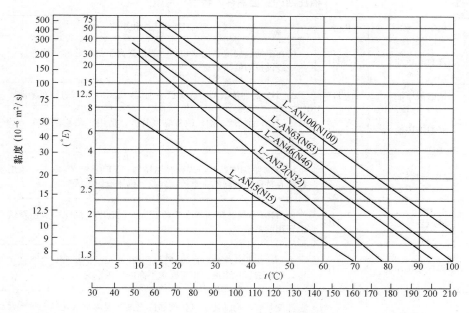

图 2-2　几种国产油黏温图

6. 其他特性

液压油还有一些其他物理化学性质，如抗燃性、抗氧化性、抗泡沫性、抗乳化性、防锈性、抗磨性等。这些性质对液压系统的工作性能也有较大影响。对于不同品种的液压油，这些性能指标是不同的，具体应用时可查相关产品手册。

2.1.2　液压油的性能要求和选用

1. 液压油的性能要求

（1）合适的黏度，一般取 $\nu = (10 \times 10^{-6} \sim 46 \times 10^{-6})\,\mathrm{m^2/s}$，并且具有良好的黏温特性。

（2）润滑性能好。

（3）质地纯净，杂质少，具有良好的防蚀性、防锈性和相容性。

（4）对热、氧化、水解和剪切都有良好稳定性，使用寿命长。

（5）抗泡沫性好，抗乳化性好。

（6）体积膨胀系数低，比热容和传热系数高；燃点高，凝点低。

（7）对人体无害，成本低廉。

2. 液压油的品种

液压油的品种很多，主要可分为三大类型：石油型、合成型和乳化型。

目前常用机械设备的液压系统大多采用石油型液压油。石油型液压油是以石油的精炼物为基础，进一步去除杂质，加入各种改进性能的添加剂而成。添加剂有抗氧化剂、抗腐蚀剂、抗磨剂、抗泡剂、防锈剂、防爬剂、降凝剂、增黏剂等。不同品种的液压油，精制程度不同，添加剂也不同，用途也不同。液压油的主要品种、特性和用途见表 2-2。

表 2-2　　　　　　　　　　　　　　　液压油的主要品种、特性和用途

类型	名　称	代号	特性和用途
石油型	普通液压油	L-HL	精制矿物油加抗氧化剂和防锈剂，提高了抗氧化和防锈性能，适用于室内一般设备的低压系统
	抗磨液压油	L-HM	L-HL 油加抗磨剂，改善抗磨性能，适用于工程机械车辆液压系统
	低温液压油	L-HV	L-HM 油加增黏剂，改善黏温特性，适用于环境温度在 -20~40℃ 的高压系统
	高黏度指数液压油	L-HR	L-HL 油加增黏剂，改善黏温特性，VI 值达 175 以上，适用于对黏温特性有特殊要求的低压系统，如数控机床液压系统
	液压导轨油	L-HG	L-HM 油加防爬剂，改善黏温特性，适用于机床中液压系统和导轨润滑合用的系统
	全损耗系统用油	L-HH	无添加剂的浅度精制矿物油，抗氧化性和抗泡沫性较差，适用于机床润滑，可做液压代用油，用于要求不高的低压系统
	汽轮机油	L-TSA	深度精制矿物油加抗氧化剂和抗泡剂，改善抗氧化性和抗泡沫性能，为汽轮机专用油，可做液压代用油，用于一般液压系统
合成型	水-乙二醇液	L-HFC	难燃，黏温特性和抗腐蚀性好，能在 -30~60℃ 温度下使用，适用于有抗燃要求的中低压系统
	磷酸酯液	L-HFDR	难燃，润滑、抗磨性和抗氧化性能良好，能在 -54~153℃ 温度下使用，缺点是有毒，适用于有抗燃要求的高压精密液压系统
乳化型	水包油乳化液	L-HFA	称高水基液，难燃、黏温特性好，有一定防锈能力，润滑性差，易泄漏，用于有抗燃要求和油液用量大且泄漏严重的高压系统
	油包水乳化液	L-HFB	既具有矿物油的抗磨和防锈性能，又具有抗燃性，适用于有抗燃要求的中压系统

　　3. 液压油的选择

　　(1) 液压油品种的选择。液压油品种的选择应根据设备中液压系统的特点、工作环境和液压泵的类型等来选择。一般而言，齿轮泵对液压油的抗磨性要求比叶片泵和柱塞泵低。各类液压泵推荐用液压油见表 2-3。

表 2-3　　　　　　　　　　　　　　　各类液压泵推荐用液压油

名　称	黏度范围		工作压力（MPa）	工作温度（℃）	推荐用油
	允　许	最　佳			
叶片泵（200r/min）	16~220	30~50 40~70	<7	5~40	L-HH32、L-HH46
				40~80	L-HH68、L-HH46
叶片泵（1800r/min）	20~220	50~70 55~90	≥7	5~40	L-HL32、L-HL46
				40~80	L-HL46、L-HL68

续表

名　称	黏度范围		工作压力 （MPa）	工作温度 （℃）	推荐用油
	允　许	最　佳			
齿轮泵	4～220	25～54	<12.5	5～40	L-HL32、L-HL46 （L-HH32、L-HH46）
				40～80	L-HL46、L-HL68 （L-HH46、L-HH68）
			10～20	5～40	L-HL46、L-HL68
				40～80	L-HM46、L-HM68
			16～32	5～40	L-HM32、L-HM46
				40～80	L-HM46、L-HM68
径向柱塞泵	10～65	16～48	14～35	5～40	L-HM32、L-HM46
				40～80	L-HM46、L-HM68
轴向柱塞泵	4～76	16～48	≥35	5～40	L-HM32、L-HM46
				40～80	L-HM68、L-HM100

（2）液压油的黏度选择。液压油品种确定后，选择液压油的牌号时，首先考虑确定液压油的黏度。黏度太低会使泄漏量增大，使系统容积效率降低，降低润滑性，增加磨损。黏度太高油液流动时会增加阻力，消耗功率增大，从而使温度升高。黏度对液压系统工作的稳定性、可靠性、效率、温度及磨损都有显著的影响。

在选择液压油时要根据具体情况或系统要求来选用合适黏度的液压油。选择时一般考虑以下几个方面：

1）液压系统的工作压力。工作压力较高的液压系统宜选用黏度较高的液压油，以减少泄漏，提高容积效率。反之，则应选择黏度较低的液压油。例如，机床液压传动的工作压力一般低于 6.3MPa，采用运动黏度 $(20\sim60)\times10^{-6}\,\mathrm{m^2/s}$ 的液压油；工程机械液压系统其工作压力为高压，采用运动黏度 $(100\sim150)\times10^{-6}\,\mathrm{m^2/s}$ 的液压油。

2）工作环境。工作环境温度较高时应选用较高黏度的液压油，以减少系统泄漏。温度较低时应选用较低黏度的液压油。

3）运动速度。液压系统执行元件运动速度较高时，为减小功率损失宜选用黏度较低的液压油；反之，宜选用黏度较高的液压油。

4）液压泵类型及工作情况。在液压系统的所有元件中，以液压泵对于液压油的性能最为敏感，因为泵内零件运动速度很高，承受的压力较大，润滑要求较高，温升高，因此常根据液压泵的类型及要求来选择液压油的黏度。

2.1.3　液压油的污染及控制

液压油的污染是造成液压系统故障的主要原因。液压系统中约 80% 的故障是由液压油的污染造成的。正确使用液压油，做好液压油的管理和防污是保证液压系统正常工作、延长液压元件寿命的重要手段。

1. 污染的危害

液压油被污染是指液压油中含有水分、空气、微小固体物、橡胶黏状物等杂质。液压油被污染后，对液压系统产生的不良后果，主要有以下几点：

（1）固体颗粒和胶状生成物堵塞滤油器使液压泵吸油不畅，运转困难，产生噪声；堵塞阀件的小孔和缝隙，使阀的性能下降和动作失灵。

（2）微小固体颗粒会加速相对运动零件表面的磨损，使液压元件不能正常工作，有时还会损坏密封件产生泄漏。

（3）水分和空气的混入会降低液压油的抗压缩性能和润滑性能，并使其氧化变质，产生气蚀，加速元件腐蚀，使液压系统出现振动、爬行等现象。

2. 污染的原因

液压油遭受污染原因是多方面的，总体而言可分为系统内部残留、内部生成和外部侵入3种。

（1）液压系统安装时残留的污染物主要有铁屑、毛刺、砂粒、磨料、焊渣、铁锈、棉纱和灰尘等。

（2）从环境混入的污染物主要包括空气、尘埃、水滴。它们从可浸入渠道进入系统，如外露的往复运动活塞杆、油箱的进气孔和注油孔等浸入系统，造成油液污染。

（3）液压系统在工作过程中本身产生的污染物，主要是金属微粒、锈斑、液压油变质后的胶状生成物及涂料和密封件的剥离片等。

3. 污染的控制

为了延长液压元件使用寿命，保证液压系统可靠工作，防止液压油污染，将液压油污染控制在某限度内，在实际工作中主要采取以下措施：

（1）减少外来污染。液压系统组装前后要严格清洗，油箱通大气处要加空气滤清器，向油箱加油时通过滤油器，维修拆卸元件时应在无尘区进行。

（2）滤除系统产生的杂质。液压系统应采用合适的滤油器，定期检查滤油器，及时清洗和更换滤芯。

（3）控制液压油的工作温度。避免液压油工作油温过高，防止油液氧化变质，产生各种生成物。一般液压系统的工作温度最好控制在 65℃ 以下，机床液压系统则应控制在 55℃ 以下。

（4）定期检查和更换液压油。定期对系统中液压油进行抽样检查，分析其污染程度是否符合要求，若不符合要求应及时更换。换油时要清洗油箱，冲洗系统管道及液压元件。

任务 2.2　液体静力学和动力学基础

【任务描述】

掌握液压油静力学与动力学基本规律，对于正确理解液压传动原理、使液压系统可靠有效的工作具有重要意义。本任务主要介绍和学习工作介质的主要力学特性及其对液压传动性能的影响、液体流动时的压力损失、液压冲击与空穴现象，并掌握其危害与控制措施。

【任务目标】

（1）掌握流体静力学和动力学的基本规律。

（2）掌握液体流动时的压力损失和流经小孔、缝隙的流量。

（3）了解液压冲击和空穴现象及控制措施。

【基本知识】

2.2.1 液体静力学

液体静力学是研究液体处于静止状态下的力学规律及这些规律的应用。所谓静止状态是指液体内部各质点间没有相对运动，液体整体可以如同刚体一样做各种运动。因此，液体在相对平衡状态下不呈现黏性，不存在切应力，只有法向的压应力，即静压力。本节内容主要讨论液体的平衡规律和压力分布规律，以及液体对物体壁面的作用力。

1. 液体静压力及其特性

作用在液体上的力有两种类型：一种是质量力，另一种是表面力。

质量力作用在液体所有质点上，它的大小与质量成正比，属于这种力的有重力、惯性力等。单位质量液体受到的质量力称为单位质量力，在数值上等于重力加速度。

表面力作用于所研究液体的表面上，如法向力、切向力。表面力可以是其他物体（如活塞、大气层）作用在液体上的力，也可以是一部分液体作用在另一部分液体上的力。对于液体整体而言，其他物体作用在液体上的力属于外力，而液体间作用力属于内力。由于理想液体质点间的内聚力很小，液体不能抵抗拉力或切向力，即使是微小的拉力或切向力都会使液体发生流动。因为静止液体不存在质点间的相对运动，也就不存在拉力或切向力，所以静止液体只能承受压力。

所谓静压力是指静止液体单位面积上所受的法向力，用 p 表示。

液体内某质点处的法向力 ΔF 对其微小面积 ΔA 之比的极限称为压力 p，即

$$p = \lim_{\Delta A \to 0} \frac{\Delta F}{\Delta A} \qquad (2-9)$$

若法向力均匀地作用在面积 A 上，则压力表示为

$$p = \frac{F}{A} \qquad (2-10)$$

式中 A——液体有效作用面积；

F——液体有效作用面积 A 上所受的法向力。

静压力具有下述两个重要特征：

(1) 液体静压力沿着内法线方向作用于其承压面，即静止液体只承受法向压力，不承受剪切力和拉力。

(2) 静止液体内任一点的液体所受到的静压力在各个方向都相等。

2. 液体静力学基本方程

重力作用下静止液体内部受力情况可用图 2-3 来说明。设容器中装满密度为 ρ 的液体，处于静止状态，作用在液面上的压力为 p_0，若计算离液面深度为 h 处某点的压力 p，可以假想从液面往下切取高度为 h，底面积为 ΔA 的微小液柱为研究对象。这个微小液柱在重力及周围液体的压力作用下，处于平衡状态，所以有

$$p \Delta A = p_0 \Delta A + \rho g h \Delta A$$

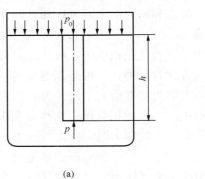
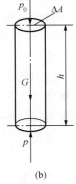

图 2-3 静压力的分布规律

$$p = p_0 + \rho g h \tag{2-11}$$

式（2-11）称为液体静力学基本方程。它表明：

（1）静止液体中任一点处的静压力都由两部分组成，即作用在液面上的压力 p_0 和液体重力所产生的压力 $\rho g h$。当液面与大气接触时，p_0 为大气压力 p_a，故

$$p = p_a + \rho g h$$

（2）静止液体中任一点的静压力随液体距液面的深度变化呈线性规律分布。

（3）离液面深度相同各点的压力相等，压力相等的点组成的面称为等压面。因此在重力作用下的等压面为一个水平面。

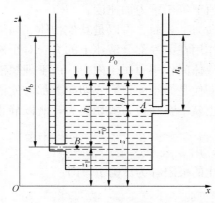

图 2-4　静力学基本方程的物理意义

对于盛有液体的密封容器任意选择一个水平基准面 Ox，如图 2-4 所示。液面压力仍为 p_0，A 点的压力由静力学基本方程求得，代入坐标后有

$$p = p_0 + \rho g h = p_0 + \rho g (z_0 - z)$$

式中　z_0——液面与水平基准面的距离；

　　　z——液体中 A 点与水平基准面的距离。

整理得

$$\frac{p}{\rho g} + z = \frac{p_0}{\rho g} + z_0 = 常数 \tag{2-12}$$

式（2-12）为静力学基本方程的另外一种表示形式。z 表示 A 点的单位重力作用下液体的位能（势能），如果 A 点液体质点对水平基准面具有 mgh 大小的位置势能，则单位重力作用下液体的势能为 $mgh/mg = z$，z 又称为位置水头。

$\frac{p}{\rho g}$ 表示 A 点单位重力作用下的液体的压力能。如果在与 A 点高度相同的容器壁上接一根上端封闭并抽去空气的玻璃管，可以看到液体在静压力的作用下将沿玻璃管上升到高度 h_a。这说明在 A 点的静压力 p 做功，把单位重力作用下的液体抬升到 h_a 的高度，即 $h_a = \frac{p}{\rho g}$。因此，$\frac{p}{\rho g}$ 又称为压力水头。

液体静力学基本方程的物理意义：静止液体中单位重力作用下的液体其压力能和位能的总和为一常量。位能和压力能之间可以相互转化，但总能量保持不变，即能量守恒。

3. 压力的表示方法

液压系统中的压力就是指压强，液体压力有绝对压力、相对压力。

压力的表示方法有两种：一种是以绝对真空作为基准所表示的压力，称为绝对压力。另一种是以大气压力作为基准所表示的压力，称为相对压力。由于大多数压力测量仪表所测得的压力都是相对压力，因此相对压力也称为表压力。

当绝对压力大于大气压力时，比大气压力大的那部分数值称为相对压力，即

相对压力＝绝对压力－大气压力

当绝对压力小于大气压力时，比大气压力小的那部分数值称为真空度，即

$$真空度＝大气压力－绝对压力$$

若某点的绝对压力为 $4.052×10^4 Pa$（0.4 大气压），则该点的真空度为 $0.6078×10^4 Pa$（0.6 大气压）。绝对压力、相对压力（表压力）和真空度的关系如图 2-5 所示。绝对压力总是正值，表压力则可正可负，负的表压力就是真空度。

理论上在标准大气压下的最大真空度可达 10.33 米水柱或 760 毫米汞柱。

压力单位为帕斯卡，简称帕，符号为 Pa，$1Pa＝1N/m^2$。由于此单位很小，工程上使用不便，因此常采用它的倍数单位兆帕，符号 MPa。

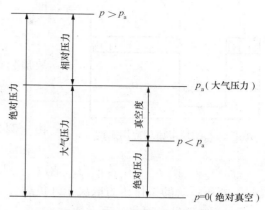

图 2-5 绝对压力与相对压力的关系

$$1MPa＝10^6 Pa$$

我国过去在工程上常采用工程大气压，也采用水柱高或汞柱高。

$$1at(工程大气压)＝1kgf/cm^2＝9.8×10^4 N/m^2$$

$$1mH_2O(米水柱)＝9.8×10^3 N/m^2$$

$$1mmHg(毫米汞柱)＝1.33×10^2 N/m^2$$

在液压技术中还采用的压力单位有巴，符号为 bar，有

$$1bar＝10^5 N/m^2＝10N/cm^2≈1.02kgf/cm^2$$

4. 帕斯卡原理

由静压力基本方程可知，静止液体中任意一点的压力都包含了液面压力 p_0，这就是说，在密闭容器中由外力作用在液面上的压力能等值地传递到液体内部的各点，这就是帕斯卡原理，或称为静压力传递原理。

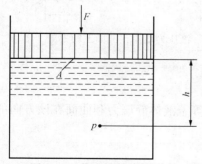

图 2-6 静止液体内的压力

如图 2-6 所示，液体被封闭在密闭容器内，当外部作用力 F 发生变化时，引起外加压力 p_0 发生变化，只要液体仍保持原来的静止状态不变，则液体内部任意一点的压力将发生同样大小的变化，由外力作用在液面上的压力能等值地传递到液体内部的各个点。

在液压传动系统中，一般液压装置的安装都不高，通常由外力产生的压力要比由液体重量产生的压力 ρgh 大得多，若忽略它，便可认为系统中相对静止液体内各点压力均相等。

由此可见，液体内部的压力是由外界负载作用所形成的，即液压系统中的工作压力取决于负载。

【例 2-1】 图 2-7 所示为相互连通的两个液压缸，已知大缸内径 $D＝100mm$，小缸内径 $d＝20mm$，大活塞上放一重物 $G＝20\ 000N$。试问在小活塞上应加多大的力 F 才能使大活塞顶起重物。

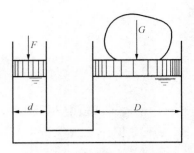

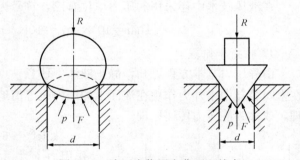

解　根据帕斯卡原理，由外力产生压力在两缸中相等，即

$$\frac{4F}{\pi d^2}=\frac{4G}{\pi D^2}$$

故顶起重物时在小活塞上应加的力为

$$F=\frac{d^2}{D^2}G=\frac{20^2}{100^2}\times 20\,000=800\,(\text{N})$$

图2-7　帕斯卡原理应用实例

由〔例2-1〕可知液压装置具有力的放大作用。液压压力机和液压千斤顶就是利用这个原理进行工作的。

若$G=0$，则$p=0$；若重力G越大，则液压缸中压力p也越大，F推力也越大，这就说明了液压系统的工作压力取决于外负载。

5. 液体作用在固体壁面上的力

在液压传动中，忽略去液体自重产生的压力，液体中各点的静压力是均匀分布的，且垂直作用于受压表面。因此，当承受压力的表面为平面时，液体对该平面的总作用力F为液体的压力p与受压面积A的乘积，其方向与该平面相垂直。如压力油作用在直径为D的柱塞上，则有

$$F=pA=p\pi D^2/4 \tag{2-13}$$

当承受压力的表面为曲面时，由于压力总是垂直于承受压力的表面，所以作用在曲面上各点的力不平行但大小相等。因此要计算曲面上的总作用力，必须明确要计算哪个方向上的力。

图2-8所示为球面和圆锥面，要求液体静压力p沿垂直方向作用于球面和圆锥面上的力F，就等于压力作用于该部分曲面在垂直方向的投影面积A与压力p的乘积，其作用点通过投影圆的圆心，其方向向上，即

图2-8　液压力作用在曲面上的力

$$F=pA=p\pi d^2/4 \tag{2-14}$$

式中　d——承压部分曲面投影圆的直径。

由此可见，曲面上液压作用力在某一方向上的分力，等于液体静压力和曲面在该方向的垂直面内投影面积的乘积。

2.2.2　液体动力学

液体动力学是研究液体在外力作用下流动时作用在液体上的力与液体运动之间的关系和能量转换关系的力学。在液压传动中液体总是在不断运动着的，因此必须研究液体运动时的现象和规律。这里我们主要研究三个基本方程即连续性方程、伯努利方程和动量方程，这三个方程分别是刚体力学中质量守恒、能量守恒及动量守恒定理在流体力学中的具体体现。

1. 基本概念

（1）理想液体和稳定流动。由于实际液体具有黏性和可压缩性，液体在外力作用下流动

时有内摩擦力，压力变化又使液体体积发生变化，这样就使问题复杂化。为简化起见，先假定液体为无黏性和不可压缩，然后再根据实验结果，对理想液体的结论加以修正和补充，使之比较符合实际情况。一般把无黏性又不可压缩的假想液体称为理想液体，而实际上具有黏性和可压缩性的液体称为实际液体。

当液体流动时，如果液体中任一点处的压力，速度和密度都不随时间而变化，则液体的这种流动称为稳定流动或恒定流动；反之，若液体中任一点处的压力、速度或密度中有一个随时间而变化时，则称非稳定流动。稳定流动与时间无关，研究比较方便。如图 2-9 所示，图（a）所示的水平管内液流为稳定流动，图（b）所示的水平管内液流为非稳定流动。

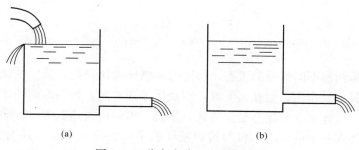

(a)　　　　　　　　　　　(b)

图 2-9　稳定流动和非稳定流动

（2）通流截面、流量、平均流速。液体在管道中流动时，垂直于液体流动方向的截面称为通流截面或过流断面，用 A 表示，单位为 m^2。单位时间流过某一通流截面的液体体积称为流量，用 q 表示，单位为 m^3/s 或 L/min。液体在管中流动时，由于液体具有黏性，所以液体与管壁之间、液体之间存在摩擦力，这样使液体在通流截面上各点的速度不相等，管道中心的速度最大，管壁处的速度最小（速度为零）。为了计算和分析方便，可以假想地认为液体流过通流截面的流速分布是均匀的，其流速称为平均流速，用 u 表示，单位为 m/s。

$$u = \frac{q}{A} \text{ 或 } q = uA \tag{2-15}$$

在实际工程应用中，平均流速才具有应用价值。液压缸工作时，活塞的运动速度就等于缸内液体的平均流速，当液压缸有效作用面积一定时，活塞运动速度的大小由输入液压缸的流量来决定。

（3）流态和雷诺数。英国物理学家雷诺通过大量实验发现液体在管道中流动时有两种状态：层流和紊流。两种流动状态的物理现象可以通过雷诺实验观察。

雷诺实验装置如图 2-10 所示，水箱 6 由进水管 2 供水，多余的液体从水箱 6 上的溢流管 1 溢走，保持水位恒定。水箱 6 下部装有玻璃管 7，出口处用阀门 8 控制玻璃管 7 内液体的流速。水杯 3 内盛有红颜色的水，将开关 4 打开后红色水经细导管 5 流入水平玻璃管 7 中，打开阀门 8，开始时液体流速较小，红色水在玻璃管 7 中呈一条明显的直线，与玻璃管 7 中清水流互不混杂。这说明管中水是分层的，层和层之间互不干扰，液体的这种流动状态称为层流。当逐步开大阀门 8，使玻璃管 7 中的流速逐渐增大到一定流速时，可以看到红线开始呈波纹状，此时为过渡阶段。阀门 8 再大时，流速进一步增大，红色水流和清水完全混合，红线完全消失，这种流动状态称为紊流。在紊流状态下，若将阀门 8 逐步关小，当流速减小至一定值时，红线又出现，水流又重新恢复为层流。

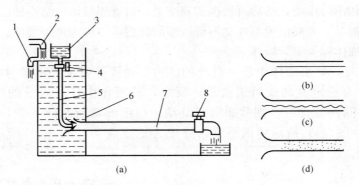

图 2 - 10　雷诺实验

1—溢流管；2—进水管；3—水杯；4—开关；5—细导管；6—水箱；7—玻璃管；8—阀门

　　层流和紊流是两种不同性质的流态。层流时，液体流速较低，质点受黏性制约，不能随意运动，黏性力起主导作用；但在紊流时，因液体流速较高，黏性的制约作用减弱，因而惯性力起主导作用。液体流动时流态是层流还是紊流，可利用雷诺数 Re 来判别。

　　实验表明液体在管中的流态不仅与管内液体的平均流速 u 有关，还与管道直径 d 及液体的运动黏度 ν 有关，以上三个因数所组成的一个无量纲数就是雷诺数 Re，即

$$Re = \frac{ud}{\nu} \qquad (2-16)$$

　　如果液体流动时的雷诺数相同，则它们的流态也相同。实验表明：液体从层流变为紊流时的雷诺数大于由紊流变为层流时的雷诺数，前者称为上临界雷诺数，后者称为下临界雷诺数。工程中是以下临界雷诺数 Re_c 作为液流状态判断依据；若 $Re < Re_c$，液流为层流；若 $Re \geqslant Re_c$，液流为紊流。常见管道的临界雷诺数见表 2 - 4。

表 2 - 4　　　　　　　　　　　　常见管道的临界雷诺数

管道的形状	临界雷诺数 Re_c	管道的形状	临界雷诺数 Re_c
光滑的金属圆管	2300	带沉割槽的同心环状缝隙	700
橡胶软管	1600～2000	带沉割槽的偏心环状缝隙	400
光滑的同心环状缝隙	1100	圆柱形滑阀阀口	260
光滑的偏心环状缝隙	1000	锥阀阀口	20～100

　　对于非圆截面管道而言，Re 可用式（2-17）来计算

$$Re = \frac{ud_H}{\nu} \qquad (2-17)$$

$$d_H = \frac{4A}{x} \qquad (2-18)$$

式中　d_H——通流截面的水力直径；

　　　　A——通流截面有效截面积，m^2；

　　　　x——湿周长度，指通流截面上与液体接触的固体壁面的周长，m。

水力直径的大小对通流能力的影响很大，水力直径大，意味着液流和管壁的接触周长短，管壁对液流的阻力小，通流能力大。

2. 连续性方程

连续性方程是质量守恒定律在流体力学中的一种表达形式。如图 2-11 所示，如果液体在管道中做稳定流动且不可压缩，任取两个通流截面 1、2，其截面积分别为 A_1 和 A_2，此两断面上的密度和平均速度为 ρ_1、u_1 和 ρ_2、u_2。根据质量守恒定律，在同一时间内流过两个断面的液体质量相等，即

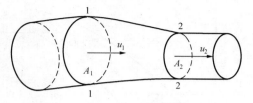

图 2-11　液体的连续性方程推导图

$$\rho_1 u_1 A_1 = \rho_2 u_2 A_2$$

$$u_1 A_1 = u_2 A_2 = 常数 \tag{2-19}$$

或写成
$$q = uA = 常数 \tag{2-20}$$

式（2-20）为不可压缩液体做稳定流动时的连续性方程，它说明液体在管中流动时通过任一通流截面的流量相等，因而流速与通流截面面积成反比，管粗则流速慢，管细则流速快。

3. 伯努利方程

伯努利方程就是能量守恒定律在流体力学中的具体体现。

（1）理想液体的伯努利方程。假定理想液体在如图 2-12 所示的管道中做稳定流动。任取一段液流为研究对象，设两端的通流截面积分别为 A_1、A_2，两通流截面的中心到基准面 0—0 的高度分别为 z_1 和 z_2，压力分别为 p_1、p_2。由于是理想液体，通流截面上的流速可以认为是均匀分布的，因此两截面处的液体流速分别为 u_1 和 u_2。根据能量守恒定律，同一管道中任意截面上的总能量都相等，可写成

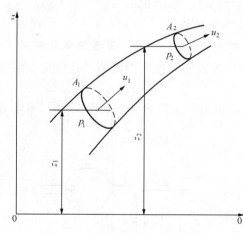

图 2-12　伯努利方程推导图

$$\frac{p_1}{\rho g} + z_1 + \frac{u_1^2}{2g} = \frac{p_2}{\rho g} + z_2 + \frac{u_2^2}{2g} \tag{2-21}$$

由于两个通流截面 A_1 和 A_2 是任意选取的，所以式（2-21）可以改写为

$$\frac{p}{\rho g} + z + \frac{u^2}{2g} = 常数 \tag{2-22}$$

式（2-22）三项分别表示单位重力作用下的液体的压力能、势能和动能，也称为压力水头、位置水头和速度水头，单位为 m。

伯努利方程的物理意义：在密闭管道中理想液体做稳定流动时，液体具有压力能、势能和动能三种形式的能量，三种能量可以互相转化，但能量的总和保持不变。伯努利方程的物理意义如图 2-13 所示。

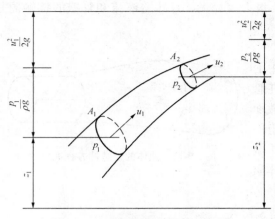

图 2-13　伯努利方程的物理意义

（2）实际液体的伯努利方程。由于实际液体具有黏性，因此液体流动时需克服由于黏性引起的内摩擦力，从而产生能量的损失，同时由于管道局部形状和尺寸变化对液流产生扰动也会消耗能量，设单位重力作用下的液体由截面 A_1 流到截面 A_2 的能量损失为 h_w。另外通流截面上实际流速分布是不均匀的，在计算时用平均流速代替实际流速也必然会产生误差。为了修正误差，引入动能修正系数 α。α 的值和流速分布有关，流速分布越不均匀，α 的值越大。层流时取 $\alpha \approx 2$；紊流时取 $\alpha \approx 1$；理想液体取 $\alpha = 1$。因此，实际液体的伯努利方程为

$$\frac{p_1}{\rho g} + z_1 + \frac{\alpha_1 u_1^2}{2g} = \frac{p_2}{\rho g} + z_2 + \frac{\alpha_2 u_2^2}{2g} + h_w \qquad (2-23)$$

伯努利方程是流体力学的重要方程。在液压传动中常与连续性方程一起应用来求解系统中的压力和速度问题。在液压传动系统中，管路中的压力常为十几个大气压到几百个大气压，而大多数情况下管路中的油液流速不超过 6m/s，管路安装高度不超过 5m。因此，系统中油液流速引起的动能变化和高度引起的势能变化相对压力能而言可以忽略不计，则伯努利方程可以简化为 $p_1 - p_2 = \Delta p = h_w$，因此在液压传动系统中，能量损失主要为压力损失 Δp。这也说明液压传动是利用压力能来工作的，故又称为静压传动。

在应用伯努利方程时应注意以下两点：

1）通流截面 A_1 和 A_2 需要在顺流方向进行选取，否则能量损失为负值，且应选在缓变的通流截面上。

2）截面中心在基准面以上时，z 取正值，反之取负值。为简化分析计算过程，通常考虑取特殊位置的水平面作为基准面。

【例 2-2】　如图 2-14 所示，计算液压泵吸油口处的真空度。

解　设液压泵的吸油口比油箱液面高出 h，取油箱液面 I—I 和泵吸油口处的截面 II—II，并把油箱液面 I—I 取为水平基准面，列伯努利方程如下

$$\frac{p_1}{\rho g} + \frac{\alpha_1 u_1^2}{2g} = \frac{p_2}{\rho g} + \frac{\alpha_2 u_2^2}{2g} + h + h_w$$

其中，$p_1 = p_a$，$u_1 \approx 0$，p_2 为泵的吸油口处的绝对压力，则

$$\frac{p_a - p_2}{\rho g} = \frac{\alpha_2 u_2^2}{2g} + h + h_w$$

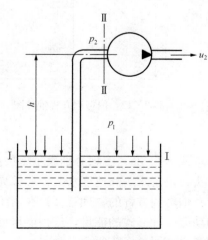

图 2-14　液压泵从油箱吸油

吸油口处的真空度为 $\qquad p_a - p_2 = \frac{1}{2}\rho\alpha_2 u_2^2 + \rho g h + \rho g h_w$

由上式可知，液压泵吸油口处的真空度由把油液提升到一定高度所需要的压力、产生一定流速所需要的压力及吸油管内的压力损失三部分组成。实际上液压泵是靠油箱液面的大气压进行吸油的，吸油口处的真空度不能太大，即泵吸油口处的绝对压力不能太低，否则该处压力低于该温度下的空气分离压力，会使溶解在油液中的空气分离出来，形成空穴现象。因此一般采用较大直径的吸油管，并且吸油高度不大于 0.5m。为了改善液压泵的吸油性能，可以将液压泵安装在油面以下，使液压泵的吸油高度小于零。

4. 动量方程

动量方程是动量定理在流体力学中的具体应用，主要用于计算液流作用于固体壁面的总作用力。动量定理指出：作用在物体上的力的大小等于物体在力所作用方向上的动量变化率，即

$$\sum F = \frac{mu_2 - mu_1}{\Delta t} \qquad (2-24)$$

对于做稳定流动的不可压缩液体，将质量 $m = \rho q \Delta t$ 代入式（2-24），则

$$\sum F = \rho q (\beta_2 u_2 - \beta_1 u_1) \qquad (2-25)$$

式中 $\sum F$——作用在液体上所有外力的矢量和；

u_1、u_2——液流在前后两个过流断面上的平均流速矢量；

β_1、β_2——动量修正系数，层流时取 $\beta = 1.33$，紊流时取 $\beta = 1$，为了简化计算，通常均取 $\beta = 1$；

ρ——液体的密度；

q——液体的流量。

应用时应注意液体对固体壁面的作用力的大小和矢量 $\sum F$ 的大小相同，方向却和矢量 $\sum F$ 的方向相反。在使用时可以根据问题的具体要求，向特定方向投影，列出该方向上的动量方程，从而求出作用力在该方向上的分量。

以滑阀阀芯上所受的稳态液动力为例，来说明动量方程的应用。如图 2-15 所示，取滑阀上进、出口之间的液体体积为控制体积，列出图 2-15（a）中控制液体在滑阀轴线方向上的动量方程，求得阀芯作用于液体的力 F 为

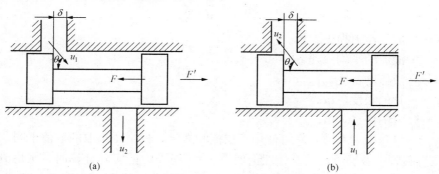

(a)   (b)

图 2-15 作用在滑阀上的稳态液动力

$$F = \rho g u_2 \cos 90° - \rho g u_1 \cos \theta = -\rho g u_1 \cos \theta \qquad (2-26)$$

滑阀阀芯上所受的稳态液动力 F' 为

$$F' = -F = \rho g u_1 \cos \theta \qquad (2-27)$$

式中　θ——射流角，当阀芯和阀孔配合的径向间隙非常小时，$\theta = 69°$。

　　负号表示阀芯上的稳态液动力的方向和 u_1 在滑阀中心线方向上的投影方向相反，即稳态液动力的方向是力图使滑阀阀口关闭。

　　在图 2-15（b）中控制液体在滑阀轴线方向上的动量方程，求得阀芯作用于液体的力 F 为

$$F = \rho g u_2 \cos \theta - \rho g u_1 \cos 90° = \rho g u_2 \cos \theta \qquad (2-28)$$

滑阀阀芯上所受的稳态液动力 F' 为

$$F' = -F = -\rho g u_2 \cos \theta \qquad (2-29)$$

　　同样阀芯上的稳态液动力的方向和 u_2 在滑阀中心线方向上的投影方向相反，稳态液动力的方向是力图使滑阀阀口关闭。

　　通过上述分析可知，稳态液动力都有使滑阀阀口关闭的趋势，大小为 $F' = |\rho g u_2 \cos \theta|$，流量越大，速度越大，稳态液动力也越大。

2.2.3　液体流动时的压力损失

　　由于实际液体具有黏性，液体流动时会产生撞击、出现旋涡等，因而会产生阻力，为了克服阻力，液体流动时会损耗一部分能量，这部分能量就是实际液体伯努利方程中的 h_w 的含义。在液压管路中能量损失表现为液体压力损失。压力损失分为沿程压力损失和局部压力损失两类。压力损失过大将导致油液发热、泄漏量增加、效率降低、液压系统性能下降，因此正确估算压力损失大小，从而采取措施减小压力损失，对于液压传动具有实际应用意义。

　　1. 沿程压力损失

　　液体在等径直管中流动时因内、外摩擦而产生的压力损失称为沿程压力损失。液体处于不同流动状态时沿程压力损失不同。对于处于层流状态的液体，其沿程压力损失主要取决于液体的流速、黏性和管路（圆管）的长度、油管的内径等。通过理论推导液体流经等直径直管时管内的沿程压力损失计算公式为

$$\Delta p_\lambda = \lambda \frac{l}{d} \frac{\rho u^2}{2} \qquad (2-30)$$

式中　Δp_λ——沿程压力损失，Pa；

　　　　u——液流的平均流速，m/s；

　　　　ρ——液体的密度，kg/m³；

　　　　l——管的长度，m；

　　　　d——管的内径，m；

　　　　λ——沿程阻力系数，它可使用于层流和紊流，只是 λ 选取的数值不同。

　　液体在直圆管中做层流运动时，理论值取 $\lambda = 64/Re$，但实际计算时，考虑到实际截面可能有变形，以及靠近管壁处的液层可能冷却，阻力加大。金属管应取 $\lambda = 75/Re$，橡胶管应取 $\lambda = 80/Re$。

液体在直圆管中做紊流运动时，当 $2.3 \times 10^3 < Re < 10^5$ 时，可取 $\lambda \approx 0.3164 Re^{-0.25}$。当 $10^5 < Re < 3 \times 10^6$ 时，可取 $\lambda \approx 0.032 + 0.221 Re^{-0.237}$。因而计算沿程压力损失时，先判断流态，取正确的沿程阻力系数 λ 值后，按式（2-30）进行计算。

2. 局部压力损失

液体流经管道的弯头、接头、突变截面，以及阀口、滤网等局部装置时，油液的流速方向和大小会发生剧烈变化，形成旋涡并发生强烈的扰动现象，使液体质点相互撞击，由此而造成的能量损失称为局部压力损失。液体流经上述局部装置时由于流动状况极为复杂，影响因素较多，局部压力损失的阻力系数，一般要依靠实验来确定。局部压力损失计算公式为

$$\Delta p_\zeta = \zeta \frac{\rho u^2}{2} \qquad (2-31)$$

式中 Δp_ζ——局部压力损失，Pa；

ζ——局部阻力系数，由实验求得，一般可查阅液压传动设计手册。

在应用式（2-31）计算局部压力损失中，液体流经突变截面时，一般取小截面处的流速。

液体流过各种阀类的局部压力损失常用以下经验公式：

$$\Delta p_v = \Delta p_n \left(\frac{q}{q_n}\right)^2 \qquad (2-32)$$

式中 Δp_v——液体流过各种阀类的局部压力损失，Pa；

q_n——阀的额定流量，L/min；

Δp_n——阀在额定流量下的压力损失，可从阀的产品样本或液压传动手册中查出，Pa；

q——通过阀的实际流量，L/min。

3. 管路系统的总压力损失

管路系统中总的压力损失等于所有沿程压力损失和所有局部压力损失之和，即

$$\sum \Delta p = \sum \Delta p_\lambda + \sum \Delta p_\xi + \sum \Delta p_v \qquad (2-33)$$

液压传动中，绝大部分压力损失转变为热能造成油温升高，泄漏增多，使液压传动效率降低，甚至影响系统的工作性能，所以应采取以下措施尽量减小压力损失：

(1) 布置管路时尽量缩短管道长度，减小管路弯曲和截面的突然变化。

(2) 管内壁力求光滑。

(3) 油液的黏度应适当。

(4) 选用合理管径，采用较低流速，以提高系统效率。

2.2.4 小孔和缝隙流量

液压传动中常利用液体流经阀的小孔或缝隙来控制流量和压力，达到调速和调压的目的；液压元件的泄漏也属于缝隙流动。因而研究小孔和缝隙流量，了解其影响因素，对于正确分析液压元件和系统的工作性能具有十分重要的意义。

1. 液体流经小孔流量

小孔的类型有薄壁孔、细长孔和短孔三种。小孔的长径比为 l/d，当 $l/d \leqslant 0.5$ 时，称为薄壁孔；当 $l/d > 4$ 时，称为细长孔；当 $0.5 < l/d \leqslant 4$ 时，称为短孔。

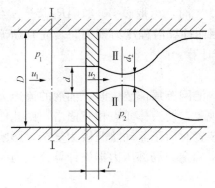

图 2-16 薄壁小孔液流

（1）薄壁孔流量。如图 2-16 所示，管道直径 D 远大于薄壁孔直径 d，液体流经薄壁小孔时，由于惯性作用，液流要发生收缩现象，在靠近孔口的后方出现收缩最大的过流断面。对于薄壁圆孔，当孔前管道直径与小孔直径之比 $D/d \geqslant 7$ 时，流束的收缩作用不受孔前通道内壁的影响，此时的收缩为完全收缩；当孔前管道直径与小孔直径之比 $D/d < 7$ 时，孔前管道内壁对液流进入小孔起导向作用，此时的收缩为不完全收缩。

取图 2-16 中的截面 I—I 和收缩截面 II—II 列伯努利方程，即

$$\frac{p_1}{\rho g} + z_1 + \frac{u_1^2}{2g} = \frac{p_2}{\rho g} + z_2 + \frac{u_2^2}{2g} + h_w$$

由于管路为水平，故 z_1 和 z_2 相等，截面 I—I 的面积远大于截面 II—II 的面积，因此，u_1 远小于 u_2，故 u_1 可以忽略不计，令 $\Delta p = p_1 - p_2$，则

$$\frac{\Delta p}{\rho g} = \frac{u_2^2}{2g} + h_w$$

此处压力损失为局部压力损失，即 $\Delta h_w = \Delta h_\zeta = \zeta \dfrac{u_2^2}{2g}$，代入上式整理得

$$u_2 = \frac{1}{\sqrt{1+\zeta}} \sqrt{\frac{2}{\rho} \Delta p} = C_u \sqrt{\frac{2}{\rho} \Delta p} \tag{2-34}$$

式中　C_u——速度系数，$C_u = \dfrac{1}{\sqrt{1+\zeta}}$。

因此，通过小孔的流量为

$$q = A_T u_2 = C_u A_T \sqrt{\frac{2}{\rho} \Delta p} \tag{2-35}$$

由于惯性作用，液流要发生收缩现象，考虑到收缩对流量的影响和速度系数 C_u 的作用，通过流量系数给予修正，即

$$q = C_q A_T \sqrt{\frac{2}{\rho} \Delta p} \tag{2-36}$$

$$C_q = C_c C_u$$

$$C_c = \frac{A_2}{A_T} = \frac{d_2^2}{d^2}$$

$$A_T = \frac{\pi}{4} d^2$$

式中　C_q——流量系数；

C_c——收缩系数；

A_T——小孔通流断面面积；

d——小孔直径；

d_2——收缩断面的直径。

C_c、C_u、C_q 的数值可由实验确定。当液流完全收缩时，$C_c=0.61\sim0.63$，$C_u=0.97\sim$ 0.98，此时 $C_q=0.6\sim0.62$；当液流不完全收缩时，$C_q=0.7\sim0.8$。

薄壁小孔由于流程短，流量对油液温度变化不敏感，黏度对流量影响很小，沿程阻力非常小，并且不容易堵塞，通常作节流器。

（2）短孔流量。短孔比薄壁小孔容易加工，实际应用较多，短孔的流量公式仍然为 $q=C_qA_T\sqrt{\dfrac{2}{\rho}\Delta p}$，其流量系数为 $C_q=0.82$。

（3）细长孔流量。如图 2-17 所示，液体流经细长孔，取截面Ⅰ—Ⅰ和截面Ⅱ—Ⅱ列伯努利方程，即

$$\frac{p_1}{\rho g}+z_1+\frac{u_1^2}{2g}=\frac{p_2}{\rho g}+z_2+\frac{u_2^2}{2g}+h_w$$

由于管路为水平，故 z_1 和 z_2 相等，Ⅰ—Ⅰ断面的直径和Ⅱ—Ⅱ断面的直径相等，因此，u_1 和 u_2 也相等，并令 $\Delta p=p_1-p_2$，则

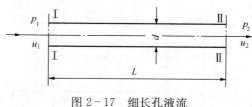

图 2-17 细长孔液流

$$\frac{\Delta p}{\rho g}=h_w$$

油液在细长孔中的流动一般为层流，其压力损失为沿程压力损失，即 $\Delta h_w=\Delta h_\lambda=\lambda\dfrac{L}{d}\dfrac{u^2}{2g}$，又 $\lambda=\dfrac{64}{Re}$，$Re=\dfrac{ud}{\nu}$，$\nu=\dfrac{\mu}{\rho}$。逐次代入上式整理得

$$u=\frac{d^2}{32\mu L}\Delta p$$

因此，通过小孔的流量为

$$q=A_Tu=\frac{\pi d^4}{128\mu L}\Delta p \tag{2-37}$$

式中　d——细长孔直径；

　　　L——细长孔长度；

　　　μ——液体的动力黏度；

　　　u——液体通过细长孔的流速，$u=u_1=u_2$。

细长孔的流量与油液的黏度有关，温度变化会引起油液的黏度变化，通过细长孔的流量也会发生变化。细长孔容易被堵塞，应用较少，可以用作控制阀中的阻尼孔。

（4）通用流量公式。三种小孔的流量公式可以归纳为一个通用公式，即

$$q=KA_T\Delta p^\varphi \tag{2-38}$$

式中　K——由小孔形状、尺寸和液体的性质决定的系数，对薄壁小孔和短孔 $K=C_q\sqrt{\dfrac{2}{\rho}}$，

　　　　　对细长孔 $K=\dfrac{d^2}{32\mu L}$；

　　　φ——由孔的长径比决定的指数，对薄壁小孔 $\varphi=0.5$，对细长孔 $\varphi=1$。

2. 液体流经缝隙的流量

在液压元件中一些相对运动的零件之间存在一定的缝隙（如配合间隙），液压系统的泄

漏主要是由于压力差与缝隙造成的。泄漏导致系统效率降低，功率损耗加大，影响液压系统的工作性能。因此研究液体流经缝隙的泄漏规律，对于提高液压元件的性能和液压系统的正常运行具有重要的意义。由于液压元件中相对运动的零件之间的间隙很小，油液又具有一定黏度，因此油液在缝隙中流动状态为层流。

缝隙流动有两种情况：一种是由缝隙两端的压力差造成的流动，为压差流动；另一种是形成缝隙的两壁面做相对运动所造成的流动，为剪切流动。这两种流动常常会同时存在。

（1）液体流经平行平板缝隙流量。如图 2-18 所示，当两平行平板之间充满液体时，如果液体受到压力差 $\Delta p = p_1 - p_2$ 的作用，液体将会产生流动，这种流动是由于压力差引起的流动为压差流动。如果没有压力差 Δp 的作用，而平行平板之间有相对运动时（其中一个平板固定，另一个平板以速度 u_0 运动），由于液体有黏性存在，液体也会被运动平板带着移动，这种由剪切作用所引起的流动为剪切流动。液体通过平行平板缝隙时一般是既有压差流动，又有剪切流动。

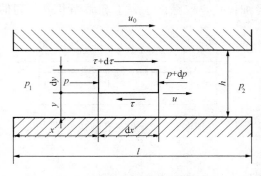

图 2-18 平行平板缝隙的液流

液体在两固定平行平板间产生压差流动时，通过平行平板缝隙的流量为

$$q_p = \frac{bh^3}{12\mu l}\Delta p \tag{2-39}$$

式中 l、b、h——缝隙的长、宽、高；

μ——液体的动力黏度；

Δp——缝隙两端压差。

当压差为零时，液体在平板运动 u_0 作用下，通过缝隙的剪切流动流量为

$$q_\tau = \frac{u_0}{2}bh \tag{2-40}$$

液体流经平行平板缝隙的一般情况是既有剪切流动又有压差流动，因此其总流量为

$$q = \frac{bh^3}{12\mu l}\Delta p \pm \frac{u_0}{2}bh \tag{2-41}$$

其中，当 u_0 的方向与压差流动的方向相同时，式（2-41）右端取"＋"号；反之，取"－"号。

（2）环形缝隙的流量。在液压元件中，液压缸的活塞与缸孔之间，液压阀的阀芯与阀孔之间都有环形缝隙。环形缝隙有同心和偏心两种情况。

同心环形缝隙的流动如图 2-19 所示。该圆柱体直径为 d，缝隙厚度为 h，缝隙长度为 l。如果将环形缝隙沿圆周展开就形成了一个平行平板缝隙。因此，用 πd 代替平板缝隙流量公式（2-41）中的 b，就可以得到内外圆表面之间有相对运动的同心环形缝隙流量公式：

$$q = \frac{\pi dh^3}{12\mu l}\Delta p \pm \frac{u_0}{2}\pi dh \tag{2-42}$$

如图 2-20 所示，若内、外圆环不同心，偏心距为 e，则形成偏心环形缝隙。其流量公式为

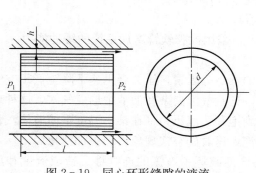

图 2-19　同心环形缝隙的液流　　　　　图 2-20　偏心环形缝隙的液流

$$q = \frac{\pi d h^3}{12\mu l}\Delta p(1+1.5\varepsilon) \pm \frac{u_0}{2}\pi d h \qquad (2-43)$$

式中　ε——偏心率，$\varepsilon = e/h$；

　　　h——同心时的缝隙量。

由式（2-43）可知，同心环形缝隙的流量公式是偏心环形缝隙的流量公式在 $\varepsilon = 0$ 时的特例。当完全偏心时，即 $e = h$，$\varepsilon = 1$，此时

$$q = 2.5\frac{\pi d h^3}{12\mu l}\Delta p \pm \frac{u_0}{2}\pi d h \qquad (2-44)$$

在不考虑剪切流量时，完全偏心时的流量是同心时的 2.5 倍。因此，在制造和装配中保证较高的配合同轴度是非常必要的。

2.2.5　液压冲击与空穴现象

在液压传动中，液压冲击和空穴现象会影响液压系统的正常工作，使系统产生振动和噪声，甚至使其破坏，因此需要了解这些现象产生的原因，并采取相应的措施以减小其危害。

1. 液压冲击

在液压系统中，由于某种原因而引起油液的压力在一瞬间急剧上升，形成很高的压力峰值，这种现象称为液压冲击。液压冲击的压力峰值往往会比正常工作压力高好几倍，且常伴随有巨大的振动和噪声，并使液压系统温度升高。

液压冲击会引起振动和噪声，导致密封装置、液压控制阀、管路等液压元件的损坏，有时还会使某些元件（如压力继电器、顺序阀）产生误动作，影响系统的正常工作，甚至导致设备的损坏。因此，必须采取有效措施来减轻或防止液压冲击。

液压系统中产生液压冲击的原因很多，如液流速度突变（如为实现工作部件制动而关闭阀门），突然改变液流方向（如为使工作部件改变运动方向而控制换向阀换向），或液压系统中某些元件反应动作不灵敏（如溢流阀在超压时由于迟钝而不能迅速打开产生压力超调）等因素都将会引起系统中油液压力的突然升高而产生液压冲击。

避免产生液压冲击的基本措施是尽量避免液流速度发生急剧变化，延缓速度变化的时间，其具体办法有以下几个：

（1）尽量延长阀门关闭和运动部件制动换向的时间。

（2）限制管路中液流的速度及运动部件的速度。

（3）在容易出现液压冲击的部位安装限制压力升高的安全阀。

（4）在冲击源处设置缓冲装置（如蓄能器）。

（5）适当的加大管径，尽量缩短管路长度，采用橡胶软管增加系统的缓冲能力。

2. 空穴现象

在液压系统中，由于流速突然变大、供油不足等因素，压力会迅速下降至低于空气分离压时，溶于油液中的空气游离出来形成气泡，这些气泡夹杂在油液中形成气穴，这种现象称为空穴现象。如果液体中的压力进一步降低到饱和蒸汽压力（在某一温度下使液体汽化的压力）时，液体将迅速汽化，产生大量的蒸汽泡，这时的空穴现象将会更加严重。

当液压系统中出现空穴现象时，大量的气泡破坏了液流的连续性，造成流量和压力脉动，当气泡随液流进入高压区时又急剧破灭，引起局部液压冲击，使系统产生强烈的噪声和振动。当附着在金属表面上的气泡破灭时，它所产生的局部高温和高压作用，以及油液中逸出的气体的氧化作用，会使金属表面剥蚀或出现海绵状的小洞穴。这种因空穴现象造成的腐蚀作用称为气蚀，导致液压元件寿命的缩短。

空穴现象多发生在阀口和液压泵的进口处，由于阀口的通道狭窄，流速增大，压力大幅度下降，以致产生气穴。当泵的安装高度过大或油液不足，吸油管直径太小，吸油阻力大，滤油器阻塞，造成进口处真空度过大，也会产生气穴。

由于空穴现象产生出大量的气泡，有的会聚集在管道的最高处或通流的狭窄处形成气塞，使油流不畅，甚至堵塞，从而影响运动的平稳性；使系统的容积效率降低，系统的性能变差；产生气蚀，使元件腐蚀，降低液压元件的使用寿命；产生冲击、振动和噪声。

为减小气穴和气蚀的危害，一般采取下列措施：

（1）减小阀口和其他元件通道前后的压力降，一般希望前后的压力比为 $p_1/p_2<3.5$。

（2）尽量降低吸油高度，适当加大吸油管内径，限制吸油管的流速，吸油管端的过滤容器容量要大，及时清洗滤油器，对高压泵可采用辅助泵供油。

（3）管路连接处要密封可靠，以防止空气进入。

（4）液压泵转速不能过高，以防止吸油不充分。

（5）管路尽量平直，避免急转弯和狭窄处。

（6）对于容易产生气蚀的元件，如泵的配油盘，需采用抗腐蚀能力强的金属材料，增强元件的机械强度。

技能训练 液压油黏度测定及油品识别

1. 训练目标

黏性是液压油的重要物理性质，是不同液压系统选择液压油的主要依据。通过液压油恩氏黏度（$°E$）测定，可以了解黏性及黏温特性对于液压传动性能的影响，认识液压油的牌号与黏度的关系，掌握不同工作要求液压系统的液压油品种与牌号选择。

（1）观察分析液压油黏性对液压传动的影响。

（2）测定液压油恩氏黏度。

（3）认识运动黏度与液压油牌号的关系。

（4）学会鉴别不同品种液压油，掌握不同液压系统液压油的选用原则。

2. 训练设备及器材

表 2-5　　　　　　　　　　　　训 练 设 备 及 器 材

设备、器材及其型号		数　　量
恩氏黏度计	WNE-1A	6台
秒表		6只
液压油	不同牌号液压油	若干
容器	烧杯	6只
工具	量杯、移液器	6套

3. 训练内容

（1）教师讲解并演示液压油黏度测定方法，如图 2-21 所示：

1）将接收瓶、移液管、玻璃棒、烧杯等洗净备用。

2）用汽油、酒精、石油醚等溶剂清洗黏度计内容器，流出管可以用软绸缎布卷成绳状蘸溶剂轻轻抽擦，但不得用硬金属丝或工具清理以免划伤。

3）将250mL蒸馏水装入干净烧杯中，并调至20℃左右备用。将外容器的水恒温至20℃。

4）用量杯取200mL某牌号液压油放入恩氏黏度计容器并加热到某一温度，如（20±0.2)℃。

5）调节水平螺钉，使3个小尖钉尖端与水平面相切，用移液管调节液面。

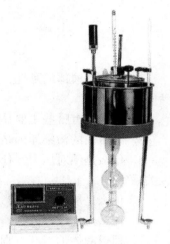

图 2-21　恩氏黏度计

6）接收瓶放在黏度计流出管下面，开启恩氏黏度计阀门，同时按下秒表，液压油在自重作用下流过直径 $\phi 2.8$mm 小孔，用秒表记下流出时间 t_A。

7）采用相同步骤测出 200mL 的蒸馏水在 20℃时流过同一个孔所需时间 t_B（t_B 为 50～52s）。

8）t_A 与 t_B 的比值即为该液压油在该温度时的恩氏黏度值。

（2）学生根据教师演示操作过程测定指定液压油恩氏黏度，并通过恩氏黏度计算出运动黏度和动力黏度，检验计算的运动黏度是否符合指定液压油的牌号。

（3）测量不同温度下同种液压油黏度，分析其黏温特性关系曲线。

（4）利用教师提供的两种牌号液压油配置某一指定牌号的液压油。

（5）采用简易方法辨认不同牌号液压油。简易鉴别方法见表 2-6。

表 2-6　　　　　　　　　　　液压油简易鉴别方法举例

油　品	看	嗅	摇	摸
机械油	黄褐到棕黄，有不明显的蓝荧光		泡沫多而消失慢，挂瓶呈黄色	
普通液压油	浅黄到深黄，发蓝光	酸味	气泡消失快，稍挂瓶	
汽轮机油	浅黄到深黄		气泡多、大、消失快、无色	沾水捻不乳化

续表

油　品	看	嗅	摇	摸
抗磨液压油	橙红透明		气泡多、消失快、稍挂瓶	
低凝液压油	深红			
水-乙二醇液	浅黄	无味		光滑、手感热
磷酸酯液	浅黄			
油包水乳化液	乳白		浓稠	
水包油乳化液		无味	清淡	
蓖麻油型制动液	淡黄透明	强烈酒精味		光滑、手感凉
矿物油型制动液	淡红			

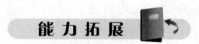

能 力 拓 展

1. 什么是液体的黏性？其物理意义是什么？常用的黏度表示方法有哪几种？并说明其黏度单位。

2. 液压油有哪些主要品种？液压油的牌号与黏度有什么关系？如何选用液压油？

3. 液压油的污染原因是什么？液压油的污染有何危害？如何控制液压油的污染？

4. 什么是绝对压力？什么是相对压力和真空度？液压系统的工作压力与外界负载有什么关系？

5. 什么是层流和紊流？怎样判断？

6. 什么是连续性方程？写出其公式。

7. 理想液体伯努利方程的物理意义是什么？应用伯努利方程需要注意什么？

8. 液体流动中为什么会有压力损失？压力损失有哪几种？其值与哪些因素有关？

9. 液压冲击和空穴现象是怎样产生的？有何危害？如何防止？

10. 液压油的密度 $\rho = 900 \text{kg/m}^3$，用恩氏黏度计测得其 200mL，当油温在 30℃时流出的时间 $t_1 = 400\text{s}$。在 40℃时，流出的时间 $t_2 = 230\text{s}$，求液压油的恩氏黏度、运动黏度（cSt）和动力黏度（Pa·s）的值？从 ν_{30}、ν_{40} 黏度值变化规律说明什么问题？测定为牌号是多少的液压油？

11. 某液压油的运动黏度为 $20\text{mm}^2/\text{s}$，密度为 900kg/m^3，其动力黏度是多少？

12. 如图 2-22 所示，液压缸直径 $D = 150\text{mm}$，活塞直径 $d = 100\text{mm}$，负载 $F = 5 \times 10^4 \text{N}$，若不计液压油及缸体和活塞自重，求图 2-22（a）、(b) 两种情况下液压缸内液体的压力。

13. 有一圆管如图 2-23 所示，管中液体由左向右流动，已知管中通流断面的直径分别为 $d_1 = 200\text{mm}$ 和 $d_2 = 100\text{mm}$，通过通流断面 1 的平均流速 $u_1 = 1.5\text{m/s}$，求流量是多少？通过通流断面 2 的平均流速是多少？

14. 如图 2-24 所示，水平放置的光滑圆管由两段组成，直径分别为 $d_1 = 10\text{mm}$ 和 $d_2 = 6\text{mm}$，每段长度均为 $l = 3\text{m}$。液体密度 $\rho = 900\text{kg/m}^3$，运动黏度 $\nu = 0.2 \times 10^4 \text{m}^2/\text{s}$，通过流量 $q = 18\text{L/min}$，若管路突然缩小处的局部阻力系数 $\zeta = 0.35$。试求管内的总压力损失及两端的压力差。（局部压力损失按断面突变后的流速计算）

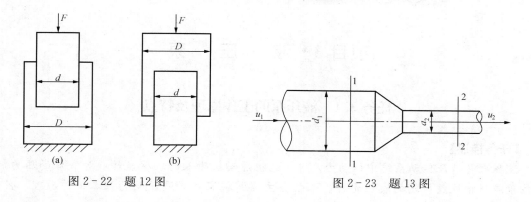

图 2-22　题 12 图　　　　　　　图 2-23　题 13 图

15. 如图 2-25 所示，液压泵从油箱中吸油，吸油管直径 $d=60\text{mm}$，流量 $q=150\text{L/min}$，液压泵吸油口处的真空度为 $0.2\times10^5\text{Pa}$，液压油的运动黏度 $\nu=20\times10^{-6}\text{m}^2/\text{s}$，密度 $\rho=900\text{kg/m}^3$，不计任何损失，求最大吸油高度 h。

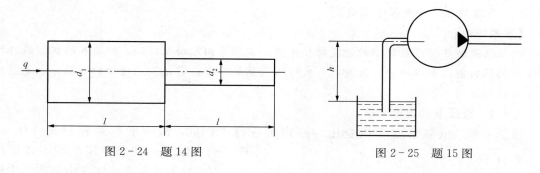

图 2-24　题 14 图　　　　　　　图 2-25　题 15 图

16. 有一个薄壁小孔，通过流量 $q=25\text{L/min}$，压力损失 $\Delta p=0.3\text{MPa}$，取流量系数 $C_q=0.62$，密度 $\rho=900\text{kg/m}^3$，求节流阀孔的通流面积。

项目3 液 压 泵

任务3.1 液压泵的工作原理及特点

【任务描述】

液压泵是液压传动系统中的动力元件，它把原动机输入的机械能转换为液体的压力能，是位于液压系统最前端的液压元件。本任务主要掌握容积式液压泵的基本工作原理、性能参数。

【任务目标】

(1) 掌握容积式液压泵工作原理与结构。

(2) 掌握液压泵的分类及特点。

(3) 掌握液压泵主要性能参数。

【基本知识】

液压泵是液压传动系统中的能量转换元件，液压泵由原动机驱动，把输入的机械能转换为液体的压力能，再以压力、流量的形式输入到系统中去，它是液压传动的心脏，也是液压系统的动力源。

3.1.1 液压泵的工作原理

液压泵都是依靠密封容积变化的原理来进行工作的，故一般称为容积式液压泵，

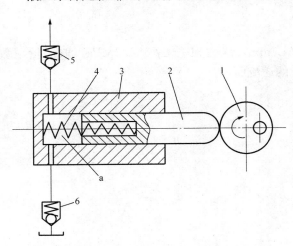

图3-1所示为单柱塞液压泵的工作原理图，图中柱塞2装在泵体3中形成一个密封容积a，柱塞在弹簧4的作用下始终压紧在偏心轮1上。原动机驱动偏心轮1旋转使柱塞2做往复运动，使密封容积a的大小发生周期性的交替变化。当a由小变大时就形成局部真空，使油箱中油液在大气压作用下，经吸油管顶开单向阀6进入密封容积a而实现吸油；反之，当a由大变小时，密封容积a中吸满的油液将顶开单向阀5流入系统实现压油。这样液压泵就将原动机输入的机械能转换成液体的压力能，原动机驱动偏心轮不断旋转，液压泵就不断地吸油和压油。

图3-1 容积式液压泵的工作原理

1—偏心轮；2—柱塞；3—泵体；4—弹簧；5、6—单向阀

3.1.2 液压泵的分类及特点

液压泵按其在单位时间内所输出油液体积能否调节分为定量泵和变量泵两类；按结构形式可以分为齿轮式、叶片式和柱塞式三类。

根据工作腔的密封容积变化而进行吸油和排油是液压泵的共同特点，因而这种泵又称为

容积式液压泵。构成容积式液压泵必须具备以下基本条件：

（1）具有若干个密封且又可以周期性变化的空间。

（2）油箱内液体的绝对压力必须恒等于或大于大气压力。

（3）具有相应的配流机构将吸油腔与压油腔分开。

3.1.3 液压泵的主要性能参数

1. 压力

（1）工作压力 p。液压泵实际工作时的输出压力称为工作压力。工作压力的大小取决于外负载的大小和排油管路上的压力损失，而与液压泵的流量无关。

（2）额定压力 p_n。液压泵在正常工作条件下，按试验标准规定连续运转的最高压力称为液压泵的额定压力。

（3）最高允许压力 p_{max}。在超过额定压力的条件下，根据试验标准规定，允许液压泵短暂运行的最高压力值称为液压泵的最高允许压力。

2. 流量和排量

（1）排量 V。液压泵每转一周，由其密封容积几何尺寸变化计算而得的排出液体的体积称为液压泵的排量。排量可调节的液压泵称为变量泵，排量不可调节的液压泵则称为定量泵。

（2）理论流量 q_t。理论流量是指在不考虑液压泵的泄漏流量的情况下，在单位时间内所排出的液体体积的平均值。显然，如果液压泵的排量为 V，其主轴转速为 n，则该液压泵的理论流量 q_t 为

$$q_t = Vn \qquad (3-1)$$

（3）实际流量 q。液压泵在某一具体工况下，单位时间内所排出的液体体积称为实际流量，它等于理论流量 q_t 减去泄漏流量 Δq，即

$$q = q_t - \Delta q \qquad (3-2)$$

（4）额定流量 q_n。液压泵在正常工作条件下，按试验标准规定（如在额定压力和额定转速下）必须保证的流量。

3. 功率和效率

（1）液压泵的功率损失。液压泵的功率损失有容积损失和机械损失两部分。

1）容积损失。容积损失是指液压泵流量上的损失，液压泵的实际输出流量总是小于其理论流量，其主要原因是由于液压泵内部高压腔的泄漏、油液的压缩，以及在吸油过程中由于吸油阻力太大、油液黏度大、液压泵转速高等原因，导致油液不能全部充满密封工作腔。液压泵的容积损失用容积效率来表示，它等于液压泵的实际输出流量 q 与其理论流量 q_t 之比，即

$$\eta_V = \frac{q}{q_t} = \frac{q_t - \Delta q}{q_t} = 1 - \frac{\Delta q}{q_t} \qquad (3-3)$$

因此液压泵的实际输出流量 q 为

$$q = q_t \eta_V = Vn\eta_V \qquad (3-4)$$

式中　V——液压泵的排量，m^3/r；

　　　n——液压泵的转速，r/s。

液压泵的容积效率随着液压泵工作压力的增大而减小，且随液压泵的结构类型不同而

异，但恒小于1。

2) 机械损失。机械损失是指液压泵在转矩上的损失。液压泵的实际输入转矩 T 总是大于理论上所需要的转矩 T_t，其主要原因是液压泵体内相对运动部件之间因机械摩擦而引起的摩擦转矩损失及液体的黏性而引起的摩擦损失。液压泵的机械损失用机械效率表示，它等于液压泵的理论转矩 T_t 与实际输入转矩 T 之比，设转矩损失为 ΔT，则液压泵的机械效率为

$$\eta_m = \frac{T_t}{T} = \frac{1}{1 + \dfrac{\Delta T}{T_t}} \tag{3-5}$$

（2）液压泵的功率。

1) 输入功率 P_i。液压泵的输入功率是指作用在液压泵主轴上的机械功率，当输入转矩为 T_i，角速度为 ω 时，有

$$P_i = T_i \omega \tag{3-6}$$

2) 输出功率 P_o。液压泵的输出功率是指液压泵在工作过程中的实际吸、压油口间的压差 Δp 和输出流量 q 的乘积，即

$$P_o = \Delta p q \tag{3-7}$$

式中　Δp——液压泵吸、压油口之间的压力差，N/m^2；

　　　q——液压泵的实际输出流量，m^3/s；

　　　P_o——液压泵的输出功率，$N \cdot m/s$ 或 W。

在实际的计算中，若油箱通大气，液压泵吸、压油的压力差往往用液压泵出口压力 p 代入。

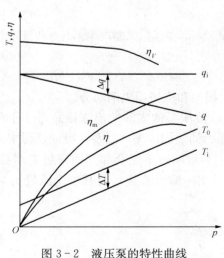

图 3-2　液压泵的特性曲线

3) 液压泵的总效率 η。液压泵的总效率是指液压泵的实际输出功率与其输入功率的比值，即

$$\eta = \frac{P_o}{P_i} = \frac{\Delta p q}{T_i \omega} = \frac{\Delta p q_t \eta_V}{\dfrac{T_t \omega}{\eta_m}} = \eta_V \eta_m \tag{3-8}$$

由式（3-8）可知，液压泵的总效率等于其容积效率与机械效率的乘积，所以液压泵的输入功率也可写成

$$P_i = \frac{\Delta p q}{\eta} \tag{3-9}$$

液压泵的各参数与压力之间的关系如图 3-2 所示。

任务 3.2　齿　轮　泵

【任务描述】

齿轮泵是液压系统中常用的中低压定量泵，本任务主要掌握齿轮泵的工作原理、分类、

结构特点及选用原则，并培养学生具备拆装和维修齿轮泵的基本技能。

【任务目标】

（1）掌握齿轮泵的工作原理及主要性能参数。

（2）掌握齿轮泵的结构特点、分类依据及选用规则。

（3）具备基本的齿轮泵拆装和维修技能。

【基本知识】

齿轮泵是液压系统中广泛采用的一种液压泵，其主要特点是结构简单，制造方便，价格低廉，体积小，重量轻，自吸性能好，对油液污染不敏感，工作可靠；其主要缺点是流量和压力脉动大，噪声大，排量不可调。它一般做成定量泵，按结构不同，齿轮泵分为外啮合齿轮泵和内啮合齿轮泵，而以外啮合齿轮泵应用最广。下面以外啮合齿轮泵为例来分析齿轮泵。

3.2.1　外啮合齿轮泵的工作原理

图 3-3 所示为外啮合齿轮泵的工作原理图。这种泵主要由主动齿轮、从动齿轮、驱动轴、泵体及侧板等主要零件构成。泵体内相互啮合的主、从动齿轮 2 和 3 与两端盖及泵体共同构成密封工作容积，齿轮的啮合线将左、右两腔隔开，形成了吸、压油腔，当齿轮按图示方向旋转时，右侧吸油腔内的轮齿脱离啮合，密封工作腔容积不断增大，形成局部真空，油液在大气压力作用下从油箱经吸油管进入吸油腔，并被旋转的轮齿带入左侧的压油腔。左侧压油腔内的轮齿不断进入啮合，使密封工作腔容积减小，油液受到挤压被排往系统。

图 3-4 所示为 CB-B 型齿轮泵的结构图，它属于低压泵，不能承受较高的压力，其额定压力为 2.5MPa，排量为 2.5～125mL/r，转速为 1450r/min。它是分离三片式结构，三片是指泵体 7 和前、后泵盖 8、4。泵的前后盖和泵体由两个定位销 17 定位，

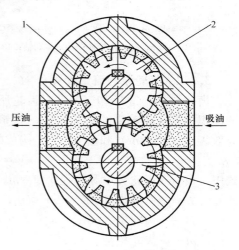

图 3-3　外啮合齿轮泵工作原理
1—泵体；2—主动齿轮；3—从动齿轮

用 6 只螺钉 9 紧固。为了保证齿轮能灵活地转动，同时又要保证泄漏最小，在齿轮端面和泵盖之间应有适当间隙（轴向间隙），对小流量泵轴向间隙为 0.025～0.04mm，大流量泵为 0.04～0.06mm。齿顶和泵体内表面间的间隙（径向间隙），由于密封带长，同时齿顶线速度形成的剪切流动又和油液泄漏方向相反，故对泄漏的影响较小，这里要考虑的问题是：当齿轮受到不平衡的径向力后，应避免齿顶和泵体内壁相碰，所以径向间隙就可稍大，一般取 0.13～0.16mm。

为了防止压力油从泵体和泵盖间泄漏到泵外，并减小压紧螺钉的拉力，在泵体两侧的端面上开有卸油槽 16，将渗入泵体和泵盖间的压力油引入吸油腔。在泵盖和从动轴上有小孔，其作用是将泄漏到轴承端部的压力油也引到泵的吸油腔去，防止油液外溢，同时也润滑滚针轴承。

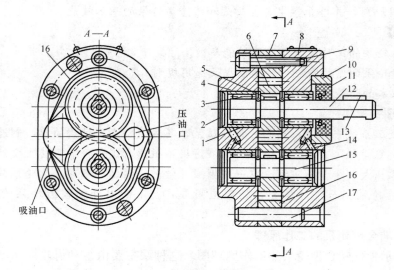

图 3-4　CB-B 齿轮泵结构图

1—轴承外环；2—堵头；3—滚子；4—后泵盖；5—键；6—齿轮；7—泵体；8—前泵盖；9—螺钉；
10—压环；11—密封环；12—主动轴；13—键；14—泄油口；15—从动轴；16—泄油槽；17—定位销

3.2.2　齿轮泵的流量计算

齿轮泵的排量 V 相当于一对齿轮所有齿间槽容积之和，假如齿间槽容积大致等于轮齿的体积，那么齿轮泵的排量等于一个齿轮的齿间槽容积和轮齿容积体积的总和，即相当于以有效齿高（$h=2m$）和齿宽（B）构成的平面所扫过的环形体积，即

$$V=\pi DhB=2\pi zm^2B \tag{3-10}$$

式中　D——齿轮分度圆直径，$D=mz$，cm；

　　　h——有效齿高，$h=2m$，cm；

　　　B——齿轮宽，cm；

　　　m——齿轮模数，cm；

　　　z——齿数。

实际上齿间槽的容积要比轮齿的体积稍大，故式（3-10）中的 π 常以 3.33 代替，则式（3-10）可写成

$$V=6.66zm^2B \tag{3-11}$$

齿轮泵的流量 q（L/min）为

$$q=6.66zm^2Bn\eta_V\times 10^{-3} \tag{3-12}$$

式中　n——齿轮泵转速，r/min；

　　　η_V——齿轮泵的容积效率。

实际上齿轮泵的输油量是有脉动的，故式（3-12）所表示的是泵的平均输油量。

从上面公式可以看出流量和几个主要参数的关系如下：

（1）输油量与齿轮模数 m 的平方成正比。

（2）在泵的体积一定时，齿数少，模数就大，故输油量增加，但流量脉动大；齿数增加时，模数就小，输油量减小，流量脉动也小。用于机床上的低压齿轮泵，取 $z=13\sim 19$，而中高压齿轮泵，取 $z=6\sim 14$，齿数 $z<14$ 时，要进行修正。

（3）输油量和齿宽 B、转速 n 成正比。一般齿宽 $B=6\sim10\text{mm}$。转速 n 为 750、1000、1500r/min。转速过高，会造成吸油不足；转速过低，泵也不能正常工作。一般齿轮的最大圆周速度不应大于 $5\sim6\text{m/s}$。

3.2.3 齿轮泵的结构特点

1. 齿轮泵的困油问题

齿轮泵要能连续地供油，就要求齿轮啮合的重叠系数 $\varepsilon>1$，也就是当一对轮齿尚未脱开啮合时，另一对轮齿已进入啮合，这样，就出现同时有两对轮齿啮合的时间段，在两对轮齿的齿向啮合线之间形成了一个封闭容积，一部分油液也就被困在这一封闭容积中［见图 3-5（a）］，齿轮连续旋转时，这一封闭容积便逐渐减小，到两啮合点处于节点两侧的对称位置时［见图 3-5（b）］，封闭容积为最小，齿轮再继续转动时，封闭容积又逐渐增大，直到如图 3-5（c）所示的位置时，容积又变为最大。在封闭容积减小时，被困油液受到挤压，压力急剧上升，使轴承上突然受到很大的冲击载荷，使泵剧烈振动，这时高压油从一切可能泄漏的缝隙中挤出，造成功率损失，使油液发热等。当封闭容积增大时，由于没有油液补充，因此形成局部真空，使原来溶解于油液中的空气分离出来，形成了气泡，油液中产生气泡后，会引起噪声、气蚀等一系列不良后果。以上情况就是齿轮泵的困油现象。这种困油现象极为严重地影响着泵的工作平稳性和使用寿命。

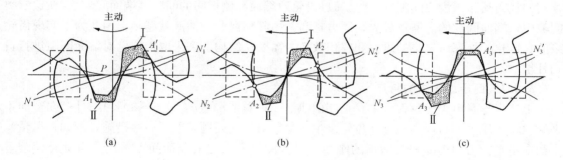

图 3-5　齿轮泵的困油现象

为了消除困油现象，在 CB-B 型齿轮泵的泵盖上铣出两个困油卸荷凹槽，其几何关系如图 3-6 所示。卸荷槽的位置应该使困油腔由大变小时，能通过卸荷槽与压油腔相通，而当困油腔由小变大时，能通过另一卸荷槽与吸油腔相通。两卸荷槽之间的距离为 a，必须保证在任何时候都不能使压油腔和吸油腔互通。

按上述对称开的卸荷槽，当困油封闭腔由大变至最小时（见图 3-6），由于油液不易从即将关闭的缝隙中挤出，故封闭油压仍将高于压油腔压力；齿轮继续转动，当封闭腔和吸油腔相通的瞬间，高压油又突然和吸油腔的低压油相接触，会引起冲击和噪声。于是 CB-B 型齿轮泵将卸荷

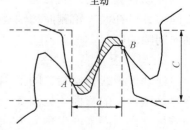

图 3-6　齿轮泵的困油卸荷槽图

槽的位置整个向吸油腔侧平移了一个距离。这时封闭腔只有在由小变至最大时才和压油腔断开，油压没有突变，封闭腔和吸油腔接通时，封闭腔不会出现真空也没有压力冲击，这样改进后，使齿轮泵的振动和噪声得到了进一步改善。

2. 径向不平衡力问题

齿轮泵工作时，在齿轮和轴承上承受径向液压力的作用。如图3-7所示，泵的下侧为吸油腔，上侧为压油腔。在压油腔内有液压力作用于齿轮上，沿着齿顶的泄漏油，具有大小不等的压力，就使齿轮和轴承受到的径向不平衡力。液压力越高，这个不平衡力就越大，其结果不仅加速了轴承的磨损，降低了轴承的寿命，甚至使轴变形，造成齿顶和泵体内壁的摩擦等。为了解决径向力不平衡问题，在有些齿轮泵上，采用开压力平衡槽的办法来消除径向不平衡力，但这将使泄漏增大，容积效率降低等。CB-B型齿轮泵则采用缩小压油腔，以减小液压力对齿顶部分的作用面积来减小径向不平衡力，故泵的压油口孔径比吸油口孔径要小。

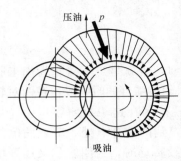

图3-7 齿轮泵的径向不平衡力

3. 齿轮泵的泄漏

在液压泵中，各运动件间是靠微小间隙密封的，这些微小间隙从运动学上形成摩擦副，而高压腔的油液通过间隙向低压腔泄漏是不可避免的。齿轮泵压油腔的压力油可通过三条途径泄漏到吸油腔去：一是通过齿轮啮合线处的间隙（齿侧间隙）；二是通过泵体内表面和齿顶间的径向间隙（齿顶间隙）；三是通过齿轮两端面和侧板间的间隙（端面间隙）。在这三类间隙中，端面间隙的泄漏量最大，压力越高，由间隙泄漏的油液就越多，因此为了实现齿轮泵的高压化，提高齿轮泵的压力和容积效率，需要从结构上来采取措施，对端面间隙进行自动补偿。

3.2.4 高压齿轮泵的特点

上述齿轮泵由于泄漏大（主要是端面泄漏，占总泄漏量的70%～80%），且存在径向不平衡力，故压力不易提高。高压齿轮泵主要是针对上述问题采取了一些措施，例如，尽量减小径向不平衡力和提高轴与轴承的刚度，对泄漏量最大处的端面间隙采用了自动补偿装置等。下面对端面间隙的补偿装置做简单介绍。

1. 浮动轴套式

图3-8（a）所示为浮动轴套式的间隙补偿装置。它利用泵的出口压力油，引入齿轮轴上的浮动轴套1的外侧A腔，在液体压力作用下，使轴套紧贴齿轮3的侧面，因而可以消除间隙并可补偿齿轮侧面和轴套间的磨损量。在泵起动时，靠弹簧4来产生预紧力，保证了轴向间隙的密封。

2. 浮动侧板式

浮动侧板式补偿装置的工作原理与浮动轴套式基本相似，它也是利用泵的出口压力油引到浮动侧板1的背面［见图3-8（b）］，使之紧贴于齿轮3的端面来补偿间隙。启动时，浮动侧板靠密封圈来产生预紧力。

3. 挠性侧板式

图3-8（c）所示为挠性侧板式间隙补偿装置，它是利用泵的出口压力油引到侧板的背面，靠侧板自身的变形来补偿端面间隙的，侧板的厚度较薄，内侧面要耐磨（如烧结有0.5～0.7mm的磷青铜），这种结构采取一定措施后，易使侧板外侧面的压力分布大体上和齿轮侧面的压力分布相适应。

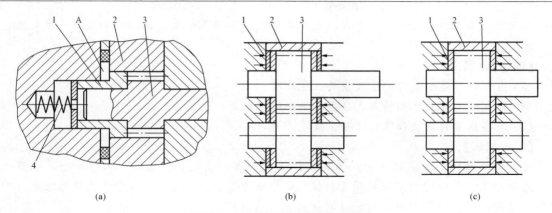

图 3-8　端面间隙补偿装置示意图

1—浮动轴套；2、3—齿轮；4—弹簧

3.2.5　内啮合齿轮泵

内啮合齿轮泵的工作原理也是利用齿间密封容积的变化来实现吸压油的。图 3-9 所示为内啮合齿轮泵的工作原理图。

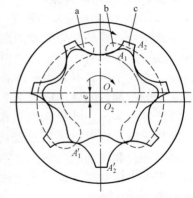

它是由配油盘（前、后盖）、外转子（从动轮）和偏心安置在泵体内的内转子（主动轮）等组成。内、外转子相差一齿，图中内转子为六齿，外转子为七齿，由于内外转子是多齿啮合，这就形成了若干密封容积。当内转子围绕中心 O_1 旋转时，带动外转子绕外转子中心 O_2 做同向旋转。这时，由内转子齿顶 A_1 和外转子齿间槽 A_2 间形成的密封容积 c，随着转子的转动密封容积就逐渐扩大，于是就形成局部真空，油液从配油窗口 b 被吸入密封腔，至 A_1'、A_2' 位置时封闭容积最大，这时吸油完毕。当转子继续旋转时，充满油液的密封容积便逐渐减小，油液受挤压，于是通过另一配油窗口 a 将油排出，至内转子的另一齿全部和外转子的

图 3-9　内啮合齿轮泵的工作原理图

齿槽 A_2 全部啮合时，压油完毕，内转子每转一周，由内转子齿顶和外转子齿间槽所构成的每个密封容积完成吸、压油各一次，当内转子连续转动时，即完成了液压泵的吸压油工作。

内啮合齿轮泵的外转子齿形是圆弧，内转子齿形为短幅外摆线的等距线，故又称为内啮合摆线齿轮泵，也叫转子泵。

内啮合齿轮泵有许多优点，例如，结构紧凑，体积小，零件少，转速可高达 10 000r/min，运动平稳，噪声低，容积效率较高等。缺点是流量脉动大，转子的制造工艺复杂等，目前已采用粉末冶金压制成形。随着工业技术的发展，摆线齿轮泵的应用将会越来越广泛，内啮合齿轮泵可正、反转，也可作液压马达用。

任务 3.3　叶　片　泵

【任务描述】

叶片泵是液压系统中常用的中低压泵，有变量泵和定量泵两大类。本任务主要内容是掌

握叶片泵的工作原理、分类、结构特点及选用原则，并培养学生具备拆装和维修叶片泵的基本技能。

【任务目标】

（1）掌握叶片泵的工作原理及主要性能参数。

（2）掌握叶片泵的结构特点、分类依据及选用规则。

（3）具备基本的拆装和维修叶片泵技能。

【基本知识】

叶片泵的结构较齿轮泵复杂，但其工作压力较高，且流量脉动小，工作平稳，噪声较小，寿命较长，所以它被广泛应用于机械制造中的专用机床、自动线等中低液压系统中，但其结构复杂，吸油性能不好，对油液的污染也比较敏感。

根据各密封工作容积在转子旋转一周吸、压油液次数的不同，叶片泵分为两类，即完成一次吸、压油液的单作用叶片泵和完成两次吸、压油液的双作用叶片泵。单作用叶片泵多为变量泵，工作压力最大为 7.0MPa，双作用叶片泵均为定量泵，一般最大工作压力也为 7.0MPa，结构经改进的高压叶片泵最大的工作压力可达 16.0～21.0MPa。

3.3.1 单作用叶片泵

1. 单作用叶片泵的工作原理

单作用叶片泵的工作原理如图 3-10 所示，单作用叶片泵由转子 1、定子 2、叶片 3、端盖等组成。定子具有圆柱形内表面，定子和转子间有偏心距。叶片装在转子槽中，并可在槽内滑动，当转子回转时，由于离心力的作用，使叶片紧靠在定子内壁，这样在定子、转子、叶片和两侧配油盘间就形成若干个密封的工作空间，当转子按图示的方向回转时，在图的右部，叶片逐渐伸出，叶片间的工作空间逐渐增大，从吸油口吸油，这是吸油腔。在图的左部，叶片被定子内壁逐渐压进槽内，工作空间逐渐缩小，将油液从压油口压出，这是压油腔，在吸油腔和压油腔之间，有一段封油区把吸油腔和压油腔隔开，这种叶片泵在转子每转一周，每个工作空间完成一次吸油和压油，因此称为单作用叶片泵。转子不停地旋转，泵就不断地吸油和压油。

2. 单作用叶片泵的排量和流量计算

单作用叶片泵的排量为各工作容积在主轴旋转一周时所排出液体的总和，如图 3-11 所示，两个叶片形成的一个工作容积 V' 近似等于扇形体积 V_1 和 V_2 之差，即

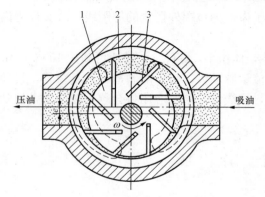

图 3-10　单作用叶片泵的工作原理

1—转子；2—定子；3—叶片

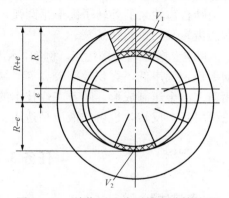

图 3-11　单作用叶片泵排量计算简图

$$V' = V_1 - V_2 = \frac{1}{2}B\beta\left[(R+e)^2 - (R-e)^2\right] = \frac{4\pi}{z}ReB \qquad (3-13)$$

式中 R——定子的内径；

$\quad e$——转子与定子之间的偏心矩；

$\quad B$——定子的宽度，m；

$\quad \beta$——相邻两个叶片间的夹角，$\beta = 2\pi/z$；

$\quad z$——叶片的个数。

因此，单作用叶片泵的排量为

$$V = zV' = 4\pi ReB \qquad (3-14)$$

故当转速为 n，泵的容积效率为 η_V 时的泵的理论流量和实际流量分别为

$$q_t = Vn = 4\pi ReBn \qquad (3-15)$$

$$q = q_t\eta_V = 4\pi ReBn\eta_V \qquad (3-16)$$

在式（3-14）~式（3-16）的计算中，并未考虑叶片的厚度及叶片的倾角对单作用叶片泵排量和流量的影响，实际上叶片在槽中伸出和缩进时，叶片槽底部也有吸油和压油过程，一般在单作用叶片泵中，压油腔和吸油腔处叶片的底部是分别和压油腔及吸油腔相通的，因而叶片槽底部的吸油和压油恰好补偿了叶片厚度及倾角所占据体积而引起的排量和流量的减小，这就是在计算中不考虑叶片厚度和倾角影响的缘故。

单作用叶片泵的流量也是有脉动的，理论分析表明，泵内叶片数越多，流量脉动率越小，此外，奇数叶片的脉动率比偶数叶片的脉动率小，所以单作用叶片泵的叶片数均为奇数，一般为 13 或 15 片。

3. 单作用叶片泵的结构特点

（1）改变定子和转子之间的偏心距便可改变流量，偏心反向时，吸油压油方向也相反。

（2）处在压油腔的叶片顶部受到压力油的作用，该作用要把叶片推入转子槽内，为了使叶片顶部可靠地和定子内表面相接触，压油腔一侧的叶片底部要通过特殊的沟槽和压油腔相通，吸油腔一侧的叶片底部要和吸油腔相通，这里的叶片仅靠离心力的作用顶在定子内表面上。

（3）由于转子受到不平衡的径向液压作用力，所以这种泵一般不宜用于高压。

（4）为了更有利于叶片在惯性力作用下向外伸出，而使叶片有一个与旋转方向相反的倾斜角，称后倾角，一般为 24°。

3.3.2 双作用叶片泵

1. 双作用叶片泵的工作原理

双作用叶片泵的工作原理如图 3-12 所示，泵由定子 1、转子 2、叶片 3 和配油盘（图中未画出）等组成。转子和定子中心重合，定子内表面近似为椭圆柱形，该椭圆柱形由两段长半径 R、两段短半径

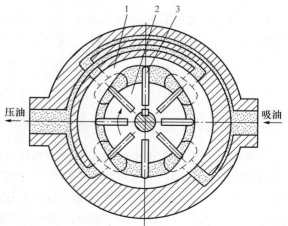

图 3-12 双作用叶片泵的工作原理

1—定子；2—转子；3—叶片

r 圆弧和四段过渡曲线所组成。当转子转动时，叶片在离心力和（建压后）根部压力油的作用下，在转子槽内作径向移动而压向定子内表面，由叶片、定子的内表面、转子的外表面和两侧配油盘间形成若干个密封空间，当转子按图示方向旋转时，处在小圆弧上的密封空间经过渡曲线而运动到大圆弧的过程中，叶片外伸，密封空间的容积增大吸入油液；再从大圆弧经过渡曲线运动到小圆弧的过程中，叶片被定子内壁逐渐压进槽内，密封空间容积减小，将油液从压油口压出，因而，当转子每转一周，每个工作空间要完成两次吸油和压油，所以称为双作用叶片泵。这种叶片泵由于有两个吸油腔和两个压油腔，并且各自的中心夹角是对称的，所以作用在转子上的油液压力相互平衡，因此双作用叶片泵又称为卸荷式叶片泵，为了要使径向力完全平衡，密封空间数（即叶片数）应当是双数。

2. 双作用叶片泵的排量和流量计算

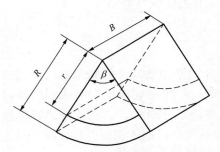

图 3-13 双作用叶片泵排量计算简图

双作用叶片泵的排量计算简图如图 3-13 所示，由于转子在转一周的过程中，每个密封空间完成两次吸油和压油，所以当定子的大圆弧半径为 R，小圆弧半径为 r、定子宽度为 B，两叶片间的夹角为 $\beta=2\pi/z$ 弧度时，每个密封容积排出的油液体积为半径为 R 和 r、扇形角为 β、厚度为 B 的两扇形体积之差的两倍，因而在不考虑叶片的厚度和倾角时双作用叶片泵的排量为

$$V' = 2z\,\frac{1}{2}\beta(R^2 - r^2)B = 2\pi(R^2 - r^2)B \tag{3-17}$$

一般在双作用叶片泵中，叶片底部全部接通压力油腔，因而叶片在槽中做往复运动时，叶片槽底部的吸油和压油不能补偿由于叶片厚度所造成的排量减小，为此双作用叶片泵当叶片厚度为 b、叶片安放的倾角为 θ 时的排量为

$$V = 2\pi(R^2 - r^2)B - 2\frac{R-r}{\cos\theta}bzB = 2B\left[\pi(R^2 - r^2) - \frac{R-r}{\cos\theta}bz\right] \tag{3-18}$$

所以当双作用叶片泵的转数为 n，泵的容积效率为 η_V 时，泵的理论流量和实际输出流量分别为

$$q_{\mathrm{t}} = Vn = 2B\left[\pi(R^2 - r^2) - \frac{R-r}{\cos\theta}bz\right]n \tag{3-19}$$

$$q = q_{\mathrm{t}}\eta_V = Vn\eta_V = 2B\left[\pi(R^2 - r^2) - \frac{R-r}{\cos\theta}bz\right]n\eta_V \tag{3-20}$$

双作用叶片泵如不考虑叶片厚度，泵的输出流量是均匀的，但实际叶片是有厚度的，长半径圆弧和短半径圆弧也不可能完全同心，尤其是叶片底部槽与压油腔相通，因此泵的输出流量将出现微小的脉动，但其脉动率较其他形式的泵（螺杆泵除外）小得多，且在叶片数为 4 的整数倍时最小，为此，双作用叶片泵的叶片数一般为 12 或 16 片。

3. 双作用叶片泵的结构特点

（1）配油盘。双作用叶片泵的配油盘如图 3-14 所示，在盘上有两个吸油窗口 2、4 和两个压油窗口 1、3，窗口之间为封油区，通常应使封油区对应的中心角稍大于或等于两个叶片之间的夹角，否则会使吸油腔与压油腔连通，造成泄漏，当两个叶片间密封油液从吸油区过渡到封油区（长半径圆弧处）时，其压力基本上与吸油压力相同，但当转子再继续旋转一个微小角度时，使该密封腔突然与压油腔相通，使其中油液压力突然升高，油液的体积突然收缩，压油腔中的油倒流进该腔，使液压泵的瞬时流量突然减小，引起液压泵的流量脉动、压力脉动和噪声，为此在配油盘的压油窗口靠叶片从封油区进入压油区的一边开有一个截面形状为三角形的三角槽（又称眉毛槽），使两叶片之间的封闭油液在未进入压油区之前就通过该三角槽与压力油相连，其压力逐渐上升，因而缓减了流量和压力脉动，并降低了

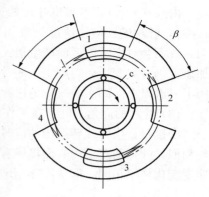

图 3 - 14 配油盘
1、3—压油窗口；2、4—吸油窗口；
c—环形槽

噪声。环形槽 c 与压油腔相通并与转子叶片槽底部相通，使叶片的底部作用有压力油。

（2）定子曲线。定子曲线是由四段圆弧和四段过渡曲线组成的。过渡曲线应保证叶片贴紧在定子内表面上，保证叶片在转子槽中径向运动时速度和加速度的变化均匀，使叶片对定子的内表面的冲击尽可能小。

过渡曲线如采用阿基米德螺旋线，则叶片泵的流量理论上没有脉动，可是叶片在大、小圆弧和过渡曲线的连接点处产生很大的径向加速度，对定子产生冲击，造成连接点处严重磨损，并发生噪声。在连接点处用小圆弧进行修正，可以改善这种情况，在较为新式的泵中采用等加速-等减速曲线，如图 3 - 15（a）所示。这种曲线的极坐标方程为

$$\left. \begin{aligned} \rho &= r + \frac{2(R-r)}{\alpha^2}\theta^2 && \left(0 < \theta < \frac{\alpha}{2}\right) \\ \rho &= 2r - R + \frac{4(R-r)}{\alpha}\left(\theta - \frac{\theta^2}{2\alpha}\right) && (\alpha/2 < \theta < \alpha) \end{aligned} \right\} \tag{3-21}$$

式（3-21）中符号含义如图 3-15 所示。

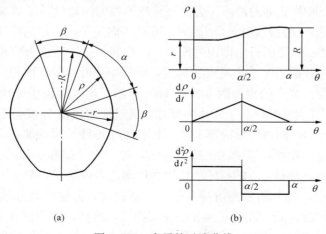

(a)　　　　　　　　(b)

图 3 - 15 定子的过渡曲线

　　由式（3-21）可求出叶片的径向速度 $d\rho/dt$ 和径向加速度 $d^2\rho/dt^2$，可知：当 $0<\theta<$ $\alpha/2$时，叶片的径向加速度为等加速，当 $\alpha/2<\theta<\alpha$ 时为等减速。由于叶片的速度变化均匀，故不会对定子内表面产生很大的冲击，但是，在 $\theta=0$、$\theta=\alpha/2$ 和 $\theta=\alpha$ 处，叶片的径向加速度仍有突变，还会产生一些冲击，如图 3-15（b）所示。所以在国外有些叶片泵上采用了三次以上的高次曲线作为过渡曲线。

　　（3）叶片的倾角。叶片在工作过程中，受离心力和叶片根部压力油的作用，使叶片和定子紧密接触。当叶片转至压油区时，定子内表面迫使叶片推向转子中心，它的工作情况和凸轮相似，叶片与定子内表面接触有一压力角为 φ，且大小是变化的，其变化规律与叶片径向速度变化规律相同，即从零逐渐增加到最大，又从最大逐渐减小到零，因而在双作用叶片泵中，将叶片顺着转子回转方向前倾一个 θ 角，使压力角减小到 φ'，这样就可以减小侧向力 F_T，使叶片在槽中移动灵活，并可减小磨损，如图 3-16 所示，根据双作用叶片泵定子内表面的几何参数，其压力角的最大值 $\varphi_{max}\approx24°$。一般取 $\theta=(1/2)\varphi_{max}$，因而叶片泵叶片的倾角 θ 一般为 $10°\sim14°$。YB 型叶片泵叶片相对于转子径向连线前倾 $13°$。但近年的研究表明，叶片倾角并非完全必要，某些高压双作用叶片泵的转子槽是径向的，且使用情况良好。

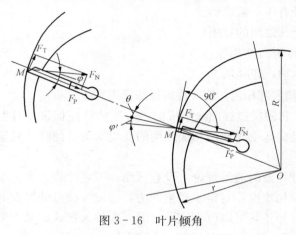

图 3-16　叶片倾角

　　4. 提高双作用叶片泵压力的措施

　　由于一般双作用叶片泵的叶片底部通压力油，就使得处于吸油区的叶片顶部和底部的液压作用力不平衡，叶片顶部以很大的压紧力抵在定子吸油区的内表面上，使磨损加剧，影响叶片泵的使用寿命，尤其是工作压力较高时，磨损更严重，因此吸油区叶片两端压力不平衡，限制了双作用叶片泵工作压力的提高。所以在高压叶片泵的结构上必须采取措施，使叶片压向定子的作用力减小。常用的措施有以下几个：

　　（1）减小作用在叶片底部的油液压力。将泵压油腔的油通过阻尼槽或内装式小减压阀通到吸油区的叶片底部，使叶片经过吸油腔时，叶片压向定子内表面的作用力不致过大。

　　（2）减小叶片底部承受压力油作用的面积。叶片底部受压面积为叶片的宽度和叶片厚度的乘积，因此减小叶片的实际受力宽度和厚度，就可减小叶片受压面积。

　　减小叶片实际受力宽度结构如图 3-17（a）所示，这种结构中采用了复合式叶片（也称子母叶片），叶片分成母叶片与子叶片两部分。通过配油盘使 K 腔总是接通压力油，引入母子叶片间的小腔 c 内，而母叶片底部 L 腔，则借助于虚线所示的油孔，始终与顶部油液压力相同。这样，无论叶片处在吸油区还是压油区，母叶片顶部和底部的压力油总是相等的，当叶片处在吸油腔时，只有 c 腔的高压油作用而压向定子内表面，减小了叶片和定子内表面间的作用力。图 3-17（b）所示为阶梯片结构，在这里，阶梯叶片和阶梯叶片槽之间的油室 d 始终和压力油相通，而叶片的底部和所在腔相通。这样，叶片在 d 室内油液压力作用下压向定子表面，由于作用面积减小，使其作用力不致太大，但这种结构的工艺性较差。

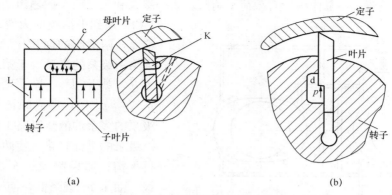

图 3－17 减小叶片作用面积的高压叶片泵叶片结构

（3）使叶片顶端和底部的液压作用力平衡。图 3－18（a）所示的泵采用双叶片结构，叶片槽中有两个可以做相对滑动的叶片 1 和 2，每个叶片都有一棱边与定子内表面接触，在叶片的顶部形成一个油腔 a，叶片底部油腔 b 始终与压油腔相通，并通过两叶片间的小孔 c 与油腔 a 相连通，因而使叶片顶端和底部的液压作用力得到平衡。适当选择叶片顶部棱边的宽度，可以使叶片对定子表面既有一定的压紧力，又不致使该力过大。为了使叶片运动灵活，对零件的制造精度将提出较高的要求。

图 3－18（b）所示为叶片装弹簧的结构，这种结构叶片 1 较厚，顶部与底部有孔相通，叶片底部的油液是由叶片顶部经叶片的孔引入的，因此叶片上、下油腔油液的作用力基本平衡，为使叶片紧贴定子内表面，保证密封，在叶片根部装有弹簧。

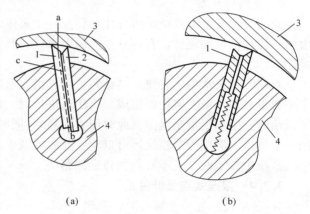

图 3－18　叶片液压力平衡的高压叶片泵叶片结构
1、2—叶片；3—定子；4—转子

3.3.3　双级叶片泵和双联叶片泵

1. 双级叶片泵

为了要得到较高的工作压力，也可以不用高压叶片泵，而用双级叶片泵，双级叶片泵是由两个普通压力的单级叶片泵装在一个泵体内在油路上串接而成的，如果单级泵的压力可达 7.0MPa，双级泵的工作压力就可达 14.0MPa。

双级叶片泵的工作原理如图 3－19 所示，两个单级叶片泵的转子装在同一根传动轴上，当传动轴回转时就带动两个转子一起转动。第一级泵经吸油管从油箱吸油，输出的油液就送入第二级泵的吸油口，第二级泵的输出油液经管路送往工作系统。设第一级泵输出压力为 p_1，第二级泵输出压力为 p_2，正常工作时 $p_2 = 2p_1$。但是由于两个泵的定子内壁曲线和宽度等不可能做得完全一样，两个单级泵每转一周的容量就不可能完全相等。如果第二级泵每转一周的容量大于第一级泵，第二级泵的吸油压力（也就是第一级泵的输出压力）就要降低，第二级泵前、后压力差就加大，因此载荷就增大；反之，第一级泵的载荷就增大，为了

平衡两个泵的载荷，在泵体内设有载荷平衡阀。第一级泵和第二级泵的输出油路分别经管路

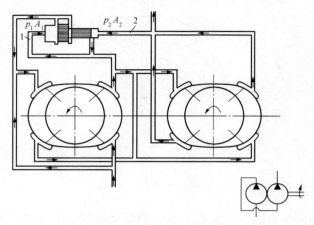

1和2通到平衡阀的大滑阀和小滑阀的端面，两滑阀的面积比 $A_1/A_2 = 2$。如果第一级泵的流量大于第二级，油液压力 p_1 就增大，使 $p_1 > p_2/2$，因此 $p_1 A_1 > p_2 A_2$，平衡阀被推向右，第一级泵的多余油液从管路1经阀口流回第一级泵的进油管路，使两个泵的载荷获得平衡；如果第二级泵流量大于第一级，油压 p_1 就降低，使 $p_1 A_1 < p_2 A_2$，平衡阀被推向左，第二级泵输出的部分油液从管路2经阀口流回第二级泵的进油口而获得平衡，如果两个泵的容量绝对相等时，平衡阀两边的阀口都封闭。

图 3-19　双级叶片泵的工作原理
1、2—管路

2. 双联叶片泵

双联叶片泵是由两个单级叶片泵装在一个泵体内在油路上并联组成。两个叶片泵的转子由同一传动轴带动旋转，有各自独立的出油口，两个泵可以是相等流量的，也可以是不等流量的。

双联叶片泵常用于有快速进给和工作进给要求的机械加工专用机床中，这时双联泵由一个小流量泵和一个大流量泵组成。当快速进给时，两个泵同时供油（此时压力较低），当工作进给时，由小流量泵供油（此时压力较高），同时在油路系统上使大流量泵卸荷，这与采用一个高压大流量的泵相比，可以节省能源，减少油液发热。这种双联叶片泵也常用于机床液压系统中需要两个互不影响的独立油路中。

3.3.4　限压式变量叶片泵

1. 限压式变量叶片泵的工作原理

限压式变量叶片泵是单作用叶片泵，根据前面介绍的单作用叶片泵工作原理，改变定子和转子间的偏心距 e，就能改变泵的输出流量，限压式变量叶片泵能借助输出压力的大小自动改变偏心距 e 的大小来改变输出流量，当压力低于某一可调节的限定压力时，泵的输出流量最大；压力高于限定压力时，随着压力增加，泵的输出流量线性地减小，其工作原理如图 3-20 所示。泵的出口经通道7与活塞腔6相通。在泵未运转时，定子2在弹簧9的作用下，紧靠活塞4，并使活塞4靠在螺钉5上。这时，定子和转子有一偏心量 e_0，调节螺钉5的位置，便可改变 e_0，当泵的出口压力 p 较低时，则作用在活塞4上的液压力也较小，

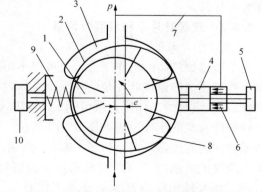

图 3-20　限压式变量叶片泵的工作原理
1—转子；2—定子；3—压油窗口；4—活塞；5—螺钉；
6—活塞腔；7—通道；8—吸油窗口；
9—调压弹簧；10—调压螺钉

若此液压力小于左端的弹簧作用力，当活塞的面积为 A、调压弹簧的刚度 k_s、预压缩量为 x_0 时，有

$$pA < k_s x_0 \qquad (3-22)$$

此时，定子相对于转子的偏心量最大，输出流量最大。随着外负载的增大，液压泵的出口压力 p 也将随之提高，当压力升至与弹簧力相平衡的控制压力 p_B 时，有

$$p_B A = k_s x_0 \qquad (3-23)$$

当压力进一步升高，使 $pA > k_s x_0$，这时，若不考虑定子移动时的摩擦力，液压作用力就要克服弹簧力推动定子向左移动，随之泵的偏心量减小，泵的输出流量也减小。p_B 称为泵的限定压力，即泵处于最大流量时所能达到的最高压力，调节调压螺钉 10，可改变弹簧的预压缩量 x_0 即可改变 p_B 的大小。

设定子的最大偏心量为 e_0，偏心量减小时，弹簧的附加压缩量为 x，则定子移动后的偏心量 e 为

$$e = e_0 - x \qquad (3-24)$$

这时，定子上的受力平衡方程式为

$$pA = k_s(x_0 + x) \qquad (3-25)$$

将式（3-23）和式（3-25）代入式（3-24），得

$$e = e_0 - \frac{A(p - p_B)}{k_s}, \quad p \geqslant p_B \qquad (3-26)$$

式（3-26）表示了泵的工作压力与偏心量的关系，由此可以看出，泵的工作压力越高，偏心量就越小，泵的输出流量也就越小，且当 $p = k_s(e_0 + x_0)/A$ 时，泵的输出流量为零，控制定子移动的作用力是将液压泵出口的压力油引到柱塞上，然后再加到定子上去，这种控制方式称为外反馈式。

2. 限压式变量叶片泵的特性曲线

限压式变量叶片泵在工作过程中，当工作压力 p 小于预先调定的限定压力 p_c 时，液压作用力不能克服弹簧的预紧力，这时定子的偏心距保持最大不变，因此泵的输出流量 q_A 不变，但由于供油压力增大时，泵的泄漏流量 Δq 也增加，所以泵的实际输出流量 q 也略有减小，如图 3-21 中限压式变量叶片泵特性曲线中的 AB 段所示。

调节流量调节螺钉 5（见图 3-20）可调节最大偏心量（初始偏心量）的大小，从而改变泵的最大输出流量 q_A，特性曲线 AB 段上下平移，当泵的供油压力 p 超过预先调整的压力 p_c 时，液压作用力大于弹簧的预紧力，此时弹簧受压缩定子向偏心量减小的方向移动，使泵的输出流量减小，压力越高，弹簧压缩量越大，偏心量越小，输出流量越小，其变化规律如特性曲线 BC 段所示。调节调压螺钉 10 可改变限定压力 p_c 的大小，这时特性曲线 BC 段左右平移，而改变调压弹簧的刚度时，可以改变 BC 段的斜率，弹簧越"软"（k_s 值越小），BC 段越陡，p_{max} 值越小；

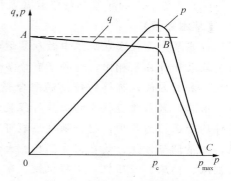

图 3-21 限压式变量叶片泵的特性曲线

反之，弹簧越"硬"（k_s 值越大），BC 段越平坦，p_{max} 值也越大。当定子和转子之间的偏心量为零时，系统压力达到最大值，该压力称为截止压力，实际上由于泵的泄漏存在，当偏心量尚未达到零时，泵向系统的输出流量实际已为零。

3. 限压式变量叶片泵与双作用叶片泵的区别

（1）在限压式变量叶片泵中，当叶片处于压油区时，叶片底部通压力油，当叶片处于吸油区时，叶片底部通吸油腔，这样，叶片的顶部和底部的液压力基本平衡，这就避免了定量叶片泵在吸油区定子内表面严重磨损的问题。如果在吸油腔叶片底部仍通压力油，叶片顶部就会给定子内表面以较大的摩擦力，以致减弱了压力反馈的作用。

（2）叶片也有倾角，但倾斜方向正好与双作用叶片泵相反，这是因为限压式变量叶片泵的叶片上下压力是平衡的，叶片在吸油区向外运动主要依靠其旋转时的离心惯性作用。根据力学分析，这样的倾斜方向更有利于叶片在离心惯性作用下向外伸出。

（3）限压式变量叶片泵结构复杂，轮廓尺寸大，相对运动的机件多，泄漏较大，轴上承受不平衡的径向液压力，噪声较大，容积效率和机械效率都没有定量叶片泵高；但是，它能按负载压力自动调节流量，在功率使用上较为合理，可减少油液发热。

限压式变量叶片泵对既要实现快速行程，又要实现工作进给（慢速移动）的执行元件来说是一种合适的油源：快速行程需要大的流量，负载压力较低，正好使用特性曲线的 AB 段，工作进给时负载压力升高，需要流量减小，正好使用其特性曲线的 BC 段，因而合理调整拐点压力 p_c 是使用该泵的关键。目前这种泵广泛用于要求执行元件有快速、慢速和保压阶段的中低压系统中，有利于节能和简化回路。

任务 3.4　柱　塞　泵

【任务描述】

柱塞泵是液压系统中常用的中高压泵，有变量泵和定量泵两大类。本任务主要内容掌握柱塞泵的工作原理、分类、结构特点及选用原则，并使学生具备拆装和维修柱塞泵的基本技能。

【任务目标】

（1）掌握柱塞泵的工作原理及主要性能参数。

（2）掌握柱塞泵的结构特点、分类依据及选用规则。

（3）具备基本的拆装和维修柱塞泵技能。

【基本知识】

柱塞泵是靠柱塞在缸体中做往复运动造成密封容积的变化来实现吸油与压油的液压泵，与齿轮泵和叶片泵相比，这种泵有许多优点。第一，构成密封容积的零件为圆柱形的柱塞和缸孔，加工方便，可得到较高的配合精度，密封性能好，在高压下工作仍有较高的容积效率；第二，只需改变柱塞的工作行程就能改变流量，易于实现变量；第三，柱塞泵中的主要零件均受压应力作用，材料强度性能可得到充分利用。由于柱塞泵压力高，结构紧凑，效率高，流量调节方便，故在需要高压、大流量、大功率的系统中和流量需要调节的场合，如龙门刨床、拉床、液压机、工程机械、矿山冶金机械、船舶上得到广泛的应用。柱塞泵按柱塞的排列和运动方向不同，可分为径向柱塞泵和轴向柱塞泵两大类。

3.4.1 径向柱塞泵

1. 径向柱塞泵的工作原理

径向柱塞泵的工作原理如图 3-22 所示，柱塞 1 径向排列装在缸体 2 中，缸体由原动机带动连同柱塞 1 一起旋转，所以缸体 2 一般称为转子，柱塞 1 在离心力的（或在低压油）作用下抵紧定子 4 的内壁，当转子按图示方向回转时，由于定子和转子之间有偏心距 e，柱塞绕经上半周时向外伸出，柱塞底部的容积逐渐增大，形成部分真空，因此便经过衬套 3（衬套 3 是压紧在转子内，并和转子一起回转）上的油孔从配油轴 5 的吸油口 b 吸油；当柱塞转到下半周时，定子内壁将柱塞向里推，柱塞底部的容积逐渐减小，向配油轴的压油口 c 压油，当转子回转一周时，每个柱塞底部的密封容积完成一次吸压油，转子连续运转，即完成压吸油工作。配油轴固定不动，油液从配油轴上半部的两个孔 a 流入，从下半部两个油孔 d 压出，为了进行配油，配油轴在和衬套 3 接触的一段加工出上下两个缺口，形成吸油口 b 和压油口 c，留下的部分形成封油区。封油区的宽度应能封住衬套上的吸压油孔，以防吸油口和压油口相连通，但尺寸也不能大得太多，以免产生困油现象。

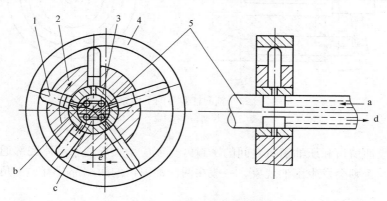

图 3-22　径向柱塞泵的工作原理
1—柱塞；2—缸体；3—衬套；4—定子；5—配油轴

2. 径向柱塞泵的排量和流量计算

当转子和定子之间的偏心距为 e 时，柱塞在缸体孔中的行程为 $2e$，设柱塞个数为 z，直径为 d 时，泵的排量为

$$V = \frac{\pi}{4} d^2 2ez \qquad (3-27)$$

设泵的转数为 n，容积效率为 η_V，则泵的实际输出流量为

$$q = \frac{\pi}{4} d^2 2ezn\eta_V = \frac{\pi d^2}{2} ezn\eta_V \qquad (3-28)$$

3.4.2 轴向柱塞泵

1. 轴向柱塞泵的工作原理

轴向柱塞泵是将多个柱塞配置在一个共同缸体的圆周上，并使柱塞中心线和缸体中心线平行的一种泵。轴向柱塞泵有两种形式，直轴式（斜盘式）和斜轴式（摆缸式），图 3-23所示为直轴式轴向柱塞泵的工作原理，这种泵主要由缸体 1、配油盘 2、柱塞 3 和斜盘 4 组

成。柱塞沿圆周均匀分布在缸体内，斜盘轴线与缸体轴线倾斜一个角度 γ，柱塞靠机械装置或在低压油作用下压紧在斜盘上（图中为弹簧），配油盘 2 和斜盘 4 固定不转，当原动机通过传动轴使缸体转动时，由于斜盘的作用，迫使柱塞在缸体内做往复运动，并通过配油盘的配油窗口进行吸油和压油。如图 3-23 所示回转方向，当缸体转角在 $\pi \sim 2\pi$ 范围内，柱塞向外伸出，柱塞底部缸孔的密封工作容积增大，通过配油盘的吸油窗口吸油；在 $0 \sim \pi$ 范围内，柱塞被斜盘推入缸体，使缸孔容积减小，通过配油盘的压油窗口压油。缸体每转一周，每个柱塞各完成吸、压油一次，改变斜盘倾角，就能改变柱塞行程的长度，即改变液压泵的排量，改变斜盘倾角方向，就能改变吸油和压油的方向，即成为双向变量泵。

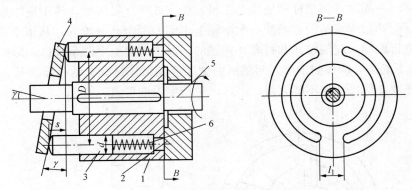

图 3-23　轴向柱塞泵的工作原理

1—缸体；2—配油盘；3—柱塞；4—斜盘；5—传动轴；6—弹簧

　　配油盘上吸油窗口和压油窗口之间的密封区宽度应稍大于柱塞缸体底部通油孔宽度。但不能相差太大，否则会发生困油现象。一般在两配油窗口的两端部开有小三角槽，以减小冲击和噪声。

　　斜轴式轴向柱塞泵的缸体轴线相对传动轴轴线呈一倾角，传动轴端部用万向铰链、连杆与缸体中的每个柱塞相联结，当传动轴转动时，通过万向铰链、连杆使柱塞和缸体一起转动，并迫使柱塞在缸体中做往复运动，借助配油盘进行吸油和压油。

　　轴向柱塞泵的优点是：结构紧凑、径向尺寸小，惯性小，容积效率高，目前最高压力可达 40.0MPa，甚至更高，一般用于工程机械、压力机等高压系统中，但其轴向尺寸较大，轴向作用力也较大，结构比较复杂。

　　2. 轴向柱塞泵的排量和流量计算

　　如图 3-23 所示，柱塞的直径为 d，柱塞分布圆直径为 D，斜盘倾角为 γ 时，柱塞的行程 $s = D\tan\gamma$，所以当柱塞数为 z 时，轴向柱塞泵的排量为

$$V = \frac{\pi d^2}{4} D\tan\gamma z \qquad (3-29)$$

　　设泵的转数为 n，容积效率为 η_V，则泵的实际输出流量为

$$q = \frac{\pi d^2}{4} D\tan\gamma z \eta_V \qquad (3-30)$$

　　实际上，由于柱塞在缸体孔中运动的速度不是恒速的，因而输出流量是有脉动的，当柱塞数为奇数时，脉动较小，且柱塞数多脉动也较小，因而一般常用的柱塞泵的柱塞个数为

7、9 或 11。

3. 轴向柱塞泵的结构特点

（1）典型结构。图 3-24 所示为直轴式轴向柱塞泵结构。柱塞的球状头部装在滑履 4 内，以缸体作为支撑的弹簧通过钢球推压回程盘 3，回程盘和柱塞滑履一同转动。在排油过程中借助斜盘 2 推动柱塞做轴向运动；在吸油时依靠回程盘、钢球和弹簧组成的回程装置将滑履紧紧压在斜盘表面上滑动，弹簧一般称为回程弹簧，这样的泵具有自吸能力。在滑履与斜盘相接触的部分有一油室，它通过柱塞中间的小孔与缸体中的工作腔相连，压力油进入油室后在滑履与斜盘的接触面间形成了一层油膜，起着静压支承的作用，使滑履作用在斜盘上的力大大减小，因而磨损也减小。传动轴 8 通过左边的花键带动缸体 6 旋转，由于滑履 4 贴紧在斜盘表面上，柱塞在随缸体旋转的同时在缸体中做往复运动。缸体中柱塞底部的密封工作容积是通过配油盘 7 与泵的进、出口相通的。随着传动轴的转动，液压泵就连续地吸油和排油。

（2）变量机构。由式（3-30）可知，只要改变斜盘的倾角，即可改变轴向柱塞泵的排量和输出流量，下面介绍常用的轴向柱塞泵的手动变量和伺服变量机构的工作原理。

1）手动变量机构。如图 3-24 所示，转动手轮 1，使丝杠转动，带动变量活塞做轴向移动（因导向键的作用，变量活塞只能做轴向移动，不能转动）。通过轴销使斜盘 2 绕变量机构壳体上的圆弧导轨面的中心（即钢球中心）旋转，从而使斜盘倾角改变，达到变量的目的。当流量达到要求时，可用锁紧螺母锁紧。这种变量机构结构简单，但操纵不轻便，且不能在工作过程中变量。

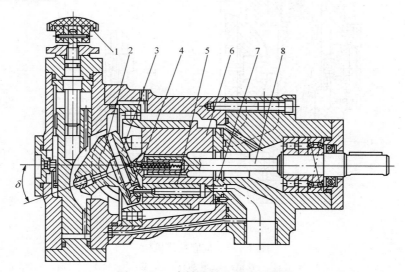

图 3-24 直轴式轴向柱塞泵结构
1—手轮；2—斜盘；3—回程盘；4—滑履；5—柱塞；6—缸体；7—配油盘；8—传动轴

2）伺服变量机构。图 3-25 所示为轴向柱塞泵的伺服变量机构，以此机构代替图 3-24 所示轴向柱塞泵中的手动变量机构，就成为伺服变量泵。其工作原理是：泵输出的压力油由通道经单向阀 a 进入变量机构壳体的下腔 d，液压力作用在变量活塞 4 的下端。当与伺服阀阀芯 1 相连接的拉杆不动时（图示状态），变量活塞 4 的上腔 g 处于封闭状态，变量活塞不动，斜盘 3 在某一相应的位置上。当使拉杆向下移动时，推动阀芯 1 一起向下移动，d 腔的压力油经通道 e 进入上腔 g。由于变量活塞上端的有效面积大于下端的有效面积，向下的液压力大于向上的液压力，故变量活塞 4 也随之向下移动，直到将通道 e 的油口封闭为止。变量活塞的移动量等于拉杆的位移量，当变量活塞向下移动时，通过轴销带动斜盘 3 摆动，斜盘倾斜角增加，泵的输出流量随之增加；当拉杆带动伺服阀阀芯向上运动时，阀芯将通道 f 打开，上腔 g 通过卸压通道接通油箱卸压，变量活塞向上移动，直到阀芯将卸压通道关闭为止。它的移动量也等于拉杆的移动量。这时斜盘也被带动作相应的摆动，使倾斜角减小，泵的流量也随之相应地减小。由上述可知，伺服变量机构是通过操作液压伺服阀动作，利用泵输出的压力油推动变量活塞来实现变量的。故加在拉杆上的力很小，控制灵敏。拉杆可用手动方式或机械方式操作，斜盘可以倾斜±18°，故在工作过程中泵的吸压油方向可以变换，因而这种泵就成为双向变量液压泵。除了以上介绍的两种变量机构以外，轴向柱塞泵还有很多种变量机构，如恒功率变量机构、恒压变量机构、恒流量变量机构等，这些变量机构与轴向柱塞泵的泵体部分组合就成为各种不同变量方式的轴向柱塞泵。

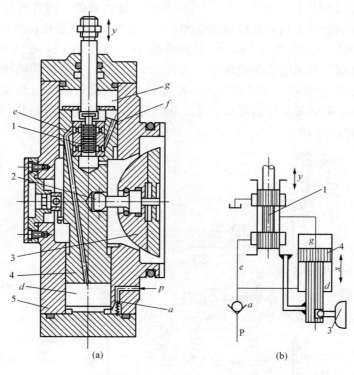

图 3-25 伺服变量机构

1—阀芯；2—铰链；3—斜盘；4—活塞；5—壳体

技能训练   液压泵的认识与拆装

1. 训练目标

液压泵是液压传动系统中的动力元件，它把电动机输入的机械能转换为液体的压力能。通过液压泵拆装训练可以加深对液压泵结构及工作原理的理解，有利于掌握液压泵的装配与故障维修技能。

(1)掌握液压泵的组成结构与工作原理。

(2)掌握液压泵的拆卸与装配技能。

(3)初步具备液压泵维修的基本技能。

2. 训练设备及器材

表 3 - 1   **训 练 设 备 及 器 材**

设备、器材及其型号		数量
轴向柱塞泵	SCY14 - 1	6 台
齿轮泵	CB - B	6 台
限压式变量叶片泵	YB - 1	6 台
工具	内六角扳手、固定扳手、螺丝刀、卡簧钳、铜棒、榔头等各种辅助工具	6 套
煤油		若干

3. 训练内容

实训前认真预习,了解相关液压泵的结构组成和工作原理。在实训指导教师的指导下,拆解各类液压泵,观察、分析各零件在液压泵中的作用,了解各种液压泵的工作原理,严格按照液压泵拆卸、装配步骤进行操作,严禁违反操作规程进行私自拆卸、装配。实训中掌握常用液压泵的结构组成、工作原理及主要零件、组件特殊结构的作用。

(1)齿轮泵的拆装实训,画出其工作原理图。

(2)限压式变量叶片泵的拆装实训,画出其工作原理图。

(3)轴向柱塞泵的拆装实训,画出其工作原理图。

能 力 拓 展

1. 不同工况的液压系统应如何选择液压泵?

2. 液压泵常见故障如何判断并消除?

3. 各类变量液压泵是如何实现变量功能的?组成结构是怎样的?

4. 液压泵配油盘的作用是什么?为了保持液压泵良好的工作性能,减小冲击、降低噪声的不良影响,在配油盘上采取了哪些具体措施?齿轮泵是如何实现配油的?

5. 齿轮泵中存在几种可能产生泄漏的途径?采取什么措施减小泄漏?

6. 如何判断齿轮泵的吸压油口?

7. 单作用叶片泵和双作用叶片泵的区别有哪些?

8. 双作用叶片泵定子内表面由哪几条曲线组成?

9. 柱塞泵密封容积的形成和变化与齿轮泵、叶片泵有何不同?

10. 为什么柱塞泵的压力比齿轮泵和叶片泵高?

11. 已知轴向柱塞泵的压力为 $p=15\text{MPa}$,理论流量 $q=330\text{L/min}$,设液压泵的总效率为 $\eta=0.9$,机械效率为 $\eta_\text{m}=0.93$。求泵的实际流量和驱动电动机功率。

12. 某液压系统,泵的排量 $V=10\text{mL/r}$,电机转速 $n=1200\text{r/min}$,泵的输出压力 $p=$

3MPa，泵容积效率 $\eta_V = 0.92$，总效率 $\eta = 0.84$，求：

（1）泵的理论流量与实际流量；

（2）泵的输出功率与驱动电动机功率。

13. 某液压泵的转速为 $n = 950 \mathrm{r/min}$，排量 $V = 168 \mathrm{mL/r}$，在额定压力 $p = 30 \mathrm{MPa}$ 和同样转速下，测得的实际流量为 $150 \mathrm{L/min}$，额定工况下的总效率为 0.87，求泵的理论流量、容积效率和机械效率，以及泵在额定工况下所需电动机驱动功率。

项目4 液压执行元件

任务4.1 液 压 马 达

【任务描述】

在液压系统中，将液体的压力能转换为机械能的能量转换装置称为液压执行元件。本任务主要学习与掌握液压执行元件中的液压马达工作原理、结构及选用方法。

【任务目标】

（1）掌握液压马达的分类及特点。

（2）掌握液压马达的工作原理、结构特点及性能参数。

（3）掌握液压马达的选用方法。

【基本知识】

4.1.1 液压马达的特点及分类

液压马达是把液体的压力能转换为机械能的装置。从原理上讲，液压泵可以作液压马达用，液压马达也可作液压泵用。但事实上同类型的液压泵和液压马达虽然在结构上相似，但由于两者的工作情况不同，使得其在结构上也有某些差异。

液压马达按其额定转速分为高速和低速两大类，额定转速高于500r/min的属于高速液压马达，额定转速低于500r/min的属于低速液压马达。常用液压马达按结构分齿轮式、叶片式、柱塞式、螺杆式等。

高速液压马达的主要特点是转速较高、转动惯量小，便于启动和制动，调速和换向的灵敏度高。通常高速液压马达的输出转矩不大（仅几十N·m到几百N·m），所以又称为高速小转矩液压马达。高速液压马达的基本形式是径向柱塞式，如单作用曲轴连杆式、液压平衡式、多作用内曲线式等。此外在轴向柱塞式、叶片式和齿轮式中也有低速的结构形式。低速液压马达的主要特点是排量大、体积大、转速低（有时可达每分钟几转甚至零点几转），因此可直接与工作机构连接，不需要减速装置，使传动机构大为简化。通常低速液压马达输出转矩较大（可达几千N·m到几万N·m），所以又称为低速大转矩液压马达。

1. 液压马达的工作原理及其特点

液压马达是把液体的压力能转换为机械能的装置，液压马达也是依靠密封工作容积的变化实现能量转换的，也具有配油机构。液压马达在输入的高压液体作用下，进油腔由小变大，并对转动部件产生转矩，以克服负载阻力矩，实现转动；同时马达的回油腔由大变小，向油箱（开式系统）或泵的吸油口（闭式系统）回油，压力降低。

2. 液压泵与液压马达的可逆性

理论而言，除了阀式配油的液压泵外（具有单向性），液压泵和液压马达具有可逆性，可以互换使用。在实际中，由于液压泵和液压马达的功能不同，工作状态不同，因此同一种形式的泵和马达，密封的要求不同，在结构上仍然有差别，一般液压马达不能可逆工作，只有少数的液压泵能当液压马达使用。

3. 液压马达的主要性能参数

液压马达的各项性能参数与液压泵同类参数有相似的含义，其差别在于在液压泵中它们是输出参数，在马达中则是输入参数。

（1）排量和流量。液压马达每旋转一周，按其密封容积几何尺寸计算所进入的液体容积，称为马达的排量 V_m，有时称之为几何排量、理论排量，即不考虑泄漏损失时的排量。

输入给马达的流量称为马达的实际流量，用 q_m 表示。为形成指定转速，马达密封容积变化所需要的流量称为马达的理论流量，用 q_{mt} 表示。

（2）容积效率和转速。因为液压马达存在泄漏，输入马达的实际流量必然大于理论流量，即液压马达的容积效率为

$$\eta_{mV} = \frac{q_{mt}}{q_m} \tag{4-1}$$

液压马达的转速 n_m 取决于供油的流量 q_{mt} 和液压马达本身的排量 V_m，可用式（4-2）计算

$$n_m = \frac{q_{mt}}{V_m} = \frac{q_m}{V_m} \eta_{mV} \tag{4-2}$$

（3）机械效率和转矩。由于液压马达内部不可避免地存在各种摩擦，产生机械损失，故实际输出的转矩 T_m 总小于理论转矩 T_{mt}，它的机械效率为

$$\eta_{mm} = \frac{T_m}{T_{mt}} \tag{4-3}$$

设马达进、出口间的工作压差为 Δp，则马达的理论功率（当忽略能量损失时）表达式为

$$P_{mt} = 2\pi n_m T_{mt} = \Delta p q_{mt} = \Delta p V_m n_m \tag{4-4}$$

因而有

$$T_{mt} = \frac{\Delta p V_m}{2\pi} \tag{4-5}$$

可得液压马达的输出转矩公式为

$$T_m = T_{mt} \eta_{mm} = \frac{V_m \Delta p}{2\pi} \eta_{mm} \tag{4-6}$$

（4）总效率 η_m。马达的输入功率为 $P_{mi} = \Delta p q_m$，输出功率为 $P_{mo} = 2\pi n_m T_m$，马达的总效率为输出功率与输入功率的比值，即

$$\eta_m = \frac{p_{mo}}{p_{mi}} = \frac{2\pi n_m T_m}{\Delta p q_m} = \frac{2\pi n_m T_m}{\Delta p \dfrac{V_m n_m}{\eta_{mV}}} = \frac{T_m}{\dfrac{\Delta p V_m}{2\pi}} \eta_{mV} = \eta_{mm} \eta_{mV} \tag{4-7}$$

液压马达的总效率为输出功率和输入功率的比值，也等于机械效率与容积效率的乘积。

液压马达用以驱动各种工作机构，因此最重要的工作参数是输出转矩和转速。对于定量马达，V_m 为定值，在 q_m 和 Δp 不变的情况下，输出转矩 T_m 和转速 n_m 皆不变；对于变量马达，V_m 的大小可以调节，因而它的输出转速 n_m 和转矩 T_m 是可以改变的，在 q_m 和 Δp 不变的情况下，若使 V_m 增大，则 n_m 减小，T_m 增大。

4.1.2 齿轮马达

如果不用原动机，而将液压油输入齿轮泵，则压力油作用在齿轮上的扭矩将使齿轮旋转，并可在齿轮轴上输出一定的转矩，这时齿轮泵就成为齿轮马达了。

齿轮马达产生转矩的工作原理如图 4-1 所示。图中 p 是两个齿轮的啮合点。由 p 点到两齿轮齿根的距离分别是 a 和 b，当压力油输入到齿轮马达的右侧油口时，处于进油腔的所有轮齿均受到压力油的作用。当压力油作用在齿面上时，将在每个齿上都受到方向相反的两个切向力作用，由于 a 和 b 值都比齿高 h 小，因此，在两个齿上分别作用着不平衡力。由于其不平衡力的作用，两齿轮就会按如图 4-1 所示的方向旋转。形成的液压力矩和负载力矩相平衡。输入一定的流量，形成了转速。工作后的低压油从液压马达的出油口排出。

4.1.3 叶片马达

叶片马达的结构通常是双作用定量马达，主要由定子、转子、叶片、配油盘、输出轴、外壳等组成。如图 4-2 所示，当压力为 p 的油液从进油口进入叶片 1 和 3 之间时，叶片 2 因两面均受液压油的作用所以不产生转矩。叶片 1、3 的一面作用有压力油，另一面为低压油。由于叶片 3 伸出的面积大于叶片 1 伸出的面积，因此作用于叶片 3 上的总液压力大于作用于叶片 1 上的总液压力，于是压力差使转子产生顺时针的转矩。同样，压力油进入叶片 5 和 7 之间时，叶片 7 伸出的面积大于叶片 5 伸出的面积，也产生顺时针转矩使转子顺时针转动。这样就把油液的压力能转变成了机械能，这就是叶片马达的工作原理。当输油方向改变时，液压马达就反转。

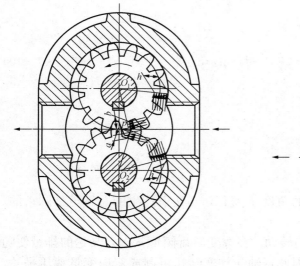

图 4-1 齿轮马达的工作原理

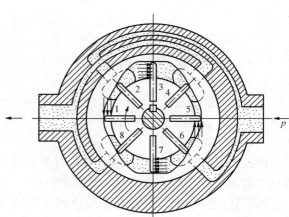

图 4-2 叶片马达的工作原理

　　工作条件：必须有变化的密封容积，密封容积增大进高压油，减小时排低压油，两个油腔不能同时互通。

　　为适应马达正反转的要求，叶片均径向安放；为防止马达启动时（离心力尚未建立）高低压腔串通，必须考虑径向间隙的初始密封问题，即应采用可靠措施（常用弹簧）使叶片始终伸出贴紧定子；另外，在向叶片底槽通入压力油的方式上也与叶片泵不同。

4.1.4　轴向柱塞马达

　　轴向柱塞马达主要由柱塞、缸体、斜盘、配油盘、外壳、输出轴等组成，其工作原理如图 4-3 所示。

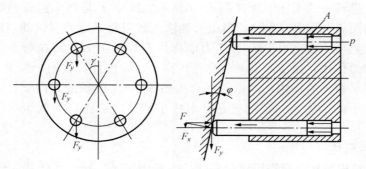

图 4-3　轴向柱塞马达的工作原理

　　当压力油进入液压马达的高压腔之后，工作柱塞便受到油压作用力为 pA（p 为油压力，A 为柱塞面积），通过滑靴压向斜盘，其反作用为 F。F 力可分解为两个方向的分力 F_x 和 F_y，其中，轴向分力 F_x 与柱塞后端的液压力平衡，垂直于轴向的分力 F_y 使缸体产生转矩。计算公式为

$$F_x = (\pi/4)d^2 p \tag{4-8}$$

$$F_y = F_x \tan\varphi = (\pi/4)d^2 p \tan\varphi \tag{4-9}$$

　　由图 4-3 可知，此柱塞产生的瞬时转矩为

$$T = F_y R \sin\gamma = \frac{\pi}{4} d^2 p R \tan\varphi \sin\gamma \tag{4-10}$$

式中　　R——柱塞在缸体中的分布圆半径；

　　　　γ——柱塞的瞬时方位角；

　　　　d——柱塞直径；

　　　　p——马达的工作压力；

　　　　φ——斜盘倾角。

　　由此可见，柱塞产生的转矩随它所处的角度 γ 变化，马达所产生的总转矩是脉动的。当柱塞数目较多，且为奇数时，其脉动较小。

　　当马达的进、出口互换时，马达将反向转动。当改变斜盘倾角 φ 时，马达的排量便随之改变，从而可以调节输出转速和转矩。因此，轴向柱塞马达可制成双向变量液压马达。图 4-4 所示为 ZM 型轴向柱塞马达结构原理图。

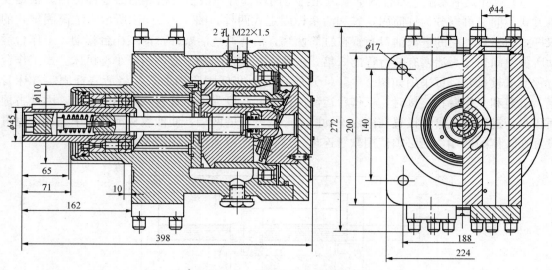

图 4 - 4　ZM 型轴向柱塞马达

任务 4.2　液　压　缸

【任务描述】

液压缸是液压系统中的执行元件，它把液体的压力能转变为往复直线运动或往复摆动的机械能。液压缸结构简单，工作可靠，容易制造，传动平稳，反应快，因此在液压系统中被广泛应用。本任务主要学习与掌握液压缸的工作原理与结构特点、各种液压缸的应用场合与选用方法。

【任务目标】

(1) 掌握液压缸的分类及特点。

(2) 掌握液压缸的作用原理、结构特点及性能参数。

(3) 掌握液压缸设计及选用方法。

【基本知识】

4.2.1　液压缸的类型及特点

液压缸按作用方式可分为单作用液压缸和双作用液压缸两大类。单作用液压缸是利用液压力推动活塞向一个方向运动，而反向运动则靠外力（如重力或弹簧力）实现。双作用液压缸则是利用液压力推动活塞做正、反两方向的运动，这种形式的液压缸应用最广泛。

液压缸按结构特点可分为活塞式液压缸、柱塞式液压缸、摆动式液压缸三大类。活塞式液压缸为单作用液压缸或双作用液压缸，柱塞式液压缸为单作用液压缸，它们都实现往复直线运动。摆动式液压缸为双作用液压缸，实现往复摆动。液压缸除单个使用外，还可以几个组合起来或和其他机构组合起来共同使用，以完成特殊的功用。

1. 活塞式液压缸

活塞式液压缸可分为双杆式和单杆式两种结构，其固定方式有缸体固定和活塞杆固定两种。

（1）双杆式活塞缸。双杆式活塞缸是活塞两端都有一根直径相等的活塞杆伸出。根据安装方式不同又可以分为缸筒固定式和活塞杆固定式两种。图4-5（a）所示为缸筒固定式的双杆式活塞缸。它的进出油口布置在缸筒两端，活塞通过活塞杆带动工作台移动，工作台运动所占空间长度为活塞有效行程的3倍，占地面积大，因此一般多用于小型机床。当工作台行程要求较长时，可采用如图4-5（b）所示的活塞杆固定的形式，将活塞杆固定在床身上，缸筒和工作台相连接时，工作台运动所占空间长度为液压缸有效行程的2倍，因此占地面积小。进出油口可以设置在固定不动的空心活塞杆的两端，使油液从活塞杆中进出。也可设置在缸体的两端，但必须使用软管连接。这种液压缸适用于中型及大型机床。

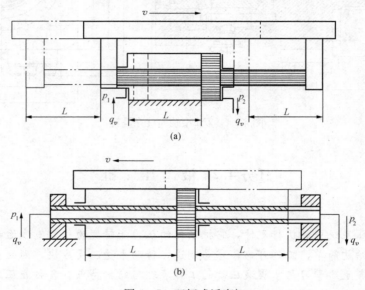

图 4-5　双杆式活塞缸
（a）缸体固定式双杆活塞缸；（b）活塞杆固定式双杆活塞缸

　　由于双活塞杆液压缸的两活塞杆直径通常相等，活塞两端有效面积相同。当分别向左、右两腔输入相同压力和相同流量的油液时，那么活塞反复运动时两个方向的作用力和速度相等。

$$F = (p_1 - p_2)A = \frac{\pi}{4}(D^2 - d^2)(p_1 - p_2) \tag{4-11}$$

$$v = \frac{q_v}{A} = \frac{4q_v}{\pi(D^2 - d^2)}$$

式中　F——活塞（或缸筒）上的作用力；
　　　p_1——供油压力；
　　　p_2——回油压力；
　　　A——活塞有效面积；
　　　D——活塞直径；
　　　d——活塞杆直径；
　　　v——活塞（或缸筒）运动速度；
　　　q_v——供油流量。

双杆液压缸在传动时，设计成一个活塞杆只承受拉力，而另一个活塞杆不受力，因此这种液压缸的活塞杆可以做得细些，多数用于机床。

图 4-6 所示为一空心双活塞杆式液压缸的结构。由图可见，液压缸的左右两腔是通过油口 b 和 d 经活塞杆 1 和 15 的中心孔与左右径向孔 a 和 c 相通的。由于活塞杆固定在床身上，缸体 10 固定在工作台上，工作台在径向孔 c 接通压力油，径向孔 a 接通回油时向右移动；反之，则向左移动。

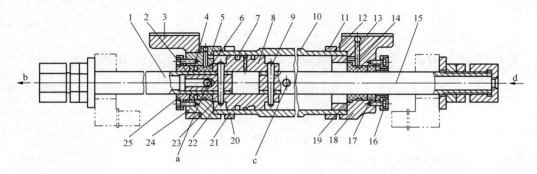

图 4-6 空心双活塞杆式液压缸的结构

1—活塞杆；2—堵头；3—托架；4、17—V 形密封圈；5、14—排气孔；6、19—导向套；
7—O 形密封圈；8—活塞；9、22—锥销；10—缸体；11、20—压板；12、21—钢丝环；
13、23—纸垫；15—活塞杆；16、25—压盖；18、24—缸盖

在这里，缸盖 18 和 24 是通过螺钉（图中未画出）与压板 11 和 20 相连，并经钢丝环 12 相连，左缸盖 24 空套在托架 3 孔内，可以自由伸缩。空心活塞杆的一端用堵头 2 堵死，并通过锥销 9 和 22 与活塞 8 相连。缸筒相对于活塞运动由左右两个导向套 6 和 19 导向。活塞与缸筒之间、缸盖与活塞杆之间，以及缸盖与缸筒之间分别用 O 形圈 7、V 形圈 4 和 17 和纸垫 13 和 23 进行密封，以防止油液的内、外泄漏。缸筒在接近行程的左右终端时，径向孔 a 和 c 的开口逐渐减小，对移动部件起制动缓冲作用。为了排除液压缸中剩留的空气，缸盖上设置有排气孔 5 和 14，经导向套环槽的侧面孔道（图中未画出）引出与排气阀相连。

（2）单杆式双作用活塞缸。图 4-7 所示为单杆式活塞缸工作原理图。其活塞的一侧有伸出杆，两腔的有效工作面积不相等。当向缸两腔分别供油，且供油压力和流量相同时，活塞（或缸体）在两个方向的推力和运动速度不相等。

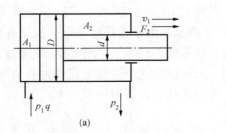 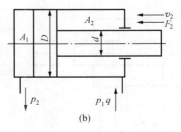

图 4-7 单杆式活塞缸

(a) 无杆腔进油；(b) 有杆腔进油

如图 4-7（a）所示，当无杆腔进压力油，有杆腔回油时，液压力推动活塞向右移动，即活塞杆外伸；反之，如图 4-7（b）所示，当有杆腔进压力油，无杆腔回油时，液压力推动活塞向左移动，即活塞杆缩回。

当无杆腔进压力油，有杆腔回油时，活塞推力 F_1 和运动速度 v_1 分别为

$$F_1 = p_1 A_1 - p_2 A_2 = \frac{\pi}{4} D^2 (p_1 - p_2) + \frac{\pi}{4} d^2 p_2 \qquad (4-12)$$

$$v_1 = \frac{q}{A_1} = \frac{4q}{\pi D^2} \qquad (4-13)$$

当有杆腔进压力油，无杆腔回油时，活塞推力 F_2 和运动速度 v_2 分别为

$$F_2 = p_1 A_2 - p_2 A_1 = \frac{\pi}{4} D^2 (p_1 - p_2) - \frac{\pi}{4} d^2 p_1 \qquad (4-14)$$

$$v_2 = \frac{q}{A_2} = \frac{4q}{\pi (D^2 - d^2)} \qquad (4-15)$$

式中　A_1——无杆腔有效工作面积；

　　　A_2——有杆腔有效工作面积；

　　　p_1——供油压力；

　　　p_2——回油压力；

　　　q——供油流量；

　　　D——活塞直径；

　　　d——活塞杆直径。

比较式（4-12）～式（4-15）可知，$v_1 < v_2$，$F_1 > F_2$。即无杆腔进压力油工作时，推力大，速度低；有杆腔进压力油工作时，推力小，速度高。因此，单杆式活塞缸常用于一个方向有较大负载且运行速度较低，另一方向为空载快速退回运动的设备。例如，各种金属切削机床、压力机、注塑机、起重机的液压系统常用单杆活塞缸。

由于 $A_1 > A_2$，所以 $v_1 < v_2$，其速度比为

$$\lambda_v = \frac{v_2}{v_1} = \frac{D^2}{D^2 - d^2} \qquad (4-16)$$

则

$$d = D \sqrt{\frac{\lambda_v - 1}{\lambda_v}} \qquad (4-17)$$

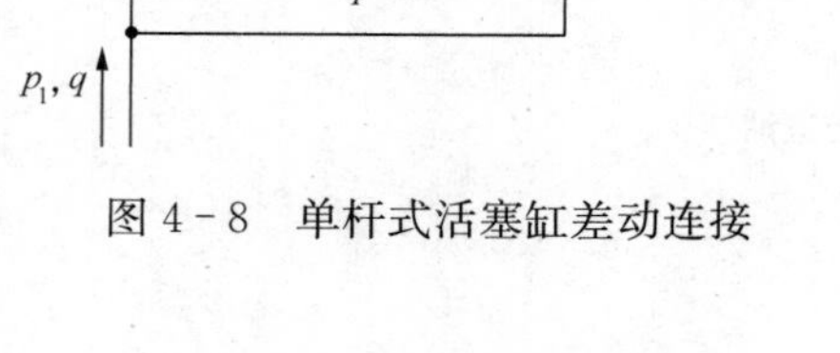

单杆式活塞缸两腔同时通入压力油时，如图 4-8 所示，由于无杆腔工作面积比有杆腔工作面积大，活塞向右的推力大于向左的推力，故其向右移动。液压缸的这种连接方式称为差动连接。

差动连接时，活塞的推力 F_3 为

$$F_3 = p_1 A_1 - p_1 A_2 = \frac{\pi}{4} d^2 p_1 \qquad (4-18)$$

图 4-8　单杆式活塞缸差动连接

若活塞的速度为 v_3，则无杆腔的进油量为 $v_3 A_1$，有杆腔的出油量为 $v_3 A_2$，因而有

$$v_3 A_1 = v_3 A_2 + q$$

故
$$v_3 = \frac{q}{A_1 - A_2} = \frac{q}{A_3} = \frac{4q}{\pi d^2} \tag{4-19}$$

式中　A_3——活塞杆的截面积。

　　由式（4-12）、式（4-13）和式（4-18）、式（4-19）可知，$v_3 > v_1$，$F_3 < F_1$。这说明在输入流量和工作压力相同的情况下，单杆式活塞缸差动连接时能使其速度提高，同时推力下降。因此，单杆式活塞缸还常用在需要实现快进（差动连接）→工进（无杆腔进压力油）→快退（有杆腔进压力油）工作循环的组合机床等设备的液压系统中，工作中通常要求快进和快退的速度相等，即 $v_2 = v_3$，则 $A_2 = A_3$，因此有 $D = \sqrt{2} d$（或 $d = 0.71D$）。

　　单杆式活塞缸不论是缸体固定，还是活塞杆固定，它所驱动的工作台的运动范围都略大于缸有效行程的 2 倍。

　　图 4-9 所示为单杆活塞式液压缸的结构图，主要由缸底、活塞、O 形密封圈、Y 形密封圈、缸筒、活塞杆、导向套、缸盖、防尘圈、缓冲柱塞等组成。

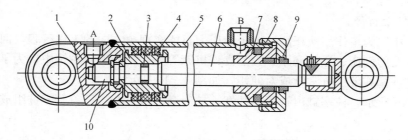

图 4-9　单杆活塞式液压缸的结构
1—缸底；2—活塞；3—O 形密封圈；4—Y 形密封圈；5—缸筒；
6—活塞杆；7—导向套；8—缸盖；9—防尘圈；10—缓冲柱塞

　　活塞 2 通过两个半环、压环及弹簧外卡圈固定在活塞杆 6 上。活塞杆 6 和活塞 2 之间的间隙通过 O 形密封圈 3 密封，活塞 2 和缸筒 5 之间的间隙通过 Y 形密封圈 4 密封。缸筒 5 和缸底 1 之间采用焊接结构连接，缸底 1 上开有进出油口 A，在缸筒 5 的一端安装有导向套 7，导向套 7 的内孔和活塞杆 6 的杆径配合，进行导向。缸筒 5 和缸盖 8 之间采用螺纹结构连接，在缸盖 8 和活塞杆 6 之间安装有防尘圈 9，防止大气中的尘埃进入液压缸内部。在缸筒 5 上靠近缸盖 8 的一端，开有进出油口 B。在活塞杆 6 的端部有缓冲柱塞 10，当缓冲柱塞 10 进入缸底 1 内孔时，封闭的油液通过形成的圆柱形环隙排出，从而增大了回油阻力，使活塞的运动速度降低，起缓冲作用。

　　（3）单杆式单作用活塞缸。图 4-10 所示为单杆活塞式单作用液压缸的工作原理图。液压缸只有无杆腔一个进、出油口，当无杆腔进高压油时，高压油液作用在活塞上，在液压力作用下，活塞杆外伸，即完成工作行程。当回油时，在外力（图中为弹簧力）作用下活塞杆缩回，即完成返回空行程。

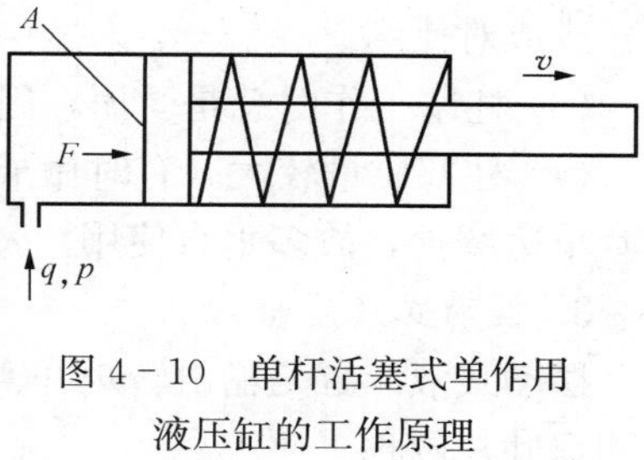

图 4-10　单杆活塞式单作用
液压缸的工作原理

2. 柱塞式液压缸

由于活塞式液压缸的活塞和缸孔内壁接触，因此，缸孔内壁精确度要求很高，当缸体较长时，缸孔内壁的精加工较困难，故改用柱塞缸。因柱塞缸内壁不与柱塞接触，缸体内壁可以粗加工或不加工，只要求柱塞精加工即可。

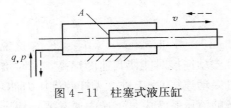

图 4-11　柱塞式液压缸

柱塞式液压缸的工作原理如图 4-11 所示，当油口进入高压油时，高压油液作用在柱塞端部，产生推力 F，推动柱塞右移，即柱塞外伸。油口回油时，在外力（重力或弹簧力）作用下，柱塞左移，即柱塞缩回。

当油口进压力油时，柱塞推力 F 和运动速度 v 分别为

$$F = Ap = \frac{\pi d^2}{4} p \qquad (4-20)$$

$$v = \frac{q}{A} = \frac{4q}{\pi d^2} \qquad (4-21)$$

式中　d——柱塞直径。

柱塞式液压缸为单作用液压缸。由于液压力只能实现单方向的工作行程，回空行程靠外力，因此，在龙门刨床、导轨磨床、大型立式机床等大设备的液压系统中，为了使工作台得到双向运动，柱塞式液压缸常常成对使用，如图 4-12 所示。

如图 4-13 所示，柱塞缸由缸筒、柱塞、导向套、密封圈、压盖等零件组成。

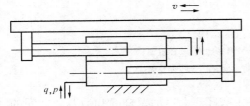

图 4-12　柱塞式液压缸成对使用原理图

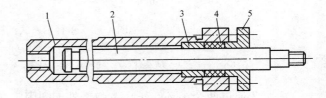

图 4-13　柱塞式液压缸结构
1—缸筒；2—柱塞；3—导向套；4—密封圈；5—压盖

柱塞式液压缸具有以下特点：

（1）柱塞和缸体内壁不接触，具有加工工艺性好、成本低的优点，适用于行程较长的场合。

（2）柱塞缸是单作用缸，即只能实现一个方向的运动，回程要靠外力（如弹簧力、重力）或成对使用。

（3）柱塞工作时总是受压，因而要有足够的刚度。

（4）柱塞质量较大（有时做成中空结构），水平安置时会因自重下垂，引起密封件和导向套单边磨损，故多垂直使用。

3. 摆动式液压缸

摆动式液压缸是输出转矩并实现往复摆动的执行元件，也称为摆动液压马达，分为单叶片和双叶片两种。

图 4-14 所示为单叶片式摆动液压缸，它主要由缸体 1、叶片 2、定子块 3、摆动轴 4、左右支承盘及端盖（图中未画出）等组成。定子块 3 固定在缸体 1 上，叶片 2 和摆动轴 4 连接在一起。

当 A 口进高压油，B 口回低压油时，高压油作用在叶片 2 上，对摆动轴 4 产生顺时针方向的转矩，使叶片 2 带动摆动轴 4 顺时针方向转动。反之，当 B 口进高压油，A 口回低压油时，高压油作用在叶片 2 上，对摆动轴 4 产生逆时针方向的转矩，使叶片 2 带动摆动轴 4 逆时针方向转动。两油口交替通入高压油和交替接通油箱时，叶片带动摆动轴做往复摆动。

图 4-15 所示为双叶片摆动液压缸，组成和单叶片式摆动缸基本相同，只是增加了一个叶片。当两种摆动液压缸输入相同的流量时，双叶片摆动液压缸的回转角速度减小一半，双叶片摆动液压缸带动负载的能力增加了一倍。单叶片式摆动液压缸的摆动角度一般不超过 280°；双叶片摆动液压缸的摆动角度一般不超过 150°。

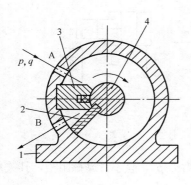

图 4-14　单叶片式摆动缸
1—缸体；2—叶片；3—定子块；4—摆动轴

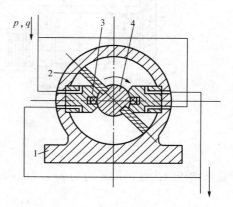

图 4-15　双叶片摆动液压缸
1—缸体；2—叶片；3—定子块；4—摆动轴

若输入液压油的压力为 p，不计回油压力时，摆动轴输出的转矩为

$$T = ZFr \tag{4-22}$$

$$F = \frac{D-d}{2Z}bp \tag{4-23}$$

$$r = \frac{D+d}{4} \tag{4-24}$$

式中　Z——叶片数；

F——压力油作用于叶片上的合力；

r——叶片中点到轴心的距离；

D——缸筒内径；

d——摆动轴直径；

b——叶片宽度。

$$T = \frac{Zb(D^2 - d^2)}{8}p \tag{4-25}$$

摆动液压缸输出角速度 ω 为

$$\omega = \frac{pq}{T} = \frac{8q}{Zb(D^2 - d^2)} \qquad (4-26)$$

摆动液压缸常用于机床的送料装置、间歇进给机构、回转夹具等液压系统中。

4. 其他液压缸

(1) 增压缸。增压缸又称增压器，如图 4-16 所示，主要由端盖、密封圈、活塞、缸体、柱塞和端盖组成。由于活塞的有效面积大于柱塞面积，所以从 A 口向活塞缸无杆腔输入低压油时，可以在柱塞缸得到高压油，从 B 口输出，L 为泄油口，为了减小活塞向右运动的阻力，把泄漏油从 L 口引回油箱。

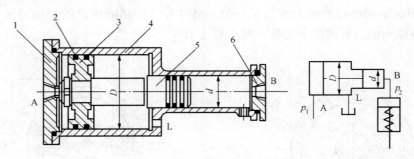

图 4-16　增压缸

1—端盖；2—密封圈；3—活塞；4—缸体；5—柱塞；6—端盖

若输入增压缸大端油的压力为 p_1，由小端输出油的压力为 p_2，且不计摩擦阻力，其关系为

$$\frac{\pi}{4} D^2 p_1 = \frac{\pi}{4} d^2 p_2$$

$$p_2 = \frac{D^2}{d^2} p_1 \qquad (4-27)$$

式中　D^2/d^2——增压比。

(2) 伸缩缸。伸缩缸又称多级缸，由两级或多级活塞缸套装而成，如图 4-17 所示，主要由一级缸筒、一级活塞、二级缸筒、二级活塞、活塞杆、缸盖、密封圈等组成。它的前一级活塞缸的活塞就是后一级的缸体，这种伸缩缸的各级活塞依次伸出，可获得很长的行程。活塞伸出的顺序从大到小，相应的推力也是由大变小，而伸出的速度则由慢变快。空载缩回的顺序一般从小到大，而缩回的速度则由快变慢。

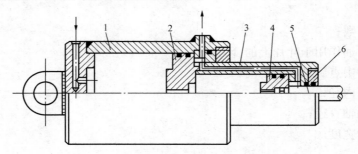

图 4-17　伸缩缸

1——级缸筒；2——级活塞；3—二级缸筒；4—二级活塞；5—活塞杆；6—缸盖

伸缩缸活塞杆的伸出行程大，缩回后缸的总长较短、结构紧凑，适用于起重和运输车辆等占地空间小的机械上，如起重机伸缩臂的液压缸、自卸汽车举升液压缸等。

（3）齿条活塞缸。齿条活塞缸是由带有齿条杆的双活塞缸和齿轮、齿条机构所组成。如图4-18所示，主要由调节螺钉、端盖、活塞、齿条活塞杆、齿轮、缸体等组成。

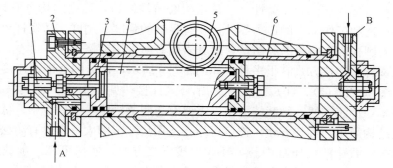

图4-18 齿条活塞缸

1—调节螺钉；2—端盖；3—活塞；4—齿条活塞杆；5—齿轮；6—缸体

当齿条活塞缸的A口进入高压油，B口回低压油时，高压油液作用在左端活塞的左端面上，产生向右的推力，使活塞向右移动，活塞带动齿条活塞杆向右移动，齿轮逆时针旋转。反之，当齿条活塞缸的B口进入高压油，A口回低压油时，高压油液作用在右端活塞的右端面上，产生向左的推力，使活塞向左移动，活塞带动齿条活塞杆向左移动，齿轮顺时针旋转。它将活塞的往复直线运动转变为齿轮轴的往复转动。

通过调节齿条活塞缸两端盖上的螺钉，可调节齿条活塞杆移动的距离，即调节了齿轮轴的转动角度。

齿条活塞缸常用在组合机床上的回转工作台、回转夹具、磨床进给、机械手系统等转位机构的驱动。

4.2.2 液压缸的典型结构

如图4-19所示，TY4534型动力滑台系统采用空心单杆活塞式液压缸，液压缸的活塞杆固定，缸体移动。该液压缸主要由活塞2、空心活塞杆5、缸筒4、支架3和7、油管6及左右端盖1和8组成。空心活塞杆5固定在基座上，缸筒4通过支架3和7与工作台连接，带动工作台往复移动。油管6安装在空心活塞杆5的中心，并与无活塞杆腔（左腔）相通，有活塞杆腔（右腔）通过空心活塞杆5的内孔与床身上的管接头连通。液压缸缸筒4与活塞2之间采用两只Y形密封圈密封。

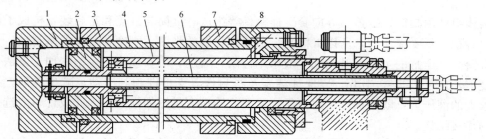

图4-19 TY4534型动力滑台空心单杆活塞式液压缸

1、8—端盖；2—活塞；3、7—支架；4—缸筒；5—空心活塞杆；6—油管；

　　液压缸的结构可分为活塞组件（活塞、活塞杆等）、缸体组件（缸筒、端盖等）、密封装置、缓冲装置和排气装置五个基本部分。

1. 活塞组件

　　活塞组件由活塞、活塞杆、连接件等组成，活塞受液压力的作用，在缸体内做往复运动，因此必须有一定的强度和耐磨性，它常用耐磨铸铁制造，活塞结构分整体式和组合式。活塞杆是连接活塞和工作部件的传力零件，要有足够的强度、刚度。活塞杆要在导向套内做往复运动，其外圆柱表面要耐磨和防锈，故其表面有时采用镀铬工艺。

　　活塞与活塞杆的连接方式有很多种，如图 4-20 所示，常见的有锥销连接（见图 4-6）、螺纹连接［见图 4-20（a）、（b）、（c）］和半环式连接［见图 4-20（d）、（e）、（f）］。锥销连接结构简单，拆装方便，承载能力小，需要有防脱落措施，多用于中、低压轻载液压缸中。螺纹连接结构简单，拆装方便，连接可靠，适用尺寸范围大，需要有防松措施，多用于中、高压没有振动载荷的液压缸中。半环式连接拆装方便，连接可靠，承载能力大，耐冲击，但结构复杂，多用于高压大负载的场合，特别是在振动比较大的情况下，常采用半环式连接。

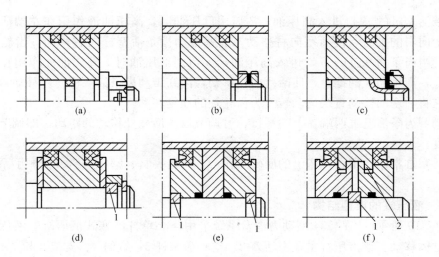

图 4-20　活塞与活塞杆的连接形式
（a）、（b）、（c）螺纹连接；（d）、（e）、（f）半环式连接
1、2—半环

2. 缸体组件

　　缸体组件由缸筒、缸盖、导向套、连接件等组成。缸筒与缸盖和密封装置构成了液压缸的密封容积来承受液压力，所以缸筒与缸盖要有足够的强度、刚度和可靠的密封性。

　　缸筒是液压缸的主体，其内孔一般采用镗削、磨削、珩磨或滚压等精密加工方法，表面粗糙度 Ra 值为 $0.1\sim0.4\mu m$，以保证活塞及密封件、支承件顺利滑动，减少磨损。缸筒要承受很大的液压力，既要保证密封可靠，又要使连接有足够的强度，因此设计时要选择工艺性好的连接结构。

　　端盖安装在缸筒的两端，与缸筒形成密封油腔，同样承受很大的液压力，因此端盖和连接件都应有足够的强度。

导向套对活塞和柱塞起支承和导向作用，要求其所用材料耐磨。有些缸不设导向套，直接用端盖孔导向，这种结构简单，但磨损后要更换端盖。缸筒、端盖和导向套的材料及技术要求参考有关手册。

常见的缸体组件连接形式如图 4-21 所示。

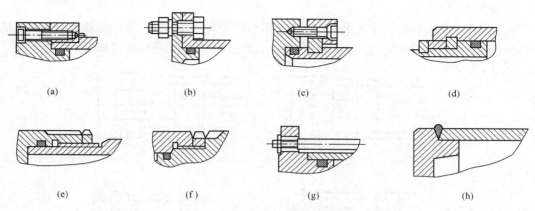

图 4-21 缸筒与缸盖连接形式
(a)、(b) 法兰式；(c) 外半环式；(d) 内半环式；
(e) 外螺纹式；(f) 内螺纹式；(g) 拉杆式；(h) 焊接式

（1）法兰式连接。法兰式连接如图 4-21 (a)、(b) 所示，这种连接方式结构简单，加工方便，易于拆装，连接可靠，要求缸筒端部有足够的厚度和较大的外形尺寸，用以安装螺栓或旋入螺钉。缸筒端部一般用铸造、镦粗或焊接方式制成粗大的外径。法兰式连接是一种常用的连接形式。

（2）半环式连接。半环式连接如图 4-21 (c)、(d) 所示，这种连接方式分为外半环式连接［见图 4-21 (c)］和内半环式连接［见图 4-21 (d)］两种形式。半环式连接工艺性好，连接可靠，结构紧凑，易于拆装，但削弱了缸筒的强度。半环式连接是应用较多的一种连接形式，常用于无缝钢管缸筒和端盖的连接中。

（3）螺纹连接。螺纹连接如图 4-21 (e)、(f) 所示，这种连接方式分为外螺纹连接［见图 4-21 (e)］和内螺纹连接［见图 4-21 (f)］两种形式。螺纹连接体积小、重量轻、结构紧凑，但缸筒端部的结构复杂，削弱了缸筒的强度。螺纹连接一般用于要求外形尺寸小、重量轻的液压缸中。

（4）拉杆连接。拉杆连接如图 4-21 (g) 所示，这种连接方式结构简单，工艺性好，通用性强，但端盖的体积和质量较大，拉杆受力后会拉伸变长，影响密封效果。适用于长度不大的中、低压缸的连接中。

（5）焊接连接。焊接连接如图 4-21 (h) 所示，这种连接方式结构简单，强度高，易于制造，但焊接时容易引起缸筒的变形。一般适用于高压缸的连接中。

3. 液压缸的密封装置

液压缸的密封装置用以防止油液的外泄漏（活塞杆与端盖间的泄漏）和内泄漏（活塞与缸筒间的泄漏）。密封装置设计的好坏对于液压缸的静、动态性能有着重要影响。外泄漏既损失油液又污染环境，而且容易引起火灾；内泄漏将使油液发热、液压缸的容积效率降低，从而使液压缸的工作性能变坏，因此应最大限度地减少泄漏。液压缸一般不允许外泄漏并要求内泄漏尽可能小。一般要求密封装置应具有良好的密封性、尽可能长的寿命，制造简单，拆装方便，成本低。常见的密封方法有间隙密封和橡胶密封圈密封。（有关密封装置的结构、材料、安装、使用等内容详见项目 5 辅助元件）

4. 缓冲装置

为了避免活塞在行程两端撞击缸盖，一般液压缸设有缓冲装置。缓冲的基本原理是使活塞在与缸盖接近时增大回油阻力，从而降低活塞运动速度。常用的缓冲装置如图 4-22 所示。

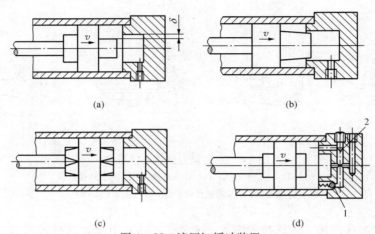

图 4-22　液压缸缓冲装置
（a）圆柱形环隙式；（b）圆锥形环隙式；（c）可变节流槽式；（d）可调节流孔式
1—单向阀；2—可调节流阀

（1）圆柱形环隙式缓冲装置。圆柱形环隙式缓冲装置如图 4-22（a）所示，当缓冲柱塞进入缸盖内孔时，被封闭的油必须通过间隙才能排出，从而增大了回油阻力，使活塞速度降低。这种结构因节流面积不变，所以随活塞速度的降低，其缓冲作用也逐渐减弱。

（2）圆锥形环隙式缓冲装置。圆锥形环隙式缓冲装置如图 4-22（b）所示，缓冲柱塞改为圆锥式，其节流面积随缓冲行程的增加而减小，缓冲效果较好。

（3）可变节流槽式缓冲装置。可变节流槽式缓冲装置如图 4-22（c）所示，在缓冲柱塞上开有轴向三角沟槽，节流面积随缓冲行程的增大而逐渐减小，缓冲压力变化较平稳。

（4）可调节流孔式缓冲装置。可调节流孔式缓冲装置如图 4-22（d）所示，通过调节节流口的大小来控制缓冲压力，以适应不同负载对缓冲的要求。当将节流螺钉调整好以后可像环状间隙式那样工作，并有类似特性。当活塞反向运动时，高压油从单向阀进入液压缸，会产生启动缓慢的现象。

5. 排气装置

液压缸往往会有空气渗入，以致影响运动的平稳性，严重时，系统不能正常工作。因此设计液压缸时，必须考虑空气的排出。

对于要求不高的液压缸，往往不设专门的排气装置，而是将油口置于缸体两端的最高处，这样也能利用液流将空气带到油箱而排出。但对于稳定性要求较高的液压缸，常常在液压缸的最高处设专门的排气装置，如排气塞、排气阀等。如图 4-23 所示排气装置，图（a）为排气塞，图（b）为排气阀，当松开排气塞螺钉或打开排气阀后即可排气，液压缸在低压下往复运动几次，带有气泡的油液就会排出，将空气排完后拧紧排气塞螺钉或关闭排气阀，液压缸便可正常工作。

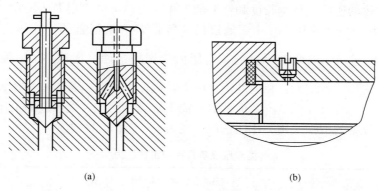

(a)   (b)

图 4-23　液压缸排气装置

(a) 排气塞；(b) 排气阀

4.2.3　液压缸的设计和计算

1. 液压缸的设计步骤

由于液压缸的结构简单，如果条件具备，使用单位可以自行设计和制造。液压缸设计并没有统一的步骤。由于液压缸参数之间有内在联系，设计要交叉进行，反复推敲和计算，以获得满意的设计效果。下列设计步骤可以作为参考：

(1) 根据主机的用途、对液压缸的动作要求，确定液压缸的结构形式、安装形式及连接方式。

(2) 进行负载分析和运动分析，最好作负载图、速度图和功率图，使设计参数一目了然。

(3) 根据负载要求选择液压缸工作压力、液压缸内径与活塞直径，这是液压缸设计的关键一步。

(4) 进一步确定其他结构参数，如确定液压缸各部分结构，主要包括密封装置、缸筒与缸盖的连接、活塞和活塞杆的连接、缓冲装置、排气装置及缸筒的固定形式等。

(5) 根据步骤 (3)、(4) 确定的几何尺寸进行图形设计并校核有关零件的刚度和强度。

(6) 审定全部设计资料及其他设计文件，对图纸进行修改与补充。

(7) 绘制液压缸装配图和零件图，编写设计计算说明书及其技术文献。

在设计中应注意以下问题：

(1) 在保证液压缸性能参数条件下，应尽量简化结构，减少零件，减轻重量。

(2) 各零件的结构形式和尺寸，应采用标准形式和规范要求，以便加工、装配和维修。

(3) 密封部位的设计和密封件的选用要合理，保证密封的可靠性、摩擦力小、寿命长、更换方便。

(4) 活塞杆受压负载或偏心负载作用时，要进行稳定性校核。

(5) 要考虑行程末端制动问题和排气问题。缸内若无缓冲和排气装置，液压系统中要有相应措施，但并非所有液压缸都要考虑这个问题。

2. 液压缸主要尺寸的确定

液压缸的主要尺寸包括缸筒内径 D、活塞杆直径 d 及长度 l、液压缸的长度 L 等。根据液压缸的负载、运动速度、行程长度和选取的工作压力，可以确定上述尺寸。

（1）选择液压缸的工作压力。由于通过最大负载 F 和液压缸的工作压力 p 来确定活塞的有效面积 $A\left(A=\dfrac{F}{p}\right)$，因此液压缸的工作压力要选择合理，选择小了，活塞的有效面积大，液压缸的结构尺寸就增大，相应的流量就大，因而不可取。若压力选择大，活塞的有效面积小，液压缸的结构尺寸就紧凑，但密封性能要求高。因此，液压缸的工作压力可以根据工作负载或根据设备的类型采用类比法选取，见表 4-1 和表 4-2。

表 4-1　　　　　　　　各类液压设备常用的工作压力

设备类型	磨床	组合机床	车床、铣床、镗床	拉床	龙门刨床	农业机械、工程机械
工作压力 p（MPa）	0.8~2	3~5	2~4	8~10	2~8	10~16

表 4-2　　　　　　　　液压缸推力与工作压力的关系

推力 F（kN）	<5	5~10	10~20	20~30	30~50	>50
工作压力 p（MPa）	<0.8~1	1.5~2	2.5~3	3~4	4~5	≥5~7

（2）液压缸的缸筒内径 D 和活塞杆直径 d。确定了液压缸的工作压力 p，就能确定缸筒内径 D。

由于 $A=\dfrac{F}{p}$，液压缸无杆腔的面积 $A=\dfrac{\pi}{4}D^2$，有杆腔的面积 $A=\dfrac{\pi}{4}(D^2-d^2)$，同时要考虑液压缸的机械效率 η_{cm}。所以，液压缸的缸筒内径 D 和活塞杆直径 d 可以由式（4-28）和式（4-29）确定，即

$$\text{无杆腔}\qquad D=\sqrt{\frac{4F}{\pi p\eta_{cm}}}=1.13\sqrt{\frac{F}{p\eta_{cm}}} \qquad (4-28)$$

$$\text{有杆腔}\qquad D=\sqrt{\frac{4F}{\pi p\eta_{cm}}+d^2} \qquad (4-29)$$

式中　p——作用在液压缸活塞上的有效液压力，当无背压时，p 为系统工作压力，当有背压时，p 为系统工作压力与背压之差。

液压缸的活塞杆直径 d 可参考表 4-3 确定，然后代入公式计算。

表 4-3　　　　　　　　活塞杆直径 d 的参考值

工作压力 p（MPa）	<2	2~5	5~10
活塞杆直径 d	(0.2~0.3)D	0.5D	0.7D

当液压缸的往复速度比 φ 有要求时，可以根据 φ 来确定液压缸的缸筒内径 D 和活塞杆直径 d，即

$$d = D\sqrt{\frac{\varphi - 1}{\varphi}} \qquad (4-30)$$

液压缸的往复速度比 φ 值与工作压力 p 有关，其关系见表 4-4。

表 4-4   液压缸工作压力 p 与往复速度比 φ 的对照值

工作压力 p（MPa）	≤10	12.5～20	>20
往复速度比 φ	1.33	1.64	2

在上述两种情况下计算出液压缸的缸筒内径 D 和活塞杆直径 d 后，都按表 4-5 和表 4-6 圆整成标准值，否则，所设计出的液压缸将无法采用标准密封元件。

表 4-5   液压缸的缸筒内径尺寸系列（摘自 GB/T 2348—1993）   mm

10	12	16	20	25	32	40	50	63	80	(90)	100
(110)	125	(140)	160	(180)	200	220	250	(280)	320	(360)	400

注 括号内的尺寸尽量不用。

表 4-6   液压缸的活塞杆直径尺寸系列（摘自 GB/T 2348—1993）   mm

4	5	6	8	10	12	14	16	18	20	22	25
28	32	36	40	45	50	56	63	80	90	100	110
125	140	160	180	200	220	250	280	320	360		

（3）液压缸的缸筒长度 L 的确定。液压缸的缸筒长度是根据所需的最大工作行程和结构上的需要来确定。通常缸筒长度 L 为最大工作行程长度、活塞长度、活塞杆导向长度、活塞杆密封长度和特殊要求的其他长度之和，即

$$L = S + B + C + L_1 + L_2 \qquad (4-31)$$

式中 S——最大工作行程长度；

        B——活塞长度，$B = (0.6 \sim 1)D$；

        C——导向套长度；

L_1、L_2——活塞杆密封长度、特殊要求的其他长度（如液压缸两端缓冲装置所需长度）。

其中，当 $D < 80$mm 时，$C = (0.6 \sim 1.5)D$；当 $D \geqslant 80$mm 时，$C = (0.6 \sim 1)d$。一般液压缸的缸筒长度 L 不大于缸筒内径 D 的 20 倍。

3. 液压缸的校核计算

液压缸的校核计算包括强度和刚度校核计算，主要有缸壁强度、活塞杆强度、压杆稳定性、螺纹强度等。

（1）缸筒的壁厚校核。在中低压系统中，液压缸的壁厚往往由结构、工艺上的要求来确定，一般不校核。只有在压力较高和直径较大时，才校核缸筒壁最薄处的强度。

1）薄壁圆筒。当液压缸的缸筒内径 D 和壁厚 δ 的比值大于 10 时，为薄壁圆筒，按式（4-32）校核缸筒强度，即

$$\delta \geqslant \frac{p_y D}{2[\sigma]} \qquad (4-32)$$

式中　p_y——缸筒实验压力；

$[\sigma]$——缸筒材料的许用应力，可查手册。

当缸筒额定压力 $p_n \leqslant 16MPa$ 时，$p_y = 1.5 p_n$；当缸筒额定压力 $p_n > 16MPa$ 时，$p_y = 1.25 p_n$。

2）厚壁圆筒。当液压缸的缸筒内径 D 和壁厚 δ 的比值小于 10 时，为厚壁圆筒，按式（4-33）校核缸筒强度，即

$$\delta \geqslant \frac{D}{2}\left(\sqrt{\frac{[\sigma] + 0.4 p_y}{[\sigma] - 1.3 p_y}} - 1\right) \qquad (4-33)$$

（2）活塞杆强度的校核。活塞杆的强度可按式（4-34）校核，即

$$d \geqslant \sqrt{\frac{4F}{\pi[\sigma]}} \qquad (4-34)$$

$$[\sigma] = \frac{\sigma_b}{n} \qquad (4-35)$$

式中　F——活塞杆所受载荷；

$[\sigma]$——活塞杆材料的许用应力，可查手册；

σ_b——活塞杆材料的抗拉强度，可查手册；

n——安全系数，取 $n = 1.4$。

（3）活塞杆稳定性的校核。当活塞杆长度 l 和直径 d 的比值大于等于 10 时为细长杆，在受压时，轴向力超过某一临界值时会失去稳定性，因此需要进行稳定性校核。活塞杆所受载荷 F 应该小于临界稳定载荷 F_k，即

$$F \leqslant \frac{F_k}{n_k} \qquad (4-36)$$

式中　n_k——稳定安全系数，取 $n_k = 2\sim4$。

（4）液压缸的缸盖固定螺栓直径 d_1 的校核。液压缸的缸盖固定螺栓在工作过程中同时承受拉应力和剪切应力，缸盖固定螺栓直径 d_1 可按式（4-37）校核，即

$$d_1 \geqslant \sqrt{\frac{2.5kF}{\pi z[\sigma]}} \qquad (4-37)$$

$$[\sigma] = \frac{\sigma_s}{n} \qquad (4-38)$$

式中　d_1——螺栓螺纹的底径；

k——螺纹拧紧系数，取 $k = 1.2\sim1.5$；

F——液压缸最大作用力；

z——螺栓个数；

$[\sigma]$——螺栓材料的许用应力，可查手册；

σ_s——螺栓材料的屈服极限，可查手册；

n——安全系数，取 $n = 1.2\sim2.5$。

技能训练 液压缸与液压马达的拆装与结构认识

1. 训练目标

液压缸是液压传动系统中的执行元件，它把液压系统输出的液压能转换为机械能。通过液压缸、液压马达拆装训练可以加深对液压缸、液压马达结构及工作原理的认识，有利于掌握液压缸、液压马达的装配与故障诊断及维修技能。

（1）掌握常用液压马达与液压缸的结构与工作原理。

（2）掌握常用液压马达与液压缸的拆卸、装配、调整技能。

（3）初步训练液压马达与液压缸维护、保养及维修的基本技能。

2. 训练设备及器材

表 4-7   训 练 设 备 及 器 材

设备、器材及其型号		数 量
内曲线液压马达		6 台
单杆（或双杆）活塞缸		6 个
工具	内六角扳手、固定扳手、螺丝刀、卡簧钳、铜棒、榔头等各种辅助工具	6 套
煤油		若干

3. 训练内容

实训前认真了解液压马达与液压缸的结构和工作原理。在实训指导教师的指导下，拆装内曲线液压马达与液压缸，观察、了解各组成零件在液压马达与液压缸中的作用，严格按照液压马达与液压缸拆卸、装配步骤进行操作，严禁违反操作规程进行私自拆卸、装配。实训中掌握常用液压马达与液压缸的结构组成、工作原理。

能 力 拓 展

1. 说明液压执行元件的类型与特点。

2. 简述液压马达的类型、工作原理及正常工作的基本条件。

3. 液压马达有哪些主要工作参数？

4. 简述齿轮马达、叶片马达及轴向柱塞马达的工作原理。

5. 已知某液压马达的排量 $V_m = 250 \text{mL/r}$，液压马达入口压力为 $p_1 = 10.5 \text{MPa}$，出口压力 $p_2 = 1.0 \text{MPa}$，其总效率 $\eta_m = 0.9$，容积效率 $\eta_{mV} = 0.92$，当输入流量 $q_m = 22 \text{L/min}$ 时，试求液压马达的实际转速 n_m 和液压马达的输出转矩 T_m。

6. 一液压马达要求输出转矩为 $52.5 \text{N} \cdot \text{m}$，转速为 30r/min，马达的排量为 105mL/r，求所需要的流量和压力各为多少。（马达的机械效率和容积效率各为 0.9）

7. 某轴向柱塞马达的斜盘倾角 $\varphi = 22°30'$，柱塞直径 $d = 22 \text{mm}$，柱塞分布圆直径 $D = 68 \text{mm}$，柱塞数 $z = 7$。现设 $\eta_{mV} = 0.92$，$\eta_m = 0.9$，进油压力 $p = 10 \text{MPa}$，当输入流量为 37L/min 时，试求马达的实际转矩和实际转速。

8. 有一液压泵与液压马达组成的闭式回路，液压泵输出油压 $p=100\text{MPa}$，其机械效率 $\eta_m=0.95$，容积效率 $\eta_V=0.9$，排量 $V=10\text{mL/r}$；液压马达的机械效率 $\eta_{mm}=0.95$，容积效率 $\eta_{mV}=0.9$，排量 $V=10\text{mL/r}$；若液压泵的转速为 1500r/h 时，试求：

（1）电动机的功率；

（2）液压泵的输出功率；

（3）液压马达的输出转矩；

（4）液压马达的输出功率；

（5）液压马达的输出转速。

9. 液压缸是怎样分类的？其作用是什么？

10. 如果要求机床工作台往复运动速度相同，应采用什么类型的液压缸？

11. 什么是差动式液压缸？应用在什么场合？

12. 说明外圆磨床空心双杆活塞式液压缸的结构和工作原理。

13. 说明齿条活塞缸的组成和工作原理。

14. 说明 TY4534 型动力滑台空心单杆活塞式液压缸的结构和工作原理。

15. 液压缸的缸筒和缸盖及活塞和活塞杆分别有哪些连接方式？

16. 液压缸的缓冲装置起什么作用？有哪些形式？

17. 液压缸的排气装置起什么作用？有哪些形式？

18. 已知单活塞杆式液压缸的内径 $D=50\text{mm}$，活塞杆直径 $d=35\text{mm}$，液压泵供油量为 $q=8\text{L/min}$，不计任何损失。试求：

（1）液压缸差动连接的运动速度。

（2）如果在差动阶段所能克服的外负载为 $F=1000\text{N}$，工作压力应为多少？

19. 已知单活塞杆式液压缸的内径 $D=100\text{mm}$，活塞杆直径 $d=50\text{mm}$，工作压力 $p_1=2\text{MPa}$，流量 $q=10\text{L/min}$，回油背压为 $p_2=0.5\text{MPa}$，不计损失，求活塞往复运动时的推力和运动速度。

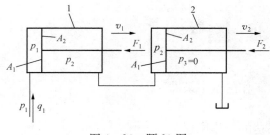

图 4-24 题 20 图

20. 如图 4-24 所示，两个结构相同相互串联的液压缸，无杆腔的面积 $A_1=100\times10^{-4}\text{m}^2$，有杆腔的面积 $A_2=80\times10^{-4}\text{m}^2$，缸 1 的输入压力 $p_1=9\text{MPa}$，输入流量 $q_1=12\text{L/min}$，不计损失和泄漏，求：

（1）两缸承受相同负载（$F_1=F_2$）时，该负载的数值及两缸的运动速度。

（2）缸 2 的输入压力是缸 1 的一半（$p_2=0.5p_1$）时，两缸各能承受多少负载？

（3）缸 1 不承受负载（$F_1=0$）时，缸 2 能承受多少负载？

项目 5　液 压 辅 助 元 件

任务 5.1　液 压 辅 助 元 件

【任务描述】

液压系统辅助元件是指除液压动力元件、执行元件和控制元件以外的其他各类组成元件。本任务学习各类辅助元件的结构、工作原理、用途及选用方法，通过学习能够在液压系统中正确的分析及选用辅助元件。

【任务目标】

(1) 掌握各种液压辅助元件的结构及工作原理。

(2) 能够在液压系统中合理的选用各种辅助元件。

(3) 能够根据系统要求正确的设计油箱及其他非标辅助元件。

【基本知识】

液压系统辅助元件包括过滤器、蓄能器、油箱、密封装置、压力表、热交换器、管件等。在设计中，这些辅助元件都有标准系列产品可供选用。液压辅助元件合理的设计和选用对液压系统的效率、噪声、温升、工作可靠性等性能有很大的影响，因此，在设计、制造和使用液压设备时，对辅助元件必须予以足够的重视。

5.1.1　密封装置

1. 密封装置的作用和要求

密封装置的作用是防止液压元件和液压系统中液压油的内、外泄漏。密封性能好坏，直接影响液压系统的工作性能和效率；内泄漏会使系统的容积效率降低，严重时会建立不起压力而无法工作；外泄漏还会污染工作环境。因此，密封装置对保证液压系统正常工作起着十分重要的作用。

对密封装置的基本要求有以下几个：

(1) 在一定的工作压力和温度范围内具有良好的密封性。

(2) 摩擦力小。

(3) 耐磨性好、工作寿命长。

(4) 结构简单，使用维护方便，价格低廉。

2. 密封装置的类型和特点

密封按工作原理来分可分为间隙密封（非接触式）和密封件密封（接触式）。密封件密封中，根据密封面间有无相对运动可分为动密封和静密封两大类。常用的密封件以其断面形状命名。

(1) 间隙密封。间隙密封是依靠相对运动件配合面的微小间隙来进行密封的，如图 5-1 所示。为了增加泄漏油的阻力，常在圆柱面上加工几条环形槽，也称压力平衡槽。其作用有以下几个：

1) 自动对中，减小摩擦力。

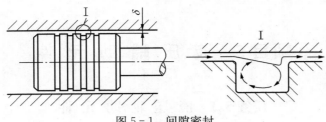

图 5-1　间隙密封

2）增大泄漏阻力，提高密封性。

3）存储油液，自动润滑。

间隙密封的缺点是磨损后不能自动补偿，主要用于直径较小的圆柱面之间，如滑阀的阀芯与阀体上的孔之间的配合。

（2）O 形密封圈。O 形密封圈其主要材料为合成橡胶，图 5-2 所示为其结构和工作情况。O 形密封圈具有良好的密封性能，其内外侧和端面都能起密封作用，既可作为静密封，也可作为动密封。

O 形密封圈安装时保证适当预压缩量，同时受油压作用产生变形，紧贴密封表面而起密封作用。当压力较高或密封圈沟槽尺寸选择不当时，密封圈容易被挤出而造成严重的磨损或损坏。为此，当工作压力 p 大于 10MPa 时，应在侧面设置挡圈如图 5-2（d）、（e）所示。

O 形密封圈安装沟槽有矩形、V 形、燕尾形、半圆形、三角形等，可查有关手册或国家标准。

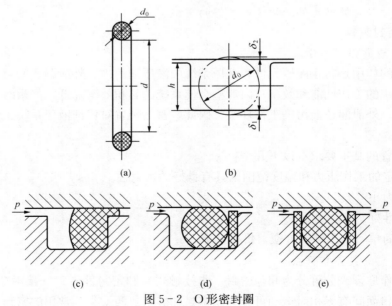

图 5-2　O 形密封圈

（3）Y 形密封圈。Y 形密封圈的材料通常为耐油橡胶。如图 5-3 所示的用于往复运动的密封圈，工作压力可达 20MPa，工作温度－30～100℃，具有摩擦系数小、安装简便等优点。其缺点是在速度高、压力变化大的场合易产生翻转现象。如图 5-4 所示，用聚氨酯制成的窄断面 Y_x 形密封圈，截面的长宽比有 2 倍以上，它的内、外唇根据轴用、孔用的不同而制成不等高，不易翻转。在密封性、耐磨性、耐油性等方面都比耐油橡胶 Y 形密封圈优越。

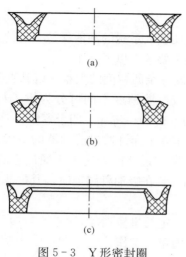

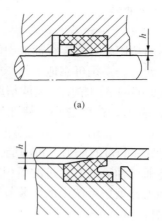

图 5-3 Y形密封圈

(a) 普通 Y形；(b) Y_X形（孔用）；(c) Y_X形（轴用）

图 5-4 Y_X形密封圈安装

(a) 轴用（装在孔内）；(b) 孔用（装在轴上）

（4）V形密封圈。V形密封圈用多层涂胶织物压制而成。其结构如图 5-5 所示，由支承环、密封环和压环组成。当压力大于 10MPa 时，可增加密封环的数量。这种密封圈安装时应使唇边开口面对压力油作用方向。V形密封圈的接触面较长，密封性好，但摩擦力较大，所以在往复运动速度不高的活塞杆处应用较多。

（5）组合式密封圈。图 5-6 所示为 O 形密封圈与矩形聚四氟乙烯塑料滑环组成的组合密封：O 形圈提供弹性预压力，利用橡胶的变形将具有良好自润滑滑动摩擦性能的聚四氟乙烯滑环压在密封面上。组合式密封装置的优点是充分发挥了橡胶密封圈和滑环的长处，工作可靠，摩擦力低而稳定，寿命提高显著，因此应用广泛。

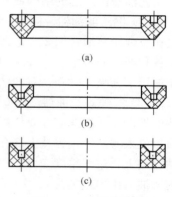

图 5-5 V形密封圈

(a) 支承环；(b) 密封环；(c) 压环

（6）回转轴的密封装置。回转轴的密封形式很多，图 5-7 所示为耐油橡胶制成的回转轴用密封圈，内边围一条螺旋弹簧，把内边收缩在轴上进行密封，例如泵轴、马达轴的密封。

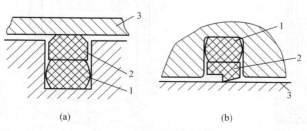

图 5-6 组合式密封件

(a) 孔用组合密封；(b) 轴用组合密封

1—O 形圈；2—滑环；3—被密封件

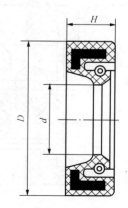

图 5-7 回转密封装置

5.1.2 滤油器

1. 滤油器的功用和基本要求

滤油器的功用是过滤混在油液中的各种杂质，使进入系统的油液保持一定的清洁度。从而保证液压元件和系统可靠地工作。对滤油器的基本要求有以下几个：

（1）有足够的过滤精度。过滤精度是指滤油器滤除杂质粒度的大小，以其直径 d 的公称尺寸（μm）表示。粒度越小，精度越高。滤油器按过滤精度不同可分为粗（$d \geqslant 100\mu m$）、普通（$d \geqslant 10\sim100\mu m$）、精（$d \geqslant 5\sim10\mu m$）、特精（$d \geqslant 1\sim5\mu m$）四个等级。

（2）有足够的过滤能力。过滤能力是指在一定压降下允许通过滤油器的最大流量。一般用滤芯上能通过油液的有效过滤面积来表示。滤油器的过滤能力应大于通过它的最大流量。应结合滤油器在液压系统中的安装位置来考虑，如安装在吸油管路上时，其过滤能力应为泵的流量两倍以上。

（3）有足够的强度。滤油器的滤芯及壳体应有一定的机械强度。

（4）滤芯抗腐蚀性能好，并能在一定温度范围内正常工作。

（5）要易于清洗和更换滤芯，便于拆装和维护。

2. 滤油器的类型及选用

滤油器按滤芯的结构形式分为网式、线隙式、纸芯式、烧结式、磁性滤油器等。

（1）网式滤油器。图 5-8 所示为网式滤油器，它由上盖 1、下盖 4、径向开有很多孔的塑料或金属筒形骨架 2 和包在骨架上的一层或两层铜丝网 3 组成。其过滤精度取决于铜丝网层数和网孔的大小。这种滤油器结构简单，通流能力大，清洗方便，但过滤精度低，一般用于液压泵的吸油管路，对油液进行粗过滤。

（2）线隙式滤油器。图 5-9 所示为线隙式滤油器。它由一根铜线或铝线密绕在筒形骨架的外部而成的滤芯和壳体组成。流入壳体内的油液经金属螺旋线间的间隙阻留油液中的杂质后流入滤芯内，再从上部孔道流出，它也属于粗过滤器。线隙式滤油器安装在液压泵的吸油管路上，过滤精度为 $50\sim100\mu m$，压力损失为 0.03～0.06MPa；安装在回油低压管路上的滤油器压力损失为 0.07～0.35MPa，过滤精度为 $30\sim50\mu m$。线隙式滤油器过滤效果好，结构简单，通油能力大，机械强度高，滤芯可清洗后重新使用。

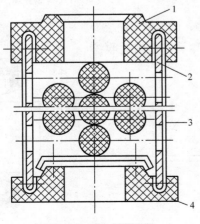

图 5-8　网式滤油器

1—上盖；2—骨架；3—铜丝网；4—下盖

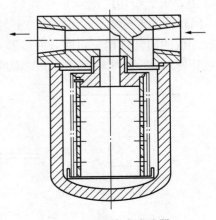

图 5-9　线隙式滤油器

（3）纸芯式滤油器。图 5-10 所示为纸芯式滤油器的结构。纸芯式滤油器的滤芯有三层：滤芯外层 2 为粗眼钢板网，滤芯中层 3 为折叠成 W 形的滤纸，内层由金属丝网与滤纸折叠而成。这样就提高了滤芯的强度，增大了滤芯的过滤面积，延长了其使用寿命。过滤精度为 5～30μm，主要用在过滤精度要求高的排油管路和回油管路上，不能放在液压泵的吸油口。纸芯式滤油器结构紧凑，通油能力大，过滤精度高，纸芯价格低。其缺点是无法清洗，需经常更换滤芯。

（4）烧结式滤油器。图 5-11 所示为烧结式滤油器。它由端盖、壳体和滤芯组成。其滤芯用球状青铜烧结而成，利用颗粒间的微孔滤去油中的杂质，其过滤精度为 0.01～0.06μm，压力损失为 0.03～0.2MPa。优点是能承受高压，耐高温，抗腐蚀性好，过滤精度高。但堵塞后不易清洗，不能用在泵的吸油口，多用于排油和回油路上。

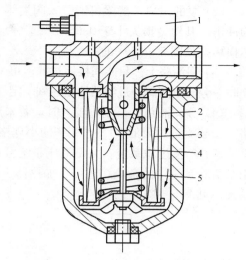

图 5-10 纸芯式滤油器
1—堵塞发讯装置；2—滤芯外层；3—滤芯中层；
4—滤芯里层；5—支承弹簧

（5）磁性滤油器。磁性滤油器如图 5-12 所示，用于滤除油液中能磁化的杂质。它由圆筒式永久磁铁、非磁性罩及罩外的多个铁环等零件组成。当油液中能磁化的杂质经过铁环间隙时，便被吸附在其上，从而起到过滤作用。这种滤油器适用于加工钢铁件的机床液压系统。

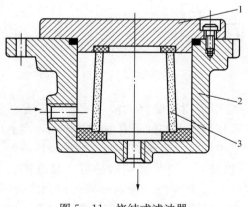

图 5-11 烧结式滤油器
1—端盖；2—壳体；3—滤芯

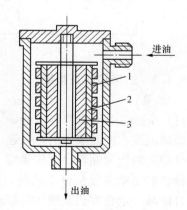

图 5-12 磁性滤油器
1—铁环；2—非磁性罩；3—永久磁铁

3. 滤油器的安装

滤油器的安装应考虑滤油器的精度与系统要求匹配，应有足够的通流能力和机械强度。滤油器一般安装在以下几个位置：

（1）泵的吸油口。一般安装表面型过滤器，滤去较大的杂质微粒，为防气穴现象，过滤能力应为泵流量的两倍以上，压力损失不得超过 0.02MPa，见图 5-13 中的 1。

（2）泵的出口。滤除可能侵入阀类等元件的污染物。过滤精度 10~15μm，能承受压力和冲击，其压力损失小于 0.35MPa，并应有安全阀和堵塞状态发讯装置，以防泵过载和滤芯损坏，见图 5-13 中的 2。

（3）回油路上。只能间接地过滤。可采用强度低的过滤器，其压力损失对系统影响不大。并联一旁通单向阀，过滤器堵塞达到一定压力损失时，单向阀打开，见图 5-13 中的 3。

（4）分支油路。泵流量较大时，若采用上述各种方式过滤，过滤器结构可能很大。在支路上安装流量为泵的 20%~30% 的小规格过滤器，见图 5-13 中的 4。

（5）单独过滤系统。大型液压系统可专设一液压泵和过滤器组成独立的过滤回路，专门用来清除系统中的杂质，还可与加热器、冷却器、排气器等配合使用。滤油车即为单独过滤系统，见图 5-13 中的 5。

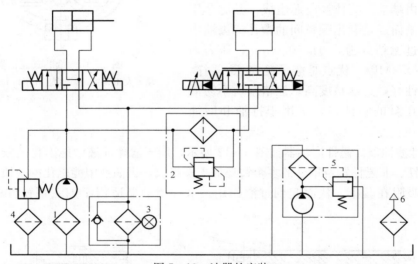

图 5-13　油器的安装

5.1.3　油箱和热交换器

1. 油箱

（1）油箱的功用及其容积的确定。油箱的功用主要是储存油液，此外还起着对油液散热、杂质沉淀、使油液中的空气逸出等作用。液压系统中的油箱有做成总体的，即利用机器设备机身内腔作为油箱，结构紧凑，各处漏油易于回收，但维修不便，散热条件不好。所以液压设备的油箱多数是分离式的，即油箱与主机分开，这种油箱散热好、易维护、清理方便，且能减少油箱发热及液压源振动对主机工作精度及性能的影响，因此得到广泛的应用。特别在组合机床、数控机床、自动生产线和精密机械设备上大多采用分离式油箱。

油箱有开式和闭式两种。油箱中液面与大气直接接触的称为开式油箱，液压泵吸油是靠液面上大气压力作用，吸油效果差。闭式油箱是密封结构，油箱中液面之上充以压缩空气，因此液压泵吸油主要靠箱内压缩空气的压力，吸油效果较好，并可防止液压泵产生气穴现象，但结构复杂，在一般机械设备中使用不多。

油箱的容积必须保证在液压设备停止运转时，系统中的油液在自重作用下能全部返回油箱。为了防止油液从油箱中溢出，油箱中的液面不能太高，一般不应超过油箱高度的 80%。

通常油箱的有效容积只需按液压泵的额定流量估计即可，在低压系统中油箱的有效容积为液压泵的额定流量 2～4 倍；中高压系统为 5～7 倍；若是高压闭式循环系统，其油箱的有效容积应由所需外循环油或补充油油量的多少而定；对工作负载大，并长期连续工作的液压系统，油箱的容量需按液压系统的发热量，通过计算来确定。

（2）油箱的结构设计。在设计液压系统时，油箱一般需根据需要自行设计，图 5-14 所示为一常见开式油箱的结构示意图。

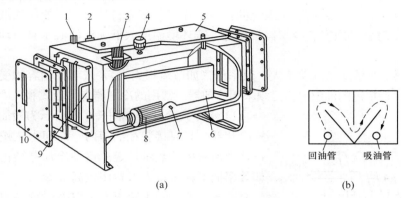

图 5-14　开式油箱

（a）结构示意图；（b）隔板原理图

1—回油管；2—泄油管；3—吸油管；4—空气滤清器；5—安装板；
6—隔板；7—放油口；8—滤油器；9—清洗窗；10—液位计

在进行油箱的结构设计时应注意以下几个问题：

1）基本结构。油箱外形以立方体或长六面体为宜。油箱一般用 2.5～4mm 的钢板焊成，尺寸高大的油箱上要加焊角钢、筋板，以增加刚性。油箱内壁需经喷丸、酸洗和表面清洗。液压泵、电动机和安装板（集成块）等可直接紧固在顶盖上，也可安装在图示安装板上。安装板与顶盖间应垫上橡胶垫，以缓冲振动。油箱底脚高度应为 150mm 以上，以便散热、搬运和放油。

2）隔板的设置。吸油管和回油管间的距离应尽量远些，两管之间用隔板隔开，以增加油液循环的距离，提高散热效果，并使油液有足够长的时间去分离气泡和沉淀杂质。隔板高度一般为液面高度的 2/3～3/4。

3）清洗油箱的设置。一般油箱可通过拆卸上盖进行清洗、维护。对大容量的油箱，多在油箱侧面设清洗用的窗口。油箱底面做成双斜面或向回油侧倾斜的单斜面。放油堵塞应放在箱底最低处。

4）空气滤清器与液位计的设置。空气滤清器的作用是使油箱内液面与大气相通，保证液压泵的吸油能力，除去空气中的灰尘兼作加油口，其规格可按泵的流量选用。液位计用以监测液位的高度，其窗口尺寸应能满足对最高和最低液位的观察。

5）油管的设置。液压泵的吸油管与液压系统回油管之间的距离应尽量远些，吸油管口要装有液压泵吸入量 2 倍以上过滤能力的粗滤油器，它们距箱底和箱壁应有 3 倍管径的距离以便四面进油，保证泵的吸入性能。回油管端口切成 45°斜口以增大通流面积，且面向箱壁有利于散热和沉淀杂质。系统中的各种泄漏油管应尽量单独接入油箱。其中各类阀的泄油管端部应放在液面之上，以免产生背压。液压泵和液压马达的泄油管端部应插入液面以下，以免产生气泡。

　　6）其他设置。油箱中若要安装热交换器，必须在结构上考虑其安装位置。为了便于测量油温，可在油箱上安装温度计。

　　2．热交换器

　　为了提高液压系统的工作稳定性，应使系统在适宜的温度下工作并保持热平衡。液压系统的油液工作温度一般希望保持在30～50℃范围内，最高不超过60℃，最低不低于15℃。

　　油温过高或过低都会影响液压系统的正常工作。若依靠自然冷却不能使油液温度限制在这个允许值以下时就必须安装冷却器；反之，若环境温度太低无法使液压泵启动时就必须安装加热器。

　　（1）冷却器。当液压系统功率大、效率低（如节流损失大），或者油箱容积受限制等单靠自然散热不能保持规定的油温时，必须采用冷却器。常用的冷却器有水冷式和风冷式两种。

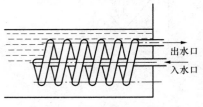

图5-15　蛇形管式冷却器

　　1）水冷式冷却器。图5-15所示为最简单的蛇形管式冷却器，它直接装在油箱内。冷却水从蛇形管内部通过，把油液中的热量带走。这种冷却器结构简单，但冷却效率低、耗水量大，费用较高。

　　图5-16所示为液压系统中采用较多的一种强制冷却方法，油液从油口c进入，从b口流出；冷却水从右端盖4中部的孔d进入，通过多根黄铜管3后从左端盖1上的孔a流出。油液在水管外面流过，隔板2用来增加油液的循环距离，以改善散热条件，冷却效果更好。

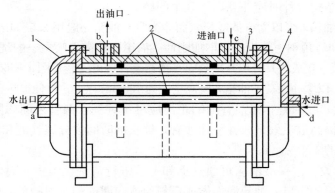

图5-16　对流式多管冷却器
1—左端盖；2—隔板；3—铜管；4—右端盖

　　2）风冷式冷却器。图5-17所示为在行走机械和野外工作的工程机械上用的翅片管风冷式冷却器，它是将翅片绕在光滑管上焊接而成的，其散热面积是光滑管的8～10倍。

　　3）冷却器的安装。图5-18所示为冷却器安装在回油管路上，安全阀6对冷却器起保护作用；当系统不需要冷却时，截止阀4打开，油液直接流回

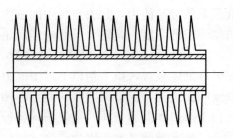

图5-17　翅片管风冷式冷却器

油箱。

（2）加热器。油液加热通常采用电加热器使油温升高。如图 5-19 所示，电加热器应水平安装，并使其发热部分全部浸入油中。加热器应安装在油液流动处，以利于热量的交换。加热器的功率不能太大，以免其周围油液过热而变质。

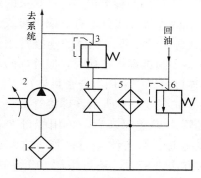

图 5-18　冷却器的连接方式

1—滤油器；2—液压泵；3—溢流阀；4—截止阀；

5—冷却器；6—安全阀

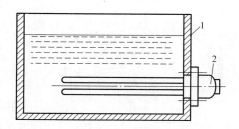

图 5-19　加热器的安装示意图

1—油箱；2—电加热器

5.1.4　油管及管接头

液压系统通过油管来传输工作介质，用管接头把油管、液压元件连接起来。油管和管接头应有足够的强度、良好的密封性能、压力损失要小、拆装方便。

1. 油管

液压系统中常用油管的种类及特点见表 5-1。

表 5-1　　　　　　　　　　　　　常用油管的种类及特点

种　　类		特点和适用场合
硬管	钢管	价低、耐油、抗腐蚀、刚性好，但装配时不便弯曲。常用在拆装方便处作压力管道。中、高压采用无缝钢管，低压采用焊接管
	纯铜管	易弯曲成形。但承压一般不超过 10MPa，抗振能力差，易使油液氧化。通常用在液压装置内配接不便之处
软管	尼龙管	乳白色半透明，可观察流动情况。加热后可以随意弯曲成形或扩口，冷却后即定型。承压能力因材质而异，2.5～8MPa
	塑料管	耐油、价格便宜、装配方便。但承压能力低，长期使用会老化变质，只适用于压力低于 0.5MPa 的回油管、泄油管等
	橡胶管	高压管由耐油橡胶夹几层钢丝编织网制成，钢丝网层数越多，耐压越高，价格越高。常用于中、高压系统中两个相对运动件之间的压油管道，低压管由耐油橡胶夹帆布制成，用于回油管道

与泵、阀等标准液压元件连接的油管，其管径一般由这些元件的接口尺寸决定。其他部位的管径可按通过油管的最大流量、允许的流速计算确定。

油管的安装应横平竖直，尽量减小油管的弯曲和长度。油管应避免交叉，转弯处的半径应大于油管外径的 3～5 倍。平行或交叉的油管之间应有适当的间隔并用标准管夹固定牢固，以防止振动和碰撞。

2. 管接头

管接头是油管与油管、油管与液压元件之间的可拆式连接件。它应具有拆装方便，连接牢固、密封可靠、外形尺寸小、通流能力大等特点。

管接头要求工作可靠，阻力小，结构简单，拆装方便。管接头的种类很多，按接头的通路分，有直通、直角、三通、四通、铰接等形式；按其与油管的连接方式分，有管端扩口式、卡套式、焊接式、扣压式等。管接头与机体的连接常用圆锥螺纹和普通细牙螺纹。用圆锥螺纹连接时，应外加防漏填料；用普通细牙螺纹连接时，应采用组合密封垫。

（1）焊接管接头。如图 5-20 所示，焊接管接头是将一端与管接头上的接管 1 焊接起来后，再用螺母 2 将接管 1 和接头体 4 连在一起。接头体 4 与接管 1 之间的密封可采用球面压紧的方法来密封，还可采用 O 形密封圈或金属密封垫圈的方法加以密封。

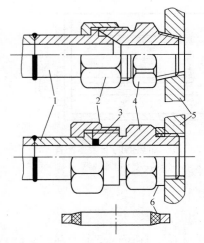

图 5-20　焊接管接头

1—接管；2—螺母；3—密封圈；
4—接头体；5—本体；6—密封圈

（2）卡套式管接头。如图 5-21 所示，卡套式管接头是由接头体、卡套和螺母组成的。卡套是一个在内圆端部带有尖锐刃口的金属环，当旋紧螺母时，卡套产生弹性变形而将油管夹紧起到连接和密封的作用。卡套式管接头所用的油管外径一般不超过 42mm，使用压力可达 32MPa，卡套式管接头不焊接，拆装方便，但要求管道精度高，如冷拔无缝钢管。这种接头可使管道在一个平面内按任意方向安装。

（3）扩口管接头。如图 5-22 所示，扩口管接头是由接头体、管套和螺母组成。它适用于紫铜管和薄壁钢管的连接，工作压力不大于 8MPa。套管加工成喇叭口，拧紧螺母，通过管套就使带有扩口的油管压紧密封。

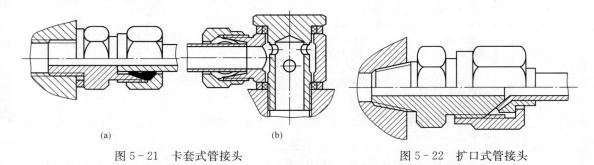

(a)　　　　　(b)

图 5-21　卡套式管接头　　　　　图 5-22　扩口式管接头

（4）胶管接头。钢丝编织的胶管接头有可拆式和扣压式两种，其中，扣压式如图 5-23 所示，每种又有 A、B、C 三种形式。A 型采用焊接管接头，B 型采用卡套管接头，C 型采用扩口薄管接头。A 型和 B 型的使用压力可达 6～40MPa。具体结构可参见有关设计手册。

（5）快速接头。快速接头无需拆装工具，适用于经常拆装处。如图 5-24 所示，当接头连接时两锥阀 1、7 互相顶开，使油路接通。当需要断开油路时，可用力把外套 5 向左推，同时拉出接头体6油路即断开。与此同时锥阀1和7分别在各自弹簧8的作用下外伸各自关闭，故分开的两段软管内的油封闭在管中。这种接头使用方便，常用于液压实验台及需经常断开油路的场合。

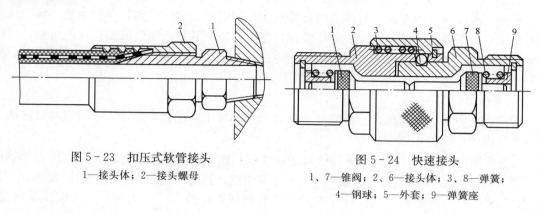

图5-23 扣压式软管接头
1—接头体；2—接头螺母

图5-24 快速接头
1、7—锥阀；2、6—接头体；3、8—弹簧；
4—钢球；5—外套；9—弹簧座

5.1.5 蓄能器

蓄能器是液压系统中的储能元件，它能储存和释放液体的压力能。

1. 蓄能器的结构

常用的蓄能器是利用气体膨胀和压缩进行工作的充气式蓄能器，有活塞式和气囊式两种。

图5-25（a）所示为活塞式蓄能器，它是利用缸筒2中浮动的活塞1将气体和油液隔开。活塞上部的气体由充气阀3充入，经其下部油口接入液压系统中。活塞随下部液压油的储存和释放而在缸筒内滑动。这种蓄能器结构简单，易安装，维修方便；使用寿命长，但由

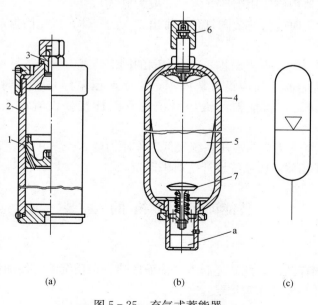

(a)   (b)   (c)

图5-25 充气式蓄能器
(a)活塞式；(b)气囊式；(c)图形符号

于活塞的惯性及密封件的摩擦力作用，活塞运动不灵敏，所以不宜用于缓冲、脉动以及低压系统中。此外，密封件磨损后有压气体容易漏入液压系统中。

图 5-25（b）所示为气囊式蓄能器，它由壳体、气囊、充气阀、限位阀等组成。工作前，由充气阀向气囊内充进一定压力的惰性气体，然后将其关闭。要储存的油液，从壳体底部限位阀处引到气囊外腔，使气囊受压缩而储存液压能。其特点是气液密封性能可靠，惯性小，反应灵敏，一次充气后能长时间保存气体，故在液压系统中得到广泛应用。

图 5-25（c）所示为充气式蓄能器的图形符号。

2. 蓄能器的功用

蓄能器在节能、补偿压力、吸收压力脉动、缓和冲击、提供应急动力、输送特殊液体等方面所发挥的作用越来越大。

（1）作辅助动力源。当执行元件做间歇运动或只做短时高速运动时，使用蓄能器作辅助动力源可以降低液压泵的规格，增大执行元件的速度，提高系统效率，减少油液发热。

（2）保压和补充泄漏。当执行元件要求较长时间内保持一定压力时，可使液压泵卸荷，并用蓄能器弥补系统的泄漏以保持执行元件工作腔的压力在一定范围内。此外，在液压泵突发故障时，蓄能器可作为应急能源在一定时间内保持系统压力。

（3）缓冲压力，吸收压力脉动。当液压阀口突然关闭或换向时，系统会产生液压冲击，可将蓄能器安装在产生冲击处，吸收回路中的冲击压力。若将蓄能器安装在液压泵的出口处，它能够吸收或减小液压泵的流量脉动所引起的压力脉动峰值，以降低系统的噪声。

3. 蓄能器的安装

蓄能器是压力容器，在液压系统中的安装位置随其功用而定，主要应注意以下几点：

（1）气囊式蓄能器中应使用惰性气体（一般为氮气）。

（2）在搬运和拆装时应将充气阀打开，排出充入的气体，以免因振动或碰撞而发生意外事故。

（3）蓄能器应油口向下垂直安装，且有牢固的固定装置。

（4）液压泵与蓄能器之间应设置单向阀，以防液压泵停止工作时，蓄能器储存的压力油倒流而使泵反转。在蓄能器与液压系统的管路连接处设置截止阀，以供充气和检修时使用。

（5）蓄能器的充气压力应为液压系统最低工作压力的 25%～90%，蓄能器的容量可根据其用途不同，可参考相关液压系统设计手册来确定。

技能训练　油箱的安装

1. 训练目标

油箱的功用是储存油液，此外还起着对油液散热、杂质沉淀、使油液中的空气逸出等作用。因此，它的设计与安装非常重要。

（1）掌握油箱的类型和基本结构。

（2）掌握油箱的安装方法。

（3）掌握油箱的日常维护和保养方法。

2. 训练设备及器材

表 5 - 2　　　　　　　　　　　　**训 练 设 备 及 器 材**

设备、器材及其型号		数　量
油箱	整体式或分离式	6 个
工具	内六角扳手、固定扳手、螺丝刀、卡簧钳、铜棒、榔头等各种辅助工具	6 套
擦拭布		若干
清洗容器		若干

3. 训练内容

明确训练目的，熟悉实验设备和安全操作规程，掌握油箱的基本结构。

(1) 按照图 5 - 26 所示进行油箱的安装。

1) 油箱箱盖要注意防尘密封，除了空气滤清器外，不允许油箱其他部分和大气相通。

2) 注意箱盖上要留出安装液压控制元件的面积。

3) 正确选用油箱内油液的黏性。

4) 注意油箱的安装位置要远离高温热辐射源。

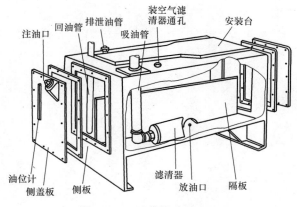

图 5 - 26　油箱拆装示意图

(2) 确定油箱安装好后，将油箱与测试系统相连，经过检查系统各个部分连接牢固、无误后，启动系统。

系统启动后，测定并记录油箱内温度。

1) 系统采用定量泵，不使用蓄能器，泵不能卸荷，并具有调速功能，测定油箱内温度并记录。

2) 在测定温度时，观察油箱有无振动情况，仔细倾听有无噪声，并记下振动和噪声出现时油箱的温度。

3) 停止液压系统，关闭电源。

4) 待系统完全停止后，再测定油箱的温度，并记录。

5) 分析测定的温度数值，分析温度变化的可能原因，并分析振动和噪声与油温的关系。

6) 掌握正确更换油箱内的油液的方法和注意事项。

能 力 拓 展

1. 滤油器有哪些种类？安装时要注意什么？

2. 选用滤油器的原则有哪些？

3. 在液压缸活塞上安装 O 形密封圈时，为什么在其侧面安放挡圈？怎样确定用一个或两个挡圈？

4. 举例说明油箱的典型结构及各部分的作用。

5. 蓄能器有哪些功用？蓄能器在安装时有哪些注意事项？

6. 油管有哪几种？各用在什么场合？

7. 管接头有哪几种？各用在什么场合？

项目6　方向控制阀及方向控制回路

液压控制阀是液压系统的控制元件，其作用是控制和调节液压系统中液体流动的方向、压力的高低和流量的大小，以满足执行元件的工作要求。所有液压阀都是由阀体、阀芯和驱动阀芯动作的元件组成。阀体上除由与阀芯相配合的阀体孔或阀座孔外，还有外接油管的进出油口；阀芯的主要形式有滑阀、锥阀和球阀；驱动装置可以是手调机构，也可以是弹簧、电磁或液动力。液压阀正是利用阀芯在阀体内的相对运动来控制阀口的通断及开口大小，来实现压力、流量和方向的控制。阀口的开口大小、进出油口间的压力差、通过阀的流量之间的关系都符合孔口流量公式，只是各种阀控制的参数不同。根据控制阀的内在联系、外部特征、结构和用途等方面的不同，可将液压阀按不同的方式进行分类。

1. 按用途分

液压阀按其作用不同可分为方向控制阀（如单向阀、换向阀等）、压力控制阀（如溢流阀、顺序阀、减压阀、压力继电器等）和流量控制阀（节流阀、调速阀等）三大类。

2. 按操纵方式分

根据操纵方式不同液压阀可分为手动、机动、电磁、液压、电液操纵等多种形式。

3. 按连接方式分

各类液压阀按其安装时自身固定及与管路的连接方式不同，可分为管式、板式、叠加式和插装式。

（1）管式连接阀。管式连接阀的油口为螺纹孔，可以直接通过油管同其他元件连接，并固定在管路上。这种连接方式结构简单、制造方便、重量轻，但拆卸不便，布置分散，且刚性差，仅用于简单液压系统。

（2）法兰式连接阀。在阀的油口上制出法兰，通过法兰与管连接。这种连接方式连接可靠、强度高，但尺寸大，拆卸困难。

（3）板式连接阀。板式连接阀的各油口均布置在同一安装面上，油口不加工螺纹。用螺钉将其固定在有对应油口的连接板上，再通过板上的螺纹孔与管道或其他元件连接。其特点是元件集中，排列整齐、美观，便于操纵、调整、维修。

（4）叠加阀。叠加阀的各油口，通过阀体上、下两个结合面与其他阀相互叠加连接组成回路。这种连接结构紧凑、压力损失小，在工程机械中应用较多。

（5）插装阀。插装阀是将仅由阀芯和阀套等组成的插装式阀芯单元组件，插装在公共阀体的预制孔中，再用连接螺纹或盖板固定成一体的阀，并通过阀体内通道把各插装阀连通组成回路。这是一种能灵活组装，通用化程度高的新型连接方式，在高压大流量系统中得到广泛应用。

任务6.1　方向控制阀

【任务描述】

方向控制阀是液压基本回路当中不可或缺的控制元件，方向控制阀可以调整回路中油液流动方向或控制油路的通断，从而控制执行元件的运动方向与启停。本任务学习液压方向控制阀的基本知识，掌握方向控制阀的结构与工作原理，能够根据要求正确的选用方向控制阀并进行故障诊断和维修，为后续方向控制回路的搭建做好准备。

【任务目标】

（1）掌握单向阀、换向阀的结构与工作原理。

（2）能够正确的选用液压方向阀。

（3）具备方向控制阀的安装与维修基本技能。

【基本知识】

方向控制阀主要用来通、断或改变油液流动方向，从而控制执行元件的启动或停止，改变其运动方向，按其用途可分为单向阀和换向阀两大类，方向控制阀分类见表6-1。

表6-1　　　　　　　　　　　　　**方向控制阀的分类**

分类方式	形　式
按用途分	单向阀、换向阀
按安装方式分	管式（螺纹）连接、板式连接、叠加连接
按阀芯结构分	滑阀、转阀、球阀
按控制方式分	手动、机动（行程）、电磁动（交、直流）、液动、电液动
按工作位置数分	二位、三位、四位
按通路数分	二通、三通、四通、五通

6.1.1　单向阀

1. 普通单向阀

普通单向阀控制油液只能按一个方向流动而反向截止，故又称止回阀，简称单向阀。图6-1（a）所示为一种管式单向阀的结构，它主要由阀体1、阀芯2、弹簧等零件组成。当压力油从阀体左端油口A流入时，作用在阀芯上向右的油液推力克服弹簧作用在阀芯上向左的力，使阀芯向右移动，打开阀口，并通过阀芯上的孔从阀体右端油口B流出。当压力油从右端油口B流入时，液压作用力和弹簧力一起使阀芯压紧在阀座上，阀口关闭，油液无法通过。图6-1（b）所示为一种板式普通单向阀的结构。单向阀图形符号如图6-1（c）所示。

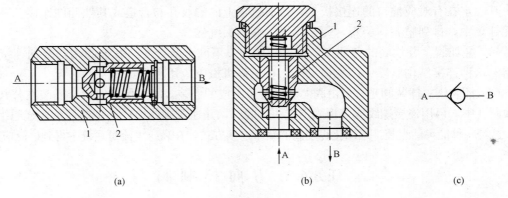

（a）　　　　　　　　　　　　（b）　　　　　　　　　　　（c）

图6-1　单向阀

（a）管式（直通）；（b）板式（直角）；（c）图形符号

1—阀体；2—阀芯

　　对单向阀的主要性能要求有：正向流动时压力损失要小，单向阀的弹簧刚度较小，仅用于克服阀芯与阀体间摩擦力，故一般单向阀的开启压力仅 0.035～0.1MPa；反向截止时密封性能要好，若将单向阀中的弹簧换成刚度较大的弹簧时，可将其置于回油路中作背压阀使用，此时阀的开启压力为 0.2～0.6MPa。

　　2. 液控单向阀

　　图 6-2（a）所示为液控单向阀。当控制油口 K 未通入液压油时，其作用与普通单向阀相同，正向流通，反向截止。当控制油口 K 通入液压油后，控制活塞 1 右侧回油需要通过单向阀的进油口 A（内泄式），活塞在液压力作用下向右移动，推动阀芯右移使其阀口全开，油液就可以从 B 口流向 A 口。为了减小单向阀的控制压力值，图 6-2（b）所示为外泄式的液控单向阀，由于控制活塞移动造成的油液流出，会单独接外泄口流回油箱，并不影响主油路油液。液控单向阀具有良好的反向密封性能，常用于保压、锁紧和平衡回路中。图 6-2（c）所示为液控单向阀图形符号。

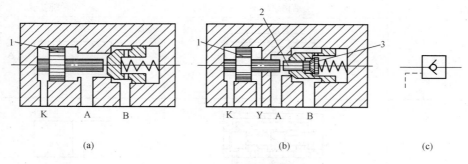

图 6-2　液控单向阀
(a) 内泄式；(b) 外泄式；(c) 图形符号
1—控制活塞；2—卸载小阀芯；3—顶杆

6.1.2　换向阀

　　换向阀是利用阀芯相对阀体的运动，改变阀体上各油口的接通、切断或改变液压系统中油液的流动方向，从而实现液压执行元件及其驱动机构的启动、停止或变换运动方向。

　　液压传动系统对换向阀的性能要求有以下几个：

　　(1) 油液流经换向阀时压力损失要小。

　　(2) 互不相通的油口间的泄漏要小。

　　(3) 换向要平稳、迅速且可靠。

　　1. 滑阀式换向阀

　　图 6-3（a）所示为滑阀式换向阀的工作原理图，当阀芯相对阀体在中间位置，液压缸两腔不通液压油，液压缸处于停止状态；当阀芯右移一定距离时，由液压泵输出的液压油从阀的 P 口经 A 口进入液压缸左腔，液压缸右腔的液压油经 B 口至 T_2 流回油箱，液压缸活塞向右运动；反之，若阀芯向左移动一定距离时，液压缸活塞则向左运动。

　　图 6-3（b）所示为该换向阀的图形符号，被称为三位五通换向阀。图形符号所表达的意义见表 6-2。

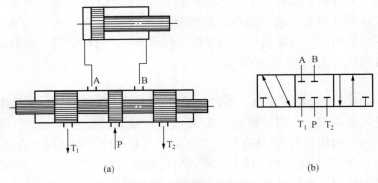

图 6-3　换向阀工作原理

表 6-2　　　　　　　　　　　滑阀式换向阀的结构原理及图形符号

名　称	结构原理图	图形符号
二位二通		
二位四通		
二位五通		
三位四通		
三位五通		

（1）方格数即"位"数，阀芯相对于阀体有三个工作位置，表示三位。一个粗实线方框符号代表一个工作位置。

（2）"通"：该换向阀共有 P、A、B、T_1 和 T_2 五个油口，表示五通。在图形符号中，一个方格内，箭头或⊥符号与方格的交点数为油口的通路数。箭头表示两油口连通，但不表示流向；⊥表示油口不通流。

（3）控制方式和复位弹簧的符号应画在方格的两侧。

（4）常态位：在液压系统原理图中，换向阀的图形符号一般应画在常态位上。如三位阀的中格、二位阀有弹簧的那一方格为常态位。

换向阀中阀芯相对阀体的运动需要有外力操纵来实现，常用的操纵方式有手动、机动（行程）、电磁动、液动和电液动，其符号如图 6-4 所示。不同的操纵方式与换向阀的位和通符号组合，就可得到不同的换向阀，如三位四通手动换向阀、二位二通机动换向阀等。

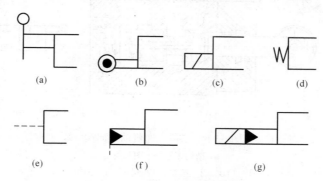

图 6-4　换向阀操纵方式符号

（a）手动；（b）机动；（c）电磁动；（d）弹簧复位；（e）液动；（f）液动外控；（g）电液动

2. 常见的换向阀

（1）手动换向阀。手动换向阀是用手动杠杆操纵来改变阀芯位置实现换向的。主要有如图 6-5（a）、（c）所示弹簧自动复位和图 6-5（b）、（d）所示钢球定位两种形式。自动复位式可用手操纵使其左位或右位工作，当操纵力取消后，阀芯便在弹簧力作用下自动恢复中位。适用于由人工操纵频繁换向的场合，如工程机械的液压系统。钢球定位式手动换向阀，其阀芯端部的钢球定位装置可使阀芯分别停在左、中、右三个不同位置上，因而可用于工作持续时间较长的场合。

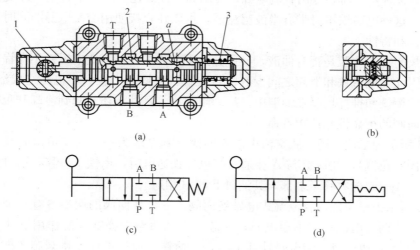

图 6-5　手动换向阀

（a）、（c）自动复位式；（b）、（d）钢球定位式

1—手柄；2—阀芯；3—弹簧

（2）机动换向阀。机动换向阀又称行程阀。它利用安装在运动部件上的挡块或凸轮，压阀芯端部的滚轮使阀芯移动，从而使油路换向。图 6－6 所示为二位二通常闭式机动换向阀的结构和图形符号，在图示位置，阀芯 3 在弹簧 4 作用下处于左位，P 与 A 不通；当运动部件上的挡块 1 压住滚轮 2 使阀芯移至右位时，油口 P 与 A 连通。

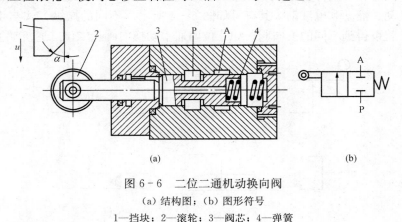

(a)　　　　　　　　　　　　　　　　(b)

图 6－6　二位二通机动换向阀

(a) 结构图；(b) 图形符号

1—挡块；2—滚轮；3—阀芯；4—弹簧

　　（3）电磁换向阀。电磁换向阀是利用电磁铁的通电吸合与断电释放而直接推动阀芯来控制液流方向。它操纵方便、布局灵活，有利于提高液压系统的自动化程度，因此应用最广泛。

　　电磁换向阀是由电磁铁和换向滑阀两部分组成。电磁铁按使用电源的不同，可分交流型、直流型和本整型三种。采用交流电磁铁（一般使用电压 110V、220V 和 380V 三种）的主要特点是：电气线路配置简单，费用低廉。特点是启动力较大，换向时间短（0.01～0.03s）。但是换向冲击大，噪声大，且当吸力不够或阀芯卡住时电磁铁易烧坏，工作可靠性差，切换频率一般为 10 次/min；采用直流电磁铁（一般使用电压 12V、24V 和 110V）的主要特点是：启动力小，换向冲击小，电磁铁不易烧坏，工作可靠，使用寿命长。但是换向时间长（0.05～0.08s），需要专用直流电源，费用高。此外还有一种本整型（即交流本机整流型）电磁铁，这种电磁铁本身带有半波整流器，可以在直接使用交流电源的同时，具有直流电磁铁的结构和特性。

　　电磁铁按衔铁工作腔是否有油液，又可分为干式和湿式。干式电磁铁不允许油液流入电磁铁内部，因此在电磁铁和滑阀之间设有密封装置，摩擦阻力较大，也易造成油液的泄漏。湿式电磁铁的衔铁和推杆均浸在油液中，运动阻力小，且油液还能起到冷却和吸振作用，从而提高了换向阀的可靠性和使用寿命。

　　图 6－7 所示为二位三通干式交流电磁换向阀。其左端为一干式交流电磁铁，当电磁铁不通电时（图示位置），油口 P 与 A 相通；当电磁铁通电时，衔铁 1 右移，通过推杆 2 使阀芯 3 推压弹簧 4 一起向右移至端部，其油口 P 与 B 相通。

　　图 6－8 所示为三位四通直流湿式电磁换向阀。三位换向阀的两端各有一个电磁铁和一个对中弹簧。当两端电磁铁都不通电时，阀芯 3 在两边对中弹簧 4 的作用下处于中位，P、T、A、B 口互不相通；当右端电磁铁通电时，右衔铁 1 通过推杆 2 将阀芯 3 推至左端，阀在右位工作，油口 P 与 A 通，B 与 T 通；当左端电磁铁通电时，阀芯右移，阀在左位工作，油口 P 与 B 连通，A 与 T 通，而 P 与 A 断开。

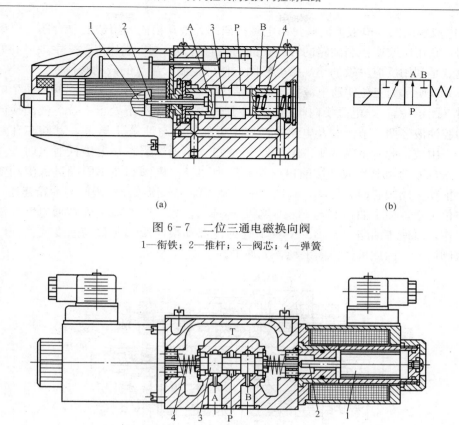

(a)　　　　　　　　　　　　　　　　　　(b)

图 6-7　二位三通电磁换向阀

1—衔铁；2—推杆；3—阀芯；4—弹簧

图 6-8　三位四通湿式直流电磁换向阀

1—衔铁；2—推杆；3—阀芯；4—弹簧

（4）液动换向阀。液动换向阀是利用控制油路的压力油来推动阀芯改变位置的换向阀。主要用于大流量（阀的通径大于 10mm）的方向控制阀。

图 6-9 所示为三位四通液动换向阀。阀芯是依靠两端密封腔中油液的压力差来移动的，当控制油路的压力油从阀左边的控制油口 K_1 进入滑阀左腔，右腔 K_2 接通回油时，阀芯移至右端，使得 P 通 A，B 通 O；当 K_2 接通压力油，K_1 接通回油时，阀芯移至左端，P 通 B，A 通 O。当其两端控制油口 K_1 和 K_2 均不通入压力油时，阀芯在两端弹簧和定位套作用下回到中位（自动对中）。

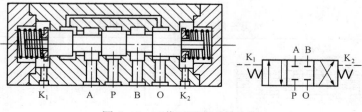

图 6-9　三位四通液动换向阀

（5）电液换向阀。电液换向阀是由电磁换向阀和液动换向阀组成的复合阀。电磁换向阀为先导阀，它用以改变控制油路的方向；液动换向阀为主阀，它用以改变主油路的方向。这种阀的优点是利用反应灵敏的小规格电磁阀方便地控制大流量的液动阀换向。

图 6-10 所示为三位四通电液换向阀的结构和图形符号，当电磁换向阀的两个电磁阀均不通电时（图示位置），电磁换向阀的阀芯在其对中弹簧作用下处于中位。液动换向阀的阀芯左右两腔油液经两个节流阀及电磁换向阀中位的通路与油箱 T 连通，其阀芯在对中弹簧作用下处于中位，此时主阀的 P、A、B、T 油口均不通。当左端电磁铁通电时，其阀芯移至右端，来自液动阀 P 口或外接油口的控制压力油经电磁阀和左单向阀进入液动换向阀左端油腔，推动主阀阀芯向右移动，右端的油液则可经右节流阀及电磁阀与油箱连通，即液动换向阀左位工作，使主油路 P 与 A、B 与 T 连通。反之，当右端电磁铁通电时，液动换向阀右位工作，可使主油路 P 与 B、A 与 T 连通。液动换向阀阀芯移动速度或换向时间可由两端节流阀调节，因此可使换向平稳，无冲击。

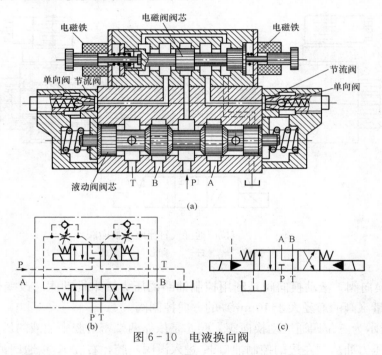

图 6-10　电液换向阀

3. 三位四通换向阀的中位机能

三位四通换向阀的中位机能是指对于各种操纵方式的换向阀、阀芯在中间位置时各油口的连通方式，不同的中位机能可以满足不同的液压系统的要求。常见三位四通换向阀的中位机能见表 6-3。

表 6-3　　　　　　　　　常见三位四通换向阀的中位机能

形式	结构简图	图形符号	中位油口状况、特点及应用
O 型	T(T₁) A P B T(T₂)	A B / P T	P、A、B、T 口全封闭；执行元件闭锁，泵不卸荷，可用于多个换向阀并联，换向精度高，但有冲击

形式	结构简图	图形符号	中位油口状况、特点及应用
H 型	T (T₁)　A　　P　　B　　T (T₂)	A B / P T	P、A、B、T 口全通，执行元件浮动，泵卸荷，换向平稳，但冲击量大
Y 型	T (T₁)　A　　P　　B　　T (T₂)	A B / P T	P 口封闭，A、B、T 口相通；执行元件浮动，泵不卸荷，换向较平稳，但冲击量大
M 型	T (T₁)　A　　P　　B　　T (T₂)	A B / P T	P 与 T 口相通，A 与 B 口封闭；执行元件闭锁，泵卸荷，也可以用多个 M 形换向阀并联工作
P 型	T (T₁)　A　　P　　B　　T (T₂)	A B / P T	P、A、B 口相通，T 口封闭；泵与执行元件两腔相通，可组成差动回路

4. 转阀式换向阀工作原理

如图 6-11 所示三位四通转阀式换向阀。进油口 P 与阀芯上左环形槽 c 及向左开口的轴向槽 b 相通，回油口 T 与阀芯上右环形槽 a 及向右开口的轴向槽 e、d 相通。在图示位置时，P 经 c、b 与 A 相通，B 经 e、a 与 T 相通，逆时针转动 45°，P 与 B 通，A 与 T 通。利用挡铁通过手柄 2 下端的拨叉 3 和 4 还可以使转阀实现机动换向。

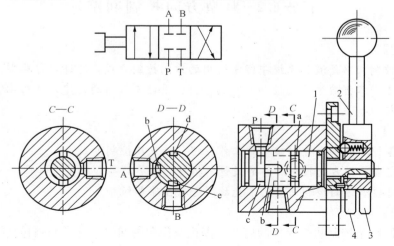

图 6-11　三位四通转阀
1—阀芯；2—手柄；3、4—手柄座叉形拨杆

5. 球式换向阀

球式换向阀与滑阀式换向阀相比，它的优点是动作可靠性高、密封性能好、对油液污染不敏感、切换时间短、工作压力可高达 63MPa，球阀芯可直接从轴承厂获得，精度很高，价格便宜。

图 6-12 所示为常开型二位三通电磁球式换向阀的结构和图形符号。它主要由左、右阀座 4 和 6、球阀 5、弹簧 7、操纵杆 2、杠杆 3 等零件组成。图示为电磁铁 8 断电状态，即常态位置，P 口的压力油一方面作用在球阀 5 的右侧，另一方面经右阀座 6 上的通道进入操纵杆 2 的空腔而作用在球阀 5 左侧，以保证球阀 5 两侧承受的液压力平衡，球阀 5 在弹簧 7 的作用下压在左阀座 4 上，P 与 A 相通，A 与 T 切断；当电磁铁 8 通电时，衔铁推动杠杆 3，以 1 为支点推动操纵杆 2，克服弹簧力，使球阀 5 压在右阀座 6 上，实现换向，P 与 A 切断，A 与 T 相通。

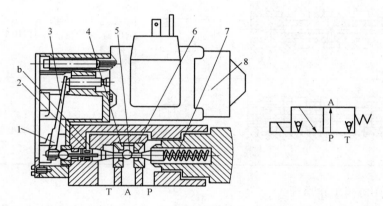

图 6-12　二位三通电磁球式换向阀

1—支点；2—操纵杆；3—杠杆；4—左阀座；5—球阀；6—右阀座；7—弹簧；8—电磁铁

任务 6.2　典型方向控制回路

【任务描述】

典型方向控制回路是液压系统中经常使用的方向控制方式，通过学习典型方向控制回路的特点及控制方式掌握典型方向控制回路的分析、设计与回路的搭建，并初步掌握方向控制回路故障诊断与维护技能。

【任务目标】

（1）掌握各种典型方向控制回路的工作原理、特点及控制方式。

（2）能够完成典型方向控制回路的设计与搭建。

（3）能够对典型方向控制回路的常见故障进行排除和维护。

【基本知识】

方向控制回路是控制执行元件的启动、停止及换向的回路。这类回路包括换向和锁紧两种基本回路。

1. 换向回路

换向回路的功能是用以改变执行元件的运动方向，可采用各种换向阀来实现。在容积调速的闭式回路中也可利用双向变量泵控制油液方向来实现。

各种操纵方式的四通五通换向阀都可以组成换向回路，只是性能和应用场合不同。手动换向阀的换向精度和平稳性不高，常用于不频繁且无需自动化的场合，如机床夹具、工程机械等。

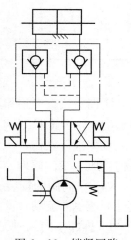

用电磁换向阀来实现执行元件的换向最为方便，易于实现自动化，尤其是在自动化程度要求高的组合机床和数控机床液压系统中被普遍采用。但因换向时冲击大，适用于小流量、平稳性要求不高的场合。流量比较大（超过 63L/min）、换向精度和平稳性要求较高的液压系统，常采用液动或电液动换向阀。对换向有特殊要求的磨床液压系统，则采用特别设计的液压操纵箱，这类换向回路见典型液压系统。

2. 锁紧回路

锁紧回路的功能是使执行元件停止在任意位置上，且能防止因外力影响而发生漂移或窜动。

若采用 O 型或 M 型中位机能的三位换向阀构成锁紧回路，由于受到换向阀泄漏的影响，执行元件仍可能产生一定漂移或窜动，锁紧效果较差。图 6 - 13 所示为两个液控单向阀组成的锁紧回路。

图 6 - 13 锁紧回路

技能训练　方向控制阀的拆装及方向控制回路搭建

1. 训练目标

（1）掌握常用方向控制阀的结构与控制工作原理。

（2）掌握常用方向控制阀的拆卸、装配基本技能。

（3）初步掌握安装、调试方向控制回路的基本操作技能。

（4）初步掌握方向控制回路及控制阀的故障诊断与维护的基本技能。

2. 训练设备及器材

训练设备及器材见表 6 - 4。

表 6 - 4　　　　　　　　　　　　　**训练设备及器材**

设备、器材及其型号		数 量
单向阀（液控单向阀）	型号可根据实际选择	6 个
手动（机动）换向阀	同上	6 个
电磁换向阀	同上	6 个
液压综合实验台	YYSYT - 003	6 台
液压泵站	根据现场条件确定	6 台
电磁换向阀（三位四通 O 型）	同上	6 个

续表

设备、器材及其型号		数　量
溢流阀	同上	6个
压力表	同上	6只
单活塞杆液压缸	同上	6个
快接油管	同上	若干
工具	内六角扳手、固定扳手、螺丝刀、卡簧钳、铜棒、榔头等各种辅助工具	6套
煤油		若干

3. 训练内容

实训前认真了解相应液压控制阀的结构组成和工作原理。在实训指导教师的指导下，拆解各类常用方向控制阀，观察、了解各零件在液压阀中的作用，严格按照液压控制阀拆卸、装配步骤进行操作，严禁违反操作规程进行私自拆卸、装配。实训中掌握常用方向控制阀的结构组成、工作原理。

（1）单向阀的拆装。单向阀是方向控制阀中结构较为简单的一类阀，它在液压系统中只允许油液单向流动，反方向截止。其中液控单向阀在控制油液作用下可以反向导通。

1）拆卸单向阀时先仔细观察阀体上铭牌内容，在阀的连接部位用记号笔做好记号。

2）装配时将各零部件清洗干净，在阀芯、阀体配合面涂润滑油，按照拆卸的反顺序装配各零部件，拧紧螺钉时应对角顺序紧固。装配完毕后可连入油路进行测试。

液控单向阀的拆装与普通单向阀拆装方法相似，这里不再叙述。

（2）手动换向阀（或电磁换向阀）拆装。手动换向阀是采用手动控制改变油液流通方向和通断的方向控制阀。电磁换向阀是利用电磁铁的通电吸合与断电释放而直接推动阀芯来控制液流方向的。

1）拆卸手动控制阀（或电磁换向阀）时，先仔细观察阀体上的铭牌内容，对于三位阀特别要注意观察其中位机能，并在阀体左右端位置做好记号。

2）分析换向阀组成各部分结构。

3）装配前清洗各零件，将阀芯、定位件等零件的配合面涂润滑液，然后按拆卸时反顺序装配（注意阀芯与阀体位置关系）。拧紧左、右端盖的螺钉时，应分两次并按对角线进行。

其他换向阀的拆装方式与以上换向阀拆装方式类似，同学们可以在实训指导教师的指导下进行拆装训练。

（3）换向回路搭建。

1）由实训指导教师提供液压回路图，同学们熟悉并分析该回路。

2）操作前关掉实验台液压泵，使系统不带压力，清理实验台，将多余液压元件卸下放好。

3）根据回路设计要求选择相应规格液压元件，将各液压元件合理布局安装在实验台安装板上。根据回路元件连接关系将各液压元件利用油管快换接头进行连接，在连接时注意仔细核对油口，避免错误连接。在连接过程中尽量避免油管出现急弯和死弯，增加回路阻力，最后将回路与液压泵站连接。完成系统控制电路的连接，切记不能将电磁阀双电磁铁同时得电，以免烧毁电磁铁线圈。

4）回路连接完毕后，应仔细检查回路及油孔是否有错，管接头连接是否可靠，检查电路连接是否正确及未插到位，在指导教师确认无误后方可启动系统运行。

5）所有管路连接好后，按动"启动"按钮，空转 1min 后可进行调试。如有异常情况立即按"急停"按钮。接通电磁换向阀电磁铁 1DT，电磁换向阀换向，使液压缸活塞向右前进。液压缸活塞向右行进到某一位置时，切断 1DT 电源，液压缸停止，2DT 得电时，电磁换向阀右位工作，液压缸退回。实验完毕，调节溢流阀旋钮使压力逐渐降低至 0，按电控箱上的"停止"按钮，关闭系统。

6）实验完毕，应先拆除位置较高的元件，以便于油流回油箱，并应倒出元件内的油液，清洁外表油渍，放回原处，将实验台清理干净，切断电源。

能 力 拓 展

1. 方向控制阀在液压系统中起什么作用？常见的类型有哪些？

2. 何谓三位换向阀的中位机能？常用的中位机能有哪些？其特点和应用怎样？

3. 何谓中位机能？画出 O 型、M 型和 P 型中位机能，说明各适用何种场合。

4. 在三位四通换向阀与液压缸之间装一个液控单向阀，该换向阀用什么中位机能较好？

5. 按图 6-14 回答下列问题：

（1）可否将主阀的中位机能改为 M 型？为什么？

（2）可否将先导阀的中位机能改为 O 型？为什么？

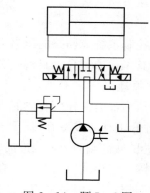

图 6-14　题 5、6 图

6. 如图 6-14 所示回路，改用电液动换向阀控制换向回路，运行时发现电磁铁得电后，液压缸并不动作，分析原因，并提出改进措施。

项目7　压力控制阀及压力控制回路

任务7.1　压 力 控 制 阀

【任务描述】

压力控制阀是液压基本回路当中不可或缺的控制元件，压力控制阀在回路中可以调整压力、降低压力或增加压力。本任务学习液压压力控制阀的基本知识，掌握压力控制阀的结构与工作原理，能够根据回路要求正确选用压力控制阀并进行故障诊断和维修，为后续压力控制回路的搭建做好准备。

【任务目标】

(1) 掌握各种压力控制阀的结构与工作原理。

(2) 能够在系统中正确选用压力控制阀。

(3) 掌握压力控制阀故障诊断和维修的基本技能。

【基本知识】

在液压传动系统中，调整系统压力的大小或利用压力作为信号来控制其他动作的液压控制阀统称为压力控制阀，简称压力阀。这类阀的共同特点是利用作用在阀芯上的液压力和弹簧力相平衡的原理工作，这两种力的大小关系不同使阀处于不同的工作状态。常用的压力控制阀有溢流阀、减压阀、顺序阀、压力继电器等。

7.1.1　溢流阀

溢流阀是通过阀口的溢流使被控制系统或回路的压力得到调整并维持基本恒定，实现稳压、调压或限压的作用。溢流阀按其工作原理分为直动式和先导式两种。

1. 直动式溢流阀的结构及工作原理

直动式溢流阀是依靠系统中的压力油直接作用在阀芯上与弹簧力相平衡，以控制阀芯的启闭动作，图7-1（a）所示为一种低压直动式溢流阀，P是进油口，T是回油口，进口压力油经阀芯4中间的阻尼孔作用在阀芯的底部端面上，当进油压力较小时，阀芯在弹簧2的作用下处于下端位置，将P和T两油口隔开。当油压力升高，在阀芯下端所产生的作用力超过弹簧的压紧力。此时，阀芯上升，阀口被打开，将多余的油液排回油箱，阀芯4上的阻尼孔用来对阀芯的动作产生阻尼，以提高阀的工作平稳性，调整螺帽1可以改变弹簧的压紧力，这样也就调整了溢流阀进口处的油液压力。图7-1（b）所示为直动式溢流阀图形符号。

溢流阀是利用被控压力作为信号来改变弹簧的压缩量，从而改变阀口的通流面积和系统的溢流量来达到定压目的。当系统压力升高时，阀芯上升，阀口通流面积增加，溢流量增大，进而使系统压力下降。溢流阀内部通过阀芯的平衡和运动构成的这种负反馈作用是其定压作用的基本原理。由图7-1（a）还可看出，在常位状态下，溢流阀进、出油口之间是不相通的，而且作用在阀芯上的液压力是由进口油液压力产生的，经溢流阀芯的泄漏油液经内泄漏通道进入回油口T。

直动式溢流阀结构简单，反应灵敏，适用于低压、小流量系统。

2. 先导式溢流阀的结构及工作原理

先导式溢流阀由主阀和先导阀两部分组成。先导阀的结构原理与直动式溢流阀相同，但一般采用锥形座阀式结构。图 7-2 所示为先导式溢流阀的结构。

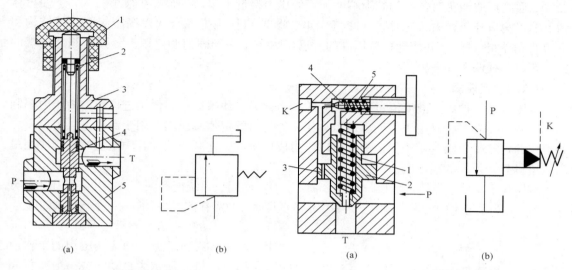

图 7-1　低压直动式溢流阀
1—螺帽；2—调压弹簧；3—上盖；
4—阀芯；5—阀体

图 7-2　先导式溢流阀的结构
1—主阀弹簧；2—阀芯；3—阻尼孔；4—导阀；5—弹簧

当主阀芯处于某一平衡位置时的状态。忽略阀芯自重和摩擦力，主阀受力平衡为

$$pA = p_1 A + F_a = p_1 A + K(x_0 + x)$$

或

$$p = p_1 + \frac{F_a}{A} = p_1 + \frac{K(x_0 + x)}{A} \tag{7-1}$$

式中　p——溢流阀所控制的主阀下腔压力，即进油口压力；

　　　p_1——主阀芯上腔的压力；

　　　A——主阀芯上端面面积；

　　　K——主阀芯平衡弹簧的刚度；

　　　x_0——平衡弹簧的预压缩量；

　　　x——主阀开启后，平衡弹簧增加的压缩量；

　　　F_a——平衡弹簧对主阀芯的作用力。

由式（7-1）可知，先导式溢流阀所控制的压力由 p_1 和 $\frac{F_a}{A}$ 两项组成。由于有主阀上腔 p_1 的存在，即使被控压力 p 较大，主阀上平衡弹簧力也只需很小，只要能克服摩擦力使主阀芯复位即可。

根据连续性方程可知，流经阻尼孔的流量即为流出先导阀的流量。先导阀的作用是控制和调节溢流压力，主阀的功能则在于溢流。因为通过先导阀油液的流量只是经过阻尼孔的油液泄油量，其阀口直径较小，即使在较高压力的情况下，作用在锥阀芯上的液压力也不大，因此调压弹簧的刚度不必很大，压力调整也就比较轻便。主阀芯因两端均受油压作用，主阀弹簧只需很小的刚度（产生的弹簧力能够克服阀芯的摩擦阻力即可）。当溢流量变化引起弹簧压缩量变化时，进油口的压力变化不大，故先导式溢流阀的稳压性能优于直动式溢流阀，但其灵敏度低于直动式溢流阀。先导式溢流阀的阀体上有一个远程控制口 K，当将此口通过二位二通阀接通油箱时，主阀芯上端的弹簧腔压力接近于零，主阀芯在很小的压力下便可移到上端，阀口开至最大，这时系统卸荷。如果将 K 口接到另一个远程调压阀上（其结构和主阀的先导阀一样），并使远程调压阀的开启压力小于先导阀的调定压力，则主阀芯上端的压力就由远程调压阀来决定。

7.1.2 减压阀

减压阀是一种利用液流流过缝隙产生的压力损失，使出口压力低于进口压力的压力控制阀。按调节要求不同有用于保证出口压力使其为定值的定值减压阀，用于保证进、出口压力差不变的定差减压阀，用于保证进、出口压力成比例的定比减压阀。其中定值减压阀应用最广，这里只介绍定值减压阀。

减压阀主要用于降低系统某一支路的油液压力，使同一系统能有两个或多个不同压力的分支。例如，当系统中的夹紧或润滑支路需稳定的低压时，只需在该支路上串联一个减压阀即可。

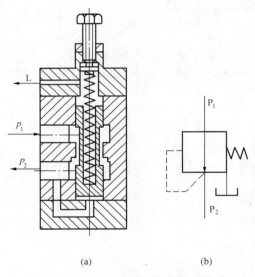

图 7-3　直动式减压阀的结构及符号

1. 直动式减压阀的工作原理和结构

图 7-3（a）所示为直动式减压阀的工作原理图，图 7-3（b）所示为直动式或一般减压阀的图形符号。当阀芯处在原始位置上时，阀口是打开的，阀的进出口互通，阀芯位置由出口处的压力控制，出口压力未达到调定压力时阀口全开；当出口压力达到调定压力时，阀芯上移，阀口关小。如忽略其他阻力，仅考虑阀芯上的液压力和弹簧力相平衡的条件，则可以认为出口压力基本上维持在某一固定的调定值上。这时如出口压力减小，则阀芯下移，阀口开大，阀口处阻力减小，压降减小，使出口压力回升到调定值上；反之如出口压力增大，则阀芯上移，阀口关小，阀口处阻力加大，压降增大，使出口压力下降到调定值上。

2. 先导式减压阀的工作原理和结构

图 7-4（a）所示为先导式减压阀的结构图。一次压力油 p_1 由进油口进入，经减压口变为 p_2 从出油口流出，p_2 同时经阀体 6 下部和端盖 8 上通道至主阀芯 7 下腔，并通过主阀芯上的阻尼孔 9 作用于先导阀 3 的右腔，然后通过锥阀座 4 的阻尼孔作用在锥阀上。当出口压力 p_2 低于调定值时，锥阀关闭、主阀芯上下腔油压相等，主阀弹簧 10 使主阀芯处于最下端，阀口全开，不起减压作用。当阀的出口压力上升至超过调压弹簧 11 所调定的压力时，锥阀打开。油液经先导阀和泄油口流回油箱，由于阻尼孔的作用产生压降，当主阀芯上下腔的压差作用力大于弹簧 10 的预紧力时，主阀芯 7 上升使减压口缝隙减小，液阻增大，致使出口压力 p_2 下降；反之，则使出口压力回升。这样就能够通过自动调节阀口开度，来保持出口压力稳定在调定值上。减压阀的阀口为常开型，由于进出油口均接压力油，所以泄油口

要单独接油箱。调节先导阀弹簧压紧力就可以调节减压阀控制压力。

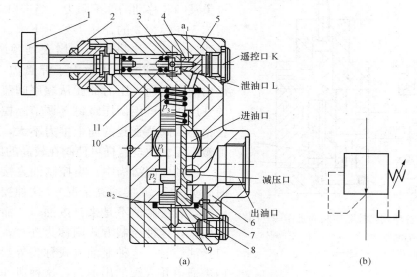

图 7-4 先导式减压阀的结构及符号

1—调压手轮；2—调节螺钉；3—锥阀；4—锥阀座；5—阀盖；6—阀体；

7—主阀芯；8—端盖；9—阻尼孔；10—主阀弹簧；11—调压弹簧

如果由于外来干扰使进口压力 p_1 升高，则出口压力 p_2 也升高，主阀芯向上移动，主阀开口减小，p_2 又降低，在新的位置上取得平衡，而出口压力基本维持不变；反之亦然。这样，减压阀能利用出口压力的反馈作用，自动控制阀口开度，从而使出口压力基本保持恒定，因此，称它为定值减压阀。图 7-4（b）所示为先导式减压阀的图形符号。

当遥控口 K 接一远程调压阀，且远程调压阀的调定压力低于减压阀的调定压力时，可以实现二级减压。

先导式减压阀和先导式溢流阀的区别主要表现在以下几个方面：

（1）减压阀保持出口处压力基本不变，而溢流阀则保持进口处压力基本不变。

（2）常态时，减压阀进出口互通，为常通；而溢流阀进出口不通，为常闭。

（3）为保证减压阀出口压力的调定值恒定，先导阀弹簧腔需通过泄油口单独外接油箱外泄；而溢流阀的出油口是通油箱的，所以导阀弹簧腔和泄漏油可通过阀体上的通道和出油口连通，不必单独外接油箱内泄。

7.1.3 顺序阀

顺序阀是利用液压系统中的压力变化来控制油路的通断，从而实现多个液压元件按一定的顺序动作。顺序阀按结构分为直动式和先导式；按控制液压油来源又有内控式和外控式之分。

顺序阀在液压系统中犹如自动开关。它以进口压力油（内控式）或外来压力油（外控式）的压力为信号，当信号压力达到调定值时，阀口开启，使所在油路自动接通，故结构和溢流阀类同。它和溢流阀的主要区别在于：溢流阀出口通油箱，压力为零；而顺序阀出口通向有压力的油路（作卸荷阀除外），其压力数值由出口负载决定。

1. 顺序阀的工作原理

图 7-5 所示为一种直动式内控顺序阀的工作原理图。压力油由进油口经阀体 4 和下盖 7

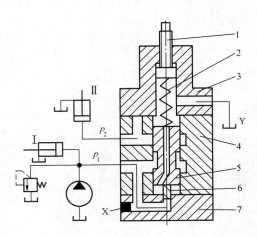

图 7-5　直动式内控顺序阀的工作原理图
1—调压螺钉；2—弹簧；3—上盖；4—阀体；
5—阀芯；6—控制活塞；7—下盖

的小孔流到控制活塞 6 的下方。不考虑阀芯 5 的自重及阀芯移动的摩擦阻力，当进口油压较低时，阀芯 5 在弹簧 2 的作用下处于下部位置，这时进出油口不通；当进口压力增大到预调数值以后，阀芯底部受到的液压力大于弹簧力，阀芯上移，进出油口连通，压力油就从顺序阀流过。顺序阀的开启压力可用调压螺钉 1 调节。控制活塞的直径很小，阀芯受到的向上推力不大，所用的平衡弹簧不需太硬，这样可使阀在较高的压力下工作。

在顺序阀结构中，当控制油直接引自进油口时（见图 7-5 的通路情况），这种控制方式称为内控，若控制油不是来自进油口，而是从外部油路引入，这种控制方式则称为外控；当阀的泄油口接油箱时，这种泄油方式称为外泄；泄油可经内部通道并入阀的出油口，这种泄油方式则称为内泄。顺序阀图形符号如图 7-6 所示。实际应用中，不同控泄方式可通过变换阀的下盖或上盖的安装方位来获得。如图 7-5 所示的顺序阀，将下盖旋转 90°安装，并打开外控口 X 的堵头，就可使内控式变成外控式。同样，若将上盖旋转安装，并堵塞外泄口 Y，就可使外泄式变为内泄式。如图 7-6 所示的图形符号中，要注意一般或直动式符号与先导式符号的差异。图 7-6（a）所示为内控外泄式顺序阀的符号或一般符号；图 7-6（b）所示为外控内泄式顺序阀的符号或一般符号；图 7-6（c）所示为内控外泄先导式顺序阀的符号。

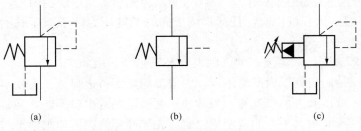

(a)　　　　　　　　　　(b)　　　　　　　　　　(c)

图 7-6　顺序阀的图形符号

先导式顺序阀的结构与先导式溢流阀类似，差别在于溢流阀出口通油箱，其出口压力为零，先导阀口可内部泄油，顺序阀出口通向有压力的油路，故必须专设泄油口，使先导阀的泄油流回油箱，否则将无法正常工作。另外顺序阀的弹簧一般较软。

2. 顺序阀的要求及应用

顺序阀为使执行元件准确地实现顺序动作，要求阀的调压偏差小，故调压弹簧的刚度宜小。阀在关闭状态下的内泄漏量也要小。

顺序阀在液压系统中的应用主要有以下几个方面：

（1）控制两个和两个以上执行元件的顺序动作。

（2）与单向阀组成平衡阀，保证垂直放置的液压缸不因自重而下落。

（3）用外控顺序阀使双泵系统的大流量泵卸荷。

（4）用内控顺序阀接在液压缸回油路上，增大背压，以使活塞的运动速度稳定。

7.1.4　压力继电器

压力继电器是将液压系统的压力信号转换成电信号的信号转换元件。它在系统压力达到其设定值时，发出电信号给下一个动作的控制元件（如实现泵的加载或卸荷、执行元件的顺序动作或系统的安全保护和连锁等其他功能）。压力继电器由压力-位移转换装置和微动开关两部分组成。按结构分有柱塞式、弹簧管式、膜片式和波纹管式四类，其中以柱塞式最常用。

图 7-7 所示为柱塞式压力继电器的结构原理图和图形符号。压力油从油口 P 通入，作用在柱塞（阀芯）1 的底部，若其压力达到弹簧的调定值时，便克服弹簧阻力和柱塞表面摩擦力及重力，推动柱塞上升，通过顶杆 2 合上微动开关 4，发出电信号。

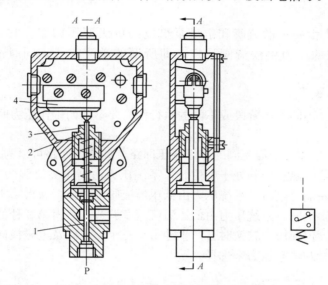

图 7-7　柱塞式压力继电器的结构原理图和图形符号
1—柱塞（阀芯）；2—顶杆；3—调节螺套；4—微动开关

任务 7.2　典型压力控制回路

【任务描述】

典型压力控制回路是液压系统中经常使用的压力控制方式，通过压力控制回路可以完成系统调压、增压、减压等压力控制。本任务通过学习典型压力控制回路的工作原理、特点，掌握压力控制回路的分析、设计与回路搭建，并初步掌握压力控制回路故障诊断与维护技能。

【任务目标】

（1）掌握各种典型压力控制回路的工作原理、特点及控制方式。

（2）能够完成典型压力控制回路的设计与搭建。

（3）能够对典型压力控制回路的常见故障进行排除和维护。

【基本知识】

压力控制回路是利用压力控制阀作为回路的主要控制元件，控制整个液压系统或局部系统压力的回路，以满足执行元件输出所需要的力或力矩的要求。在各类机械设备的液压系统中，保证输出足够的力或力矩是设计压力控制回路最基本的条件。压力控制回路的基本类型包括调压回路、减压回路、保压回路、增压回路、平衡回路、卸荷回路等。

7.2.1　调压回路

系统的压力应能够根据负载的要求进行调节，从而使其既满足工作需求，又可以减少系统的发热量和功率损耗。调压回路主要是通过溢流阀控制系统的工作压力保持恒定或限制其最大值，以便与负载相适应。在定量泵系统中，工作压力一般利用溢流阀调节，使泵能在恒定的压力下工作。

1. 单级调压回路

图 7-8 所示为由一个溢流阀和定量泵组成的单级调压回路。它只能给系统提供一种工作压力，系统的压力由溢流阀设定，即所谓的溢流定压，同时溢流阀还兼有安全阀的作用。

2. 多级调压回路

许多液压系统在不同工作阶段或不同的执行件需要不同的工作压力时，需要采用多级调压回路。

图 7-9 所示为采用三个溢流阀的多级调压回路，此调压回路可以为系统输出三级压力。在图示状态下，三位电磁换向阀处于中位时，系统压力由高压溢流阀调节，获得高压压力；当三位电磁换向阀左端得电时，系统压力由低压溢流阀 1 调节，获得第 1 种低压压力；当三位电磁换向阀右端得电时，系统压力由低压溢流阀 2 调节，获得第 2 种低压压力。这种调压回路控制系统简单，但在压力转换时会产生冲击。三个溢流阀及电磁换向阀的规格都必须按液压泵的最大供油量和最高压力来选择。

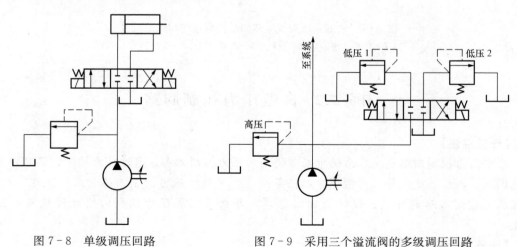

图 7-8　单级调压回路　　　　图 7-9　采用三个溢流阀的多级调压回路

7.2.2　减压回路

在单泵供油的多个支路的液压系统中，不同的支路需要有不同的、稳定的、可以单独调节的较主油路低的压力，如液压系统中的控制油路、夹紧回路、润滑油路等是较低的供油压力回路，因此要求液压系统中必须设置减压回路。常用设置减压回路的方法是在需要减压的液压支路前串联减压阀。

1. 单级减压回路

图 7-10 所示为常用的单级减压回路。其主油路的压力由溢流阀 2 设定，减压支路的压力根据负载由减压阀 3 调定。减压回路设计时要注意避免因负载不同可能造成回路之间的相互干涉问题，例如当主油路负载减小时，有可能造成主油路的压力低于支路减压阀调定的压力，这时减压阀的开口处于全开状态，失去减压功能，造成油液倒流。为此，可在减压支路上减压阀的后面加装单向阀，以防止油液倒流，起到短时的保压作用。

2. 二级减压回路

图 7-11 所示为常用的二级减压回路。将先导式减压阀 3 的遥控口通过二位二通电磁阀 4 与调压阀 5 相接，通过调压阀 5 的压力调整获得预定的二次减压。当二位二通电磁阀断开时，减压支路输出减压阀 3 的设定压力；当二位二通电磁阀 4 接通时，减压支路输出调压阀 5 设定的二次压力。调压阀 5 设定的二次压力值必须小于减压阀 3 的设定压力值。

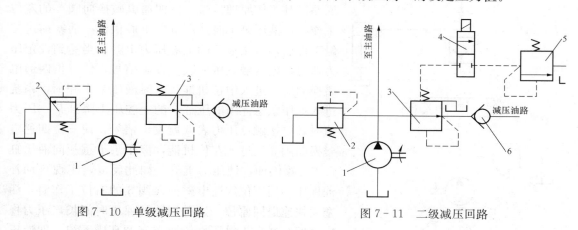

图 7-10　单级减压回路　　　　　　　　　图 7-11　二级减压回路

7.2.3　保压回路

保压回路是当执行元件停止运动或微动时，使系统稳定地保持一定压力的回路。保压回路需要满足保压时间、压力稳定、工作可靠和经济等方面的要求。如果对保压性能要求不高和维持保压时间较短，则可以采用简单、经济的单向阀保压；如果保压性能要求较高，则应该采用补油的办法弥补回路的泄漏，从而维持回路的压力稳定。

常用的保压方式有蓄能器保压回路、限压式变量泵保压回路和自动补油的保压回路。

1. 蓄能器保压回路

图 7-12 所示为蓄能器保压的夹紧回路。当泵卸荷或进给执行件快速运动时，单向阀把夹紧回路与进给回路隔开，蓄能器中的压力油用于补偿夹紧回路中油液的泄漏，使其压力基本保持不变。蓄能器的容量决定于油路的泄漏程度和所要求的保压时间的长短。

2. 限压式变量泵保压回路

图 7-13 所示为限压式变量泵的保压回路。当系统进入保压状态时，由限压式变量泵向系统供油，维持系统压力稳定。由于只需补充保压回路的泄漏量，因此配备的限压式变量泵输出的流量很小，功率消耗也非常小。

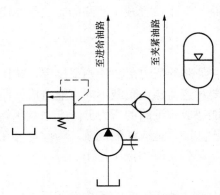

图 7-12　蓄能器保压的夹紧回路

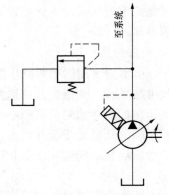

图 7-13　限压式变量泵的保压回路

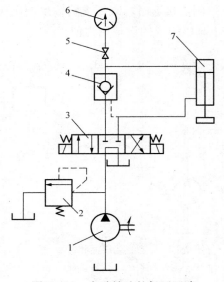

图 7-14　自动补油的保压回路

3. 自动补油的保压回路

图 7-14 所示为压力机液压系统的自动补油保压回路。其工作原理是当三位四通电磁换向阀 3 的左位工作时，液压泵 1 向液压缸 7 上腔供油，活塞前进接触工件后，液压缸 7 的上腔压力上升；当达到设定压力值时，电接触点压力表 6 发出信号，使三位四通电磁换向阀 3 进入中位机能，这时液压泵 1 卸荷，系统进入保压状态。当液压缸 7 的上腔压力降到某一压力值时，电接触点压力表 6 就发出信号，使三位四通电磁换向阀 3 又进入左位机能，液压泵 1 重新向液压缸 7 的上腔供油，使压力上升。如此反复，实现自动补油保压。当三位四通电磁换向阀 3 的右位工作时，活塞便快速退回原位。这种回路的保压时间长，压力稳定性好，适合于保压性能要求高的高压系统，如液压机等。

7.2.4　增压回路

1. 采用单作用增压器的增压回路

如图 7-15 所示，增压器 4 由一个活塞缸和一个柱塞缸串联组成，低压油进入活塞缸的左腔，推动活塞并带动柱塞右移，柱塞缸内排出的高压油进入工作油缸 7。换向阀 3 右位工作时，活塞带动柱塞退回，工作油缸 7 在弹簧的作用下复位，如果油路中有泄漏，则补油箱 6 的油液通过单向阀 5 向柱塞缸内补油。这种回路的增压倍数等于增压器中活塞面积和柱塞面积之比，缺点是不能提供连续的高压油。

2. 采用双作用增压器的增压回路

在增压回路中采用双作用增压器，可使工作缸连续获得高压油，图 7-16 所示为双作用增压器的结构示意和原理图。为了连续供给高压油，换向阀 1 采用电磁或液动换向阀，在图示位置时，压力油进入双作用增压缸 3 的左腔，同时进入其左侧的柱塞缸，共同推动活塞右移，右侧的柱塞缸输出增压油；当换向阀 1 换向时，压力油进入双作用增压缸的右腔，同时进入其右侧的柱塞缸，共同推动活塞左移，左侧柱塞缸输出增压油。如此反复进行，增压器不断地为系统输出增压油。双作用增压器与其他液压元件适当组合就可构成连续增压回路。

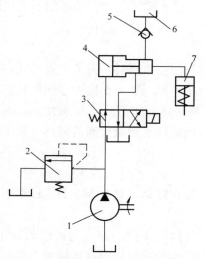

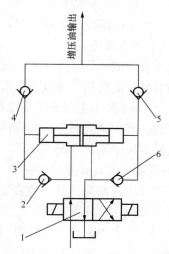

图 7 - 15　单作用增压器的增压回路　　　　　图 7 - 16　双作用增压器的增压回路

7.2.5　平衡回路

1. 用单向顺序阀的平衡回路

图 7 - 17 所示为由单向顺序阀组成的平衡回路，顺序阀 4 的调整压力应该稍微大于工作部件的重量在液压缸 5 的下腔形成的压力。当换向阀位于中位时，液压缸 5 就停止运动，但由于顺序阀 4 的泄漏，运动部件仍然会缓慢下降，所以这种回路适合工作载荷固定且位置精度要求不高的场合。

2. 用液控单向阀的平衡回路

图 7 - 18 所示为由液控单向阀组成的平衡回路，其将图 7 - 17 中的单向顺序阀换成液控单向阀。当换向阀左位工作时，压力油进入液压缸上腔，同时打开液控单向阀，活塞和工作

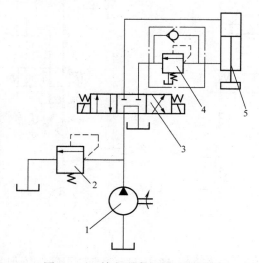

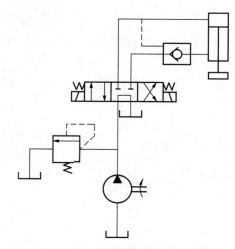

图 7 - 17　单向顺序阀的平衡回路　　　　　图 7 - 18　液控单向阀的平衡回路

部件向下运动，当换向阀处于中位时，液压缸上腔失压，关闭液控单向阀，活塞和工作部件停止运动。液控单向阀的密封性好，可以很好地防止活塞和工作部件因泄漏而造成的缓慢下降。在活塞和工作部件向下运动时，回油路的背压小，因此功率损耗小。

7.2.6　卸荷回路

当液压系统的执行元件在工作循环过程中短时间停止工作时，为了节省功耗，减少发热量，减轻油泵和电机的负荷及延长寿命，一般使电机不停，油泵在接近零油压状态回油。通常电机在功率 3kW 以上的液压系统都应该设有卸荷回路。卸荷回路有两大类，即压力卸荷回路（泵的全部或绝大部分流量在接近于零压下流回油箱）和流量卸荷回路（泵维持原有压力，而流量在近于零的情况下运转）。

1. 不需要保压的卸荷回路

不需要保压的卸荷回路一般直接采用液压元件实现卸荷，具有 M、H、K 型中位机能的三位换向阀都能实现卸荷功能。

图 7-19 所示为采用 H 型中位机能的三位换向阀的卸荷回路，当换向阀处于中位时，工作部件停止运动，液压泵输出的油液通过三位换向阀的中位通道直接流回油箱，泵的出口压力仅为油液流经管路和换向阀所引起的压力损失。这种回路适用于小流量的液压系统。

图 7-20 所示为采用二位二通电磁换向阀和溢流阀并联组成的卸荷回路，卸荷时二位二通电磁换向阀通电，液压泵输出的油液通过电磁换向阀直接流回油箱，二位二通电磁换向阀的规格要和泵的排量相适应。这种回路不适用于大流量的液压系统。

2. 需要保压的卸荷回路

有些液压系统在执行元件短时间停止工作时，整个系统或部分系统（如控制系统）的压力不允许为零，这时可以采用能够保压的卸荷回路。

图 7-21 所示为采用蓄能器保压的卸荷回路，开始液压泵 1 向蓄能器 5 和液压缸 6 供油，液压缸 6 的活塞杆压头接触工件后，系统压力升高到卸荷阀 2 的设定值时，卸荷阀 2 动

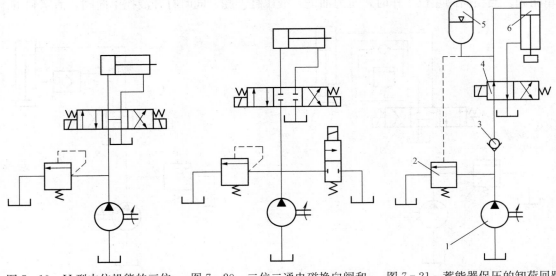

图 7-19　H 型中位机能的三位　　　图 7-20　二位二通电磁换向阀和　　　图 7-21　蓄能器保压的卸荷回路
　　　换向阀的卸荷回路　　　　　　溢流阀并联组成的卸荷回路

作，液压泵 1 卸荷后由蓄能器 5 维持液压缸 6 的工作压力，保压时间由蓄能器 5 的容量和系统的泄漏等因素决定。当压力降低到一定数值后，卸荷阀 2 关闭，液压泵 1 继续向系统供油。

技能训练　压力控制阀的拆装及压力控制回路搭建

1. 训练目标
(1) 掌握常用压力控制阀的结构与控制工作原理。
(2) 掌握常用压力控制阀的拆卸、装配基本技能。
(3) 初步掌握安装、调试压力控制回路的基本操作技能。
(4) 初步掌握压力控制回路及控制阀的故障诊断与维护的基本技能。
2. 训练设备及器材

表 7-1　　　　　　　　　　　　训 练 设 备 及 器 材

设备、器材及其型号		数　量
先导式（直动式）减压阀	根据实际情况选择	6 个
直动式顺序阀	同上	6 个
液压综合实验台	YYSYT-003	6 台
液压泵站	根据现场条件确定	6 台
电磁换向阀（二位四通）	同上	6 只
先导式溢流阀	同上	6 只
节流阀	同上	6 只
单向阀	同上	6 只
压力表	同上	6 只
快接油管	同上	若干
单活塞杆液压缸	同上	6 个
工具	内六角扳手、固定扳手、螺丝刀、卡簧钳、铜棒、榔头等各种辅助工具	6 套
煤油		若干

3. 训练内容
实训前认真了解相应压力控制阀的结构组成和工作原理。在实训教师的指导下，拆解各类常用压力控制阀，观察、了解各零件在液压阀中的作用，严格按照液压控制阀拆卸、装配步骤进行操作，严禁违反操作规程进行私自拆卸、装配。实训中掌握常用液压控制阀的结构组成与工作原理。

压力控制回路是用各种压力控制阀来控制液压系统中的压力，以实现对系统或系统的某一部分压力进行控制，从而实现调压、卸压、保压、减压、顺序动作等控制。本技能训练项目选用了压力控制阀的拆装和多级调压回路（或其他压力控制回路）的搭建作为训练内容。

(1) 压力控制阀的拆装。压力控制阀是利用被控压力作为信号来改变弹簧的压缩量，从而改变阀口的通流面积或通断来达到控制系统压力的目的。

1）拆卸压力控制阀前先仔细观察阀体上的铭牌内容及阀的外形，用记号笔在阀的连接部位做好记号。

2）卸下压力阀上的内六角螺钉，卸下阀盖，取出阀内的弹簧座、调压弹簧、阀芯等零件，将卸下零件按顺序整齐地摆放在清洁的软布上，注意避免划伤阀芯和其他零件。根据控制阀工作原理分析零件结构及作用。

3）装配前要清洗零件，尤其是阀芯、阀体上的小孔要清洗干净，若有密封圈损坏或老化应进行更换。装配时将各零部件清洗干净，在阀芯、阀体配合面涂润滑油，按照拆卸的反顺序装配各零部件，拧紧螺钉时应对角顺序紧固。装配完毕后可连入油路进行测试。

（2）压力控制回路的搭建。在教师的指导下进行多级调压回路、减压回路，顺序动作回路的搭建。

1）由实训指导教师提供压力控制回路图，同学们熟悉并分析该回路。

2）操作前关掉实验台液压泵，使系统不带压力，清理实验台，将多余液压元件卸下放好。

3）根据回路设计要求选择相应规格液压元件，将各液压元件合理布局安装在实验台安装板上。

4）回路连接完毕后，应仔细检查回路及油孔是否有误，管接头连接是否可靠，检查电路连接是否有误及未插到位，在指导教师确认无误后方可启动系统运行。

5）实验完毕，应先拆除位置较高的元件，以便于油流回油箱，并应倒出元件内的油液，清洁外表油渍，放回原处，将实验台清理干净，切断电源。

能 力 拓 展

1. 分析溢流阀、减压阀及顺序阀三种阀的异同点。

2. 压力控制阀的结构中一般有哪些弹簧？分别起什么作用？

3. 先导式溢流阀主阀芯的阻尼孔有何作用？如果阻尼孔被堵或孔口变大会有什么影响？

4. 比较先导式溢流阀的调压弹簧与主阀弹簧的刚度，并分析设计原因。

5. 试举例说明先导式溢流阀的工作原理。溢流阀在液压系统中有何应用？

6. 当减压阀出口压力低于减压阀的调整压力时，能否起到减压作用？为什么？

7. 顺序阀作为远程控制顺序阀用时，控制油路的压力与阀的进口压力是否相同？

8. 先导式溢流阀的阻尼孔被堵，将会出现什么现象？用直径较大的孔代替阻尼孔，先导式溢流阀的工作情况如何？

9. 先导式溢流阀的远程控制口直接接油箱，系统会产生什么现象？

10. 如图 7-22 所示，已知负载足够大，溢流阀调整压力分别为 $p_A = 5MPa$、$p_B = 4MPa$、$p_C = 3MPa$。试回答下列问题：

（1）图 7-22（a）、（b）压力表读数各为多少？

（2）图 7-22（a）、（b）两图各阀是串联还是并联？为什么？

（3）已知图 7-22（a）中各阀选择合理，若各阀调压值不变，可否将（a）图中 A、B 两溢流阀位置调换？为什么？重新调节 p_A、p_B 压力值后能否对调？为什么？

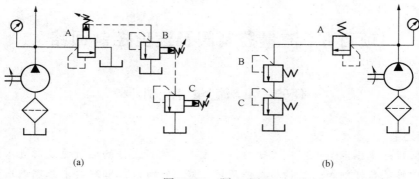

(a)   (b)

图 7-22 题 10 图

11. 如图 7-23 所示，溢流阀的调定压力为 5MPa，减压阀的调定压力为 2.5MPa，液压缸无杆腔的面积为 50cm²，液流通过单向阀非工作状态下的减压阀时，其压力损失分别为 0.2MPa 和 0.3MPa。试求当负载分别为 0kN、7.5kN 和 30kN 时：

(1) 液压缸能否移动？

(2) A、B、C 三点压力各为多少？

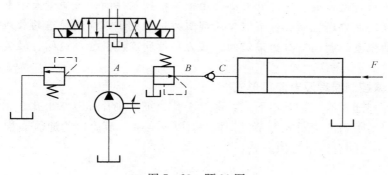

图 7-23 题 11 图

项目8 流量控制阀及速度控制回路

任务8.1 流量控制阀

【任务描述】

流量控制阀是液压系统中不可或缺的控制元件，执行元件的运行速度由进入执行元件的流量决定。掌握流量控制阀的结构与工作原理，能够根据液压回路要求正确选用流量控制阀并进行故障诊断和维修，为后续速度控制回路的搭建做好准备。

【任务目标】

（1）掌握节流阀和调速阀的结构与工作原理。

（2）能够在系统中正确的选用流量控制阀。

（3）具备流量控制阀与速度控制回路的安装与维修基本技能。

【基本知识】

液压系统中执行元件运动速度的大小，由输入执行元件的油液流量大小来确定。流量控制阀就是依靠改变阀口通流面积（节流口局部阻力）的大小或通流通道的长短来控制流量的液压阀。常用的流量控制阀有普通节流阀、压力补偿和温度补偿调速阀、溢流节流阀和分流集流阀等。

8.1.1 流量控制原理及节流口形式

节流阀节流口通常有三种基本形式：薄壁小孔、细长小孔和厚壁小孔。无论节流口采用何种形式，通过节流口的流量 q 与节流口前后压力差 Δp、节流口的通流面积 A、流量系数 K 及阀口系数 m 之间有以下数值关系：

$$q = KA\Delta p^m \tag{8-1}$$

三种节流口的流量特性曲线如图8-1所示，由图可知：

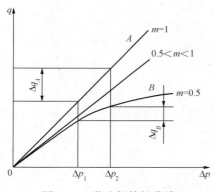

图8-1 节流阀特性曲线

（1）压差对流量的影响。节流阀两端压差 Δp 变化时，通过它的流量要发生变化，三种结构形式的节流口中，通过薄壁小孔的流量受到压差改变的影响最小。

（2）温度对流量的影响。油温影响油液黏度，对于细长小孔，油温变化时，流量也会随之改变，对于薄壁小孔黏度对流量几乎没有影响，故油温变化时，流量基本不变。

（3）节流口的堵塞。节流阀的节流口可能因油液中的杂质或由于油液氧化后析出的胶质、沥青等而局部堵塞，这就改变了原来节流口通流面积的大小，使流量发生变化，尤其是当开口较小时，这一影响更为突出，严重时会完全堵塞而出现断流现象。因此，节流口的抗堵塞性能也是影响流量稳定性的重要因素，尤其会影响流量阀的最小稳定流量。一般节流口通流面积越大，节流通道越短和水力直径越大，越不容易堵塞，当然油液的清洁度也对堵塞产生影响。一般流量控制阀的最小稳定流量为 0.05L/min。

综上所述，为保证流量稳定，节流口的形式以薄壁小孔较为理想。图 8-2 所示为典型节流口的结构形式。图 8-2（a）所示为针阀式节流口，它通道长，湿周大，易堵塞，流量受油温影响较大，一般用于对性能要求不高的场合；图 8-2（b）所示为偏心槽式节流口，其性能与针阀式节流口相同，但容易制造，其缺点是阀芯上的径向力不平衡，旋转阀芯时较费力，一般用于压力较低、流量较大和流量稳定性要求不高的场合；图 8-2（c）所示为轴向三角槽式节流口，其结构简单，水力直径中等，可得到较小的稳定流量，且调节范围较大，但节流通道有一定的长度，油温变化对流量有一定的影响，目前被广泛应用；图 8-2（d）所示为周向缝隙式节流口，沿阀芯周向开有一条宽度不等的狭槽，转动阀芯就可改变开口大小。阀口做成薄刃形，通道短，水力直径大，不易堵塞，油温变化对流量影响小，因此其性能接近于薄壁小孔，适用于低压小流量场合；图 8-2（e）所示为轴向缝隙式节流口，在阀孔的衬套上加工出图示薄壁阀口，阀芯做轴向移动即可改变开口大小，其性能与图 8-2（d）所示节流口相似。为保证流量稳定，节流口的形式以薄壁小孔较为理想。

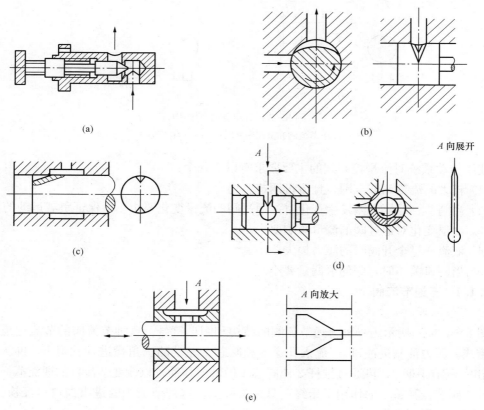

图 8-2 典型节流口的结构形式
（a）针阀式；（b）偏心槽式；（c）轴向三角槽式；（d）周向缝隙式；（e）轴向缝隙式

在液压传动系统中节流元件与溢流阀并联于液压泵的出口，构成恒压油源，使泵出口的压力恒定。如图 8-3（a）所示，此时节流阀和溢流阀相当于两个并联的液阻，液压泵输出

流量 q_p 不变，流经节流阀进入液压缸的流量 q_1 和流经溢流阀的流量 Δq 的大小由节流阀和溢流阀液阻的相对大小来决定。若节流阀的液阻大于溢流阀的液阻，则 $q_1 < \Delta q$；反之，则 $q_1 > \Delta q$。节流阀是一种可以在较大范围内以改变液阻来调节流量的元件，因此可以通过调节节流阀的液阻，来改变进入液压缸的流量，从而调节液压缸的运动速度；但若在回路中仅有节流阀而没有与之并联的溢流阀，如图 8-3（b）所示，则节流阀就起不到调节流量的作用。液压泵输出的液压油全部经节流阀进入液压缸。改变节流阀节流口的大小，只是改变液流流经节流阀的压力降。节流口小，流速快；节流口大，流速慢，而总的流量是不变的，因此液压缸的运动速度不变。所以，节流元件用来调节流量是有条件的，即要求有一个接受节流元件压力信号的环节（与之并联的溢流阀或恒压变量泵），通过这一环节来补偿节流元件的流量变化。

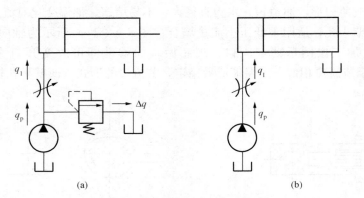

图 8-3　节流元件的作用

（a）节流阀和溢流阀并联；（b）仅有节流阀

液压传动系统对流量控制阀的主要要求有以下几个：

（1）较大的流量调节范围，且流量调节要均匀。

（2）当阀前、后压力差发生变化时，通过阀的流量变化要小，以保证负载运动的稳定。

（3）油温变化对通过阀的流量影响要小。

（4）液流通过全开阀时的压力损失要小。

（5）当阀口关闭时，阀的泄漏量要小。

8.1.2　普通节流阀

1. 工作原理

图 8-4（a）所示为一种普通节流阀的结构和图形符号。这种节流阀的节流通道呈轴向三角槽式。压力油从进油口 P_1 流入孔道 a 和阀芯 1 左端的三角槽进入孔道 b，再从出油口 P_2 流出。调节手柄 3，可通过推杆 2 使阀芯 1 做轴向移动，以改变节流口的通流截面积来调节流量。阀芯在弹簧 4 的作用下始终贴紧在推杆上，这种节流阀的进出油口可互换。图 8-4（b）所示为图形符号。

2. 节流阀的刚性

节流阀的刚性表示它抵抗负载变化的干扰，保持流量稳定的能力，即当节流阀开口量不变时，由于阀前后压力差 Δp 的变化，引起通过节流阀的流量发生变化的情况。流量变化越小，节流阀的刚性越大，反之，其刚性越小，如果以 T 表示节流阀的刚度，则有

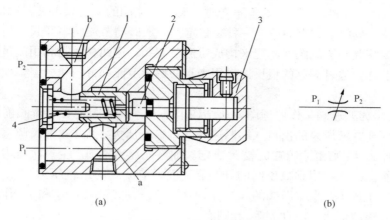

图 8-4　普通节流阀

（a）普通节流阀；（b）图形符号

1—阀芯；2—推杆；3—手柄；4—弹簧

$$T=\frac{\mathrm{d}\Delta p}{\mathrm{d}\Delta q} \tag{8-2}$$

由式 $q=KA\Delta p^{m}$ 可得

$$T=\frac{\Delta p^{1-m}}{KAm} \tag{8-3}$$

从节流阀特性曲线图 8-5 可以发现，节流阀的
刚度 T 相当于流量曲线上某点的切线和横坐标夹角
β 的余切，即

$$T=\cot\beta \tag{8-4}$$

由图 8-5 和式（8-4）可以得出以下结论：

（1）同一节流阀，阀前后压力差 Δp 相同，节流
开口小时，刚度大。

（2）同一节流阀，在节流开口一定时，阀前、后
压力差 Δp 越小，刚度越低。为了保证节流阀具有足
够的刚度，节流阀只能在某一最低压力差 Δp 的条件
下，才能正常工作，但提高 Δp 将引起压力损失的
增加。

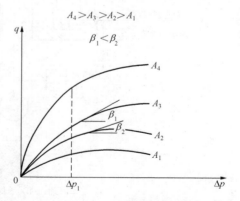

图 8-5　不同开口时节流阀的流量特性曲线

（3）取小的指数 m 可以提高节流阀的刚度，因此在实际使用中多希望采用薄壁小孔式
节流口，即 $m=0.5$ 的节流口。

8.1.3　调速阀和温度补偿调速阀

普通节流阀由于刚性差，在节流开口一定的条件下通过它的工作流量受工作负载（即其
出口压力）变化的影响，不能保持执行元件运动速度的稳定，因此只适用于工作负载变化不
大和速度稳定性要求不高的场合，由于工作负载的变化很难避免，为了改善调速系统的性
能，通常是对节流阀进行补偿，即采取措施使节流阀前后压力差在负载变化时始终保持不

变。由 $q = KA\Delta p^m$ 可知，当 Δp 基本不变时，通过节流阀的流量只由其开口量大小来决定。使 Δp 基本保持不变的方式有两种：一种是将定差减压阀与节流阀串联起来构成调速阀；另一种是将稳压溢流阀与节流阀并联起来构成溢流节流阀。这两种阀是利用流量的变化所引起的油路压力的变化，通过阀芯的负反馈作用来自动调节节流部分的压力差，使其保持不变。

1. 调速阀

图 8-6 所示为调速阀工作原理图，从结构上来看，调速阀是在节流阀前面串接一个定差减压阀组合而成。液压泵的出口（即调速阀的进口）压力 p_1 由溢流阀调整基本不变，而调速阀的出口压力 p_3 则由液压缸负载 F 决定。油液先经减压阀产生一次压力降，将压力降到 p_2，p_2 经通道 e、f 作用到减压阀的 d 腔和 c 腔；节流阀的出口压力 p_3 又经反馈通道 a 作用到减压阀的上腔 b，当减压阀的阀芯在弹簧力 F_s、油液压力 p_2 和 p_3 作用下处于某一平衡位置时（忽略摩擦力、液动力等），则有

$$p_2 A_1 + p_2 A_2 = p_3 A + F_s \tag{8-5}$$

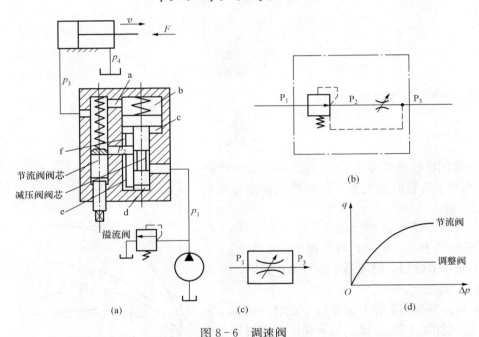

图 8-6　调速阀
（a）工作原理；（b）图形符号；（c）简化图形符号；（d）特性曲线

式中　A、A_1、A_2——b 腔、c 腔和 d 腔内压力油作用于阀芯的有效面积，且 $A = A_1 + A_2$。

$$p_2 - p_3 = \Delta p = F_s/A \tag{8-6}$$

因为弹簧刚度较低，且工作过程中减压阀阀芯位移很小，可以认为 F_s 基本保持不变，故节流阀两端压力差 $p_2 - p_3$ 也基本保持不变，这就保证了通过节流阀的流量稳定。

2. 温度补偿调速阀

普通调速阀的流量虽然已能基本上不受外部负载变化的影响，但是当流量较小时，节流口的通流面积较小，这时节流口的长度与通流截面水力直径的比值相对地增大，因而油液的黏度变化对流量的影响也增大，所以当油温升高后油的黏度变小时，流量仍会增大，为了减

小温度对流量的影响,可以采用温度补偿调速阀。

温度补偿调速阀的压力补偿原理部分与普通调速阀相同,据 $q = KA\Delta p^m$ 可知,当 Δp 不变时,由于黏度下降,K 值（$m \neq 0.5$ 的孔口）上升,此时只有适当减小节流阀的开口面积,才能保证 q 不变。图 8 - 7（a）所示为温度补偿原理图,在节流阀阀芯和调节螺钉之间放置一个温度膨胀系数较大的聚氯乙烯推杆,当油温升高时,本来流量增加,这时温度补偿杆伸长使节流口变小,从而补偿了油温对流量的影响。在 20～60℃ 的温度范围内,流量的变化率超过 10%,最小稳定流量可达 20mL/min。图 8 - 7（b）所示为图形符号。

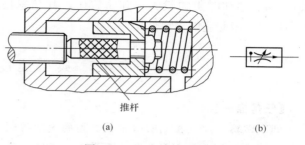

图 8 - 7　温度补偿原理图
（a）温度补偿原理；（b）图形符号

8.1.4　溢流节流阀（旁通型调速阀）

溢流节流阀也是一种压力补偿型节流阀,图 8 - 8 所示为其工作原理图及图形符号。

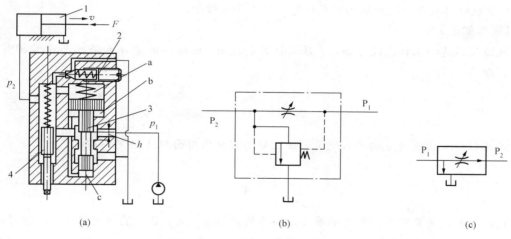

图 8 - 8　溢流节流阀
（a）工作原理图；（b）图形符号；（c）简化图形符号
1—液压缸；2—安全阀；3—溢流阀；4—节流阀

从液压泵输出的油液一部分从节流阀 4 进入液压缸左腔推动活塞向右运动,另一部分经溢流阀的溢流口流回油箱,溢流阀 3 阀芯的上端 a 腔同节流阀 4 上腔相通,其压力为 p_2；腔 b 和下端腔 c 同溢流阀 3 阀芯前的油液相通,其压力即为泵的压力 p_1,当液压缸活塞上的负载力 F 增大时,压力 p_2 升高,a 腔的压力也升高,使阀芯 3 下移,关小溢流口,这样就使液压泵的供油压力 p_1 增加,从而使节流阀 4 的前后压力差 $p_1 - p_2$ 基本保持不变。这种溢流阀一般附带一个安全阀 2,以避免系统过载。

溢流节流阀是通过 p_1 随 p_2 的变化来使流量基本上保持恒定的,它与调速阀虽都具有压力补偿的作用,但其组成调速系统时是有区别的,调速阀无论在执行元件的进油路上或回油路上，执行元件上负载变化时，泵出口处压力都由溢流阀保持不变，而溢流节流阀是通过 p_1 随 p_2（负载的压力）的变化来使流量基本上保持恒定的。因而溢流节流阀具有功率损耗低，发热量小的优点。但是，溢流节流阀中流过的流量比调速阀大（一般是系统的全部流量），阀芯运动时阻力较大，弹簧较硬，其结果使节流阀前后压差 Δp 加大（需达 $0.3 \sim 0.5\text{MPa}$），因此它的稳定性稍差。

任务8.2　典型速度控制回路

【任务描述】

调速回路是速度控制回路中最典型的速度控制方法，其主要有节流调速、容积调速、容积节流调速三种类型。本任务主要学习三类典型调速回路的组成及调速性能，并为其他速度控制回路和速度换接回路的学习打下基础。

【任务目标】

（1）掌握节流、容积及容积节流调速的原理及工作特性。

（2）具备设计与搭建调速回路的基本技能。

（3）能够对典型调速回路的常见故障进行排除和维护。

【基本知识】

从液压马达的工作原理可知，液压马达的转速 n_m 由输入流量 q 和液压马达的排量 V_m 决定，即

$$n_m = \frac{q}{V_m} \tag{8-7}$$

液压缸的运动速度 v 由输入流量和液压缸的有效作用面积 A 决定，即

$$v = \frac{q}{A} \tag{8-8}$$

通过上面的关系可知，要想调节液压马达的转速 n_m 或液压缸的运动速度 v，可通过改变输入流量 q、改变液压马达的排量 V_m 等方法来实现。因此，调速回路主要有以下三种方式：

（1）节流调速回路。由定量泵供油，用流量阀调节进入或流出执行机构的流量来实现调速。

（2）容积调速回路。用调节变量泵或变量马达的排量来调速。

（3）容积节流调速回路。用限压变量泵供油，由流量阀调节进入执行机构的流量，并使变量泵的流量与流量阀的调节流量相适应来实现调速。此外还可采用几个定量泵并联，按不同速度需要，启动一个泵或几个泵供油实现分级调速。

8.2.1　节流调速回路

节流调速回路是指在定量泵供油系统中，用节流阀或调速阀调节执行元件运动速度的调速回路。根据流量阀安装位置的不同，可分为进油路节流调速回路、回油路节流调速回路和旁油路节流调速回路三种。

1. 进油路节流调速回路

如图 8-9 所示，节流阀串联在液压泵和液压缸之间，用它来控制进入液压缸的流量，达到调节液压缸运动速度的目的，定量泵多余的油液通过溢流阀回油箱。泵的出口压力 p_p 即为溢流阀的调整压力 p_s，并基本保持定值。

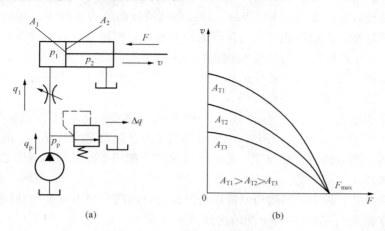

图 8-9 进油路节流调速回路
(a) 工作原理图；(b) 速度负载特性曲线

(1) 速度负载特性。液压缸稳定工作时，其受力平衡方程式为

$$p_1 A_1 = F + p_2 A_2 \qquad (8-9)$$

式中 p_1——液压缸进油腔压力；

p_2——液压缸回油腔压力，由于回油腔接油箱，故 $p_2 \approx 0$；

F——液压缸的负载；

A_1——液压缸无杆腔有效面积；

A_2——液压缸有杆腔有效面积。

即

$$p_1 = \frac{F}{A_1} \qquad (8-10)$$

因为液压泵的供油压力 p_p 为定值，则节流阀前后两端的压力差为

$$\Delta p = p_p - p_1 = p_p - \frac{F}{A_1} \qquad (8-11)$$

进入液压缸的流量等于通过节流阀的流量，即

$$q_1 = K A_T \Delta p^m = K A_T \left(p_p - \frac{F}{A_1} \right)^m \qquad (8-12)$$

所以液压缸的运动速度为

$$v = \frac{q_1}{A_1} = \frac{K A_T}{A_1} \left(p_p - \frac{F}{A_1} \right)^m \qquad (8-13)$$

式 (8-13) 即为进油路节流调速回路负载特性方程, 由该式可知, 液压缸的运动速度 v 和节流阀的通流面积 A_T 成正比。调节 A_T 可实现无级调速, 这种回路的调速范围较大。当 A_T 调定后, 速度随负载的增大而减小, 故这种调速回路的负载特性较"软"。

按式 (8-13) 选用不同的 A_T 值, 作 $v-F$ 坐标曲线图, 可得一组曲线, 即为该回路的速度负载特性曲线, 如图 8-9 (b) 所示。速度负载特性曲线表明液压缸运动速度随负载变化的规律, 曲线越陡, 说明负载变化对速度的影响越大, 即速度负载特性差。由式 (8-13) 和图 8-9 (b) 还可以看出, 当节流阀通流面积一定时, 重载区域比轻载区域的速度刚性差; 在相同负载条件下, 节流阀通流面积大的比小的速度刚性差, 即速度高时速度刚性差。所以这种调速回路适用于低速轻载的场合。

(2) 最大承载能力。在式 (8-13) 中, 令其运动速度为零, 可得到液压缸最大推力 $F_{max} = p_p A_1$, 液压缸的面积 A_1 不变, 在泵的供油压力已经调定的情况下, 液压缸的最大推力不随节流阀通流面积的改变而改变, 此时液压泵的全部流量经溢流阀流回油箱, 故属于恒推力或恒转矩调速。

(3) 功率与效率。调速回路的功率特性是以其自身的功率损失 (不包括液压缸、液压泵和管路中的功率损失)、功率损失分配情况和效率来表达。

液压泵的输出功率为

$$P_p = p_p q_p = 常量$$

液压缸的输出功率为

$$P_1 = Fv = F \frac{q_1}{A_1} = p_1 q_1$$

回路的功率损失为

$$\Delta P = P_p - P_1 = p_p q_p - p_1 q_1 = p_p(q_1 + \Delta q) - q_1(p_p - \Delta p) = p_p \Delta q + \Delta p q_1$$

其中, 前部分为溢流损失, 后部分为节流损失。

回路的效率为

$$\eta_c = \frac{P_1}{P_p} = \frac{Fv}{p_p q_p} = \frac{p_1 q_1}{p_p q_p} \tag{8-14}$$

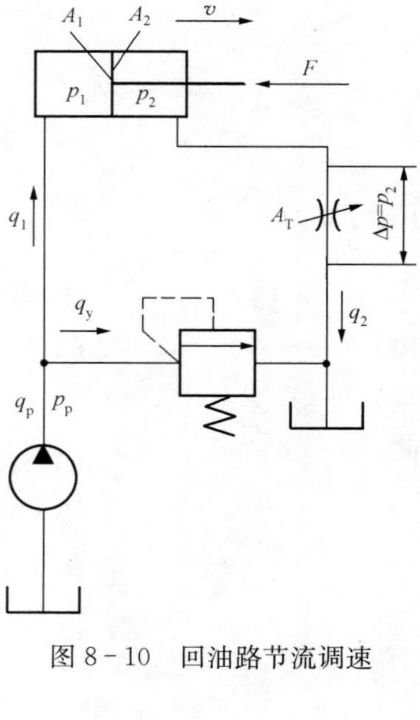

图 8-10 回油路节流调速

由于存在两部分功率损失, 所以回路效率较低。由以上分析可知, 进油路节流调速回路适用于负载变化不大、对速度稳定性要求不高的小功率液压系统。

2. 回油路节流调速回路

如图 8-10 所示, 节流阀串联在液压缸的回油路上, 用它来控制液压缸的排油量, 也就控制了液压缸的进油量, 达到调节液压缸运动速度的目的, 定量泵多余的油液通过溢流阀回油箱。泵的出口压力即为溢流阀的调整压力, 并基本保持定值。

(1) 速度负载特性。类似于式 (8-13) 的推导过程, 由液压缸的力平衡方程式 ($p_2 \neq 0$); 流量阀的流量方程 ($\Delta p = p_2$), 进而可得液压缸的速度负载特性为

$$v = \frac{q_2}{A_2} = \frac{KA_T\left(p_p\dfrac{A_1}{A_2} - \dfrac{F}{A_2}\right)^m}{A_2} \tag{8-15}$$

式中　A_1——液压缸无杆腔有效面积；

　　　A_2——液压缸有杆腔有效面积；

　　　F——液压缸负载；

　　　p_p——溢流阀调定压力；

　　　A_T——节流阀通流面积。

比较式（8-13）和式（8-15）可知，其速度负载特性与进油路节流调速回路基本相同，若液压缸两腔有效面积相同（双出杆液压缸），那么两种节流调速回路的速度负载特性和速度刚度就完全一样。因此对进油节流调速回路的一些分析对回油节流调速回路完全适用。

（2）最大承载能力。回油节流调速的最大承载能力与进油节流调速相同，即 $F_{\max} = p_p A_1$。

（3）功率和效率。液压泵的输出功率与进油路节流调速相同，即 $P_p = p_p q_p =$ 常量，液压缸的输出功率为

$$P_1 = Fv = (p_p A_1 - p_2 A_2)v = p_p q_1 - p_2 q_2$$

该回路的功率损失为

$$\Delta P = P_p - P_1 = p_p q_p - p_p q_1 + p_2 q_2 = p_p(q_p - q_1) + p_2 q_2 = p_p \Delta q + \Delta p q_2$$

其中，前部分为溢流损失，后部分为节流损失。

回路的效率为

$$\eta_c = \frac{Fv}{p_p q_p} = \frac{p_p q_1 - p_2 q_2}{p_p q_p} = \frac{\left(p_p - p_2\dfrac{A_2}{A_1}\right)q_1}{p_p q_p} \tag{8-16}$$

当使用同一个液压缸和同一个节流阀，而负载 F 和活塞运动速度相同时，则式（8-16）和式（8-14）是相同的，因此可以认为进油节流调速回路和回油节流调速回路的效率相同。但是，应当指出，在回油节流调速回路中，液压缸工作腔的压力和回油腔的压力都比进油节流调速回路高，特别是负载变化大，尤其是当 $F=0$ 时，回油腔的背压有可能比液压泵的供油压力还要高，这样会使节流损失大大地提高，且加大泄漏，因而其效率实际上比进油调速回路低。

虽然进油路和回油路节流调速的速度负载特性公式形式相似，功率特性相同，但它们在以下几方面的性能有明显差别，在选用时应加以注意。

（1）承受负值负载的能力。所谓负值负载就是作用力的方向与执行元件的运动方向相同的负载。回油路节流调速的节流阀在液压缸的回油腔能形成一定的背压，能承受一定的负值负载；对于进油路节流调速回路，要使其能承受负值负载就必须在执行元件的回油路上加上背压阀。这必然会导致增加功率消耗，增大油液发热量。

（2）运动平稳性。回油路节流调速回路由于回油路上存在背压，可以有效地防止空气从回油路吸入，因而低速运动时不易爬行；高速运动时不易颤振，即运动平稳性好。进油路节流调速回路在不加背压阀时不具备这种特点。

（3）油液发热对回路的影响。进油路节流调速回路中，通过节流阀产生的节流功率损失转变为热量，一部分由元件散发出去，另一部分使油液温度升高，直接进入液压缸，会使缸的内外泄漏增加，速度稳定性不好；而回油路节流调速回路油液经节流阀温升后，直接回油箱，经冷却后再入系统，对系统泄漏影响较小。

（4）启动性能。回油路节流调速回路中若停车时间较长，液压缸回油箱的油液会泄漏回油箱，重新启动时背压不能立即建立，会引起瞬间工作机构的前冲现象，对于进油路节流调速，只要在开车时关小节流阀即可避免启动冲击。

综上所述，进油路、回油路节流调速回路结构简单，价格低廉，但效率较低，只宜用在负载变化不大，低速、小功率场合，如某些机床的进给系统中。

为了提高回路的综合性能，常采用进油节流阀调速，并在回油路上加背压阀，使其兼具二者的优点。

3．旁油路节流调速回路

图 8 - 11（a）所示为采用节流阀的旁油路节流调速回路，节流阀调节液压泵溢回油箱的流量，从而控制进入液压缸的流量，调节节流阀的通流面积，即可实现调速，由于溢流已由节流阀承担，故溢流阀实际上是安全阀，常态时关闭，过载时打开，其调定压力为最大工作压力的 1.1～1.2 倍，故液压泵工作过程中的压力完全取决于负载而不恒定，所以这种调速方式又称为变压式节流调速。

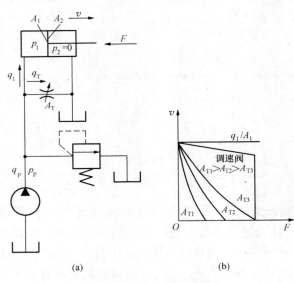

图 8 - 11　旁油路节流调速
（a）旁油路节流调速回路；（b）速度负载特性

（1）速度负载特性。按照式（8 - 13）的推导过程，可得到旁油路节流调速的速度负载特性方程。与前述不同之处主要是进入液压缸的流量 q_1，为泵的流量 q_p 与节流阀溢走的流量 q_T 之差，由于在回路中泵的工作压力随负载而变化，泄漏量正比于压力也是变量（前两个回路中为常量），对速度产生了负面影响，因而泵的流量中要计入泵的泄漏量 Δq_p，所以有

$$q_1 = q_p - q_T = (q_t - \Delta q_p) - K A_T \Delta p^m = q_t - k_1 \left(\frac{F}{A_1}\right) - K A_T \left(\frac{F}{A_1}\right)^m$$

式中　q_t——泵的理论流量；

　　　k_1——泵的泄漏系数。

其余符号含义同前，所以液压缸的速度负载特性为

$$v = \frac{q_1}{A_1} = \frac{q_t - k_1 \left(\frac{F}{A_1}\right) - K A_T \left(\frac{F}{A_1}\right)^m}{A_1} \qquad (8 - 17)$$

根据式（8 - 17），选取不同 A_T 的可作出一组速度负载特性曲线，如图 8 - 11（b）所

示，由曲线可见，当节流阀的通流面积一定而负载增加时，速度显著下降，即特性很软；但当节流阀通流面积一定时，负载越大，速度刚度越大；当负载一定时，节流阀通流面积 A_T 越小，速度刚度越大，因而此回路适用于高速重载场合。

（2）最大承载能力。如图 8-11（b）所示，速度负载特性曲线在横坐标上并不汇交，其最大承载能力随节流阀通流面积 A_T 的增加而减小，即旁油路节流调速回路的低速承载能力很差，调速范围也小。

（3）功率与效率。旁油路节流调速回路只有节流损失而无溢流损失，泵的输出压力随负载而变化，即节流损失和输入功率随负载而变化，所以比前述两种调速回路效率高。

这种旁油路节流调速回路负载特性很软，低速承载能力又差，故应用比前两种回路少，只用于低速、重载、对速度平稳性要求不高的较大功率系统中，如牛头刨床主运动系统、输出机械液压系统等。

8.2.2　容积调速回路

容积调速回路是通过改变回路中液压泵或液压马达的排量来实现调速的。其主要优点是功率损失小（没有溢流损失和节流损失）且其工作压力随负载变化，所以效率高、油的温度低，适用于高速、大功率系统。

按油路循环方式不同，容积调速回路有开式回路和闭式回路两种。开式回路中泵从油箱吸油，执行机构的回油直接回到油箱，油箱容积大，油液能得到较充分冷却，但空气和脏物易进入回路。闭式回路中，液压泵将油输出进入执行机构的进油腔，又从执行机构的回油腔吸油。闭式回路结构紧凑，只需很小的补油箱，但冷却条件差。为了补偿工作中油液的泄漏，一般设补油泵，补油泵的流量为主泵流量的 $10\%\sim15\%$，压力调节为 $0.3\sim1.0\mathrm{MPa}$。

容积调速回路通常有三种基本形式：变量泵和定量执行元件组成的容积调速回路；定量泵和变量马达的容积调速回路；变量泵和变量马达的容积调速回路。

1. 变量泵和定量执行元件的容积调速回路

这种调速回路可由变量泵与液压缸或变量泵与定量液压马达组成。其回路原理图如图 8-12 所示，图 8-12（a）所示为变量泵与液压缸所组成的开式容积调速回路；图 8-12（b）所示为变量泵与定量液压马达组成的闭式容积调速回路。

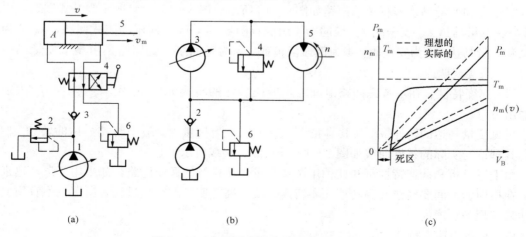

图 8-12　变量泵定量液动机容积调速回路

（a）开式回路；（b）闭式回路；（c）闭式回路特性曲线

其工作原理如图 8-12（a）所示，活塞 5 的运动速度 v 由变量泵 1 调节，2 为安全阀，4 为换向阀，6 为背压阀。图 8-12（b）所示为采用变量泵 3 来调节液压马达 5 的转速，安全阀 4 用以防止过载，低压辅助泵 1 用以补油，其补油压力由低压溢流阀 6 来调节。

其主要工作特性有以下几个：

（1）速度特性。当不考虑回路的容积效率时，执行机构的速度 n_m（或 v）与变量泵的排量 V_B 的关系为

$$n_m = n_B V_B / V_m \ 或 \ v = n_B V_B / A \qquad (8-18)$$

式（8-18）表明：因马达的排量 V_m 和缸的有效工作面积 A 是不变的，当变量泵的转速 n_B 不变，则马达的转速 n_m（或活塞的运动速度）与变量泵的排量成正比，是一条通过坐标原点的直线，如图 8-12（c）中虚线所示。实际上回路的泄漏是不可避免的，在一定负载下，需要一定流量才能启动和带动负载。所以其实际的 n_m（或 v）与 V_B 的关系如实线所示。这种回路在低速下承载能力差，速度不稳定。

（2）转矩特性、功率特性。当不考虑回路的损失时，液压马达的输出转矩 T_m（或缸的输出推力 F）为 $T_m = V_m \Delta p / 2\pi$ 或 $F = A(p_B - p_0)$。它表明当泵的输出压力 p_B 和吸油路（也即马达或缸的排油）压力 p_0 不变，马达的输出转矩 T_m 或缸的输出推力 F 理论上是恒定的，与变量泵的 V_B 无关。但实际上由于泄漏和机械摩擦等的影响，也存在一个"死区"，如图 8-12（c）所示。

此回路中执行机构的输出功率为

$$P_m = n_m T_m = V_B n_B T_m / V_m \ 或者 \ P_m = (p_B - p_0) q_B = (p_B - p_0) n_B V_B \qquad (8-19)$$

式（8-19）表明：马达或缸的输出功率 P_m 随变量泵的排量 V_B 的增减而线性增减。其理论与实际的功率特性如图 8-12（c）所示。

综上所述，变量泵和定量执行元件所组成的容积调速回路为恒转矩输出，可正反向实现无级调速，调速范围较大。适用于调速范围较大，要求恒扭矩输出的场合，如大型机床的主运动或进给系统中。

2. 定量泵和变量马达容积调速回路

定量泵和变量马达容积调速回路如图 8-13 所示。图 8-13（a）所示为开式回路，由定量泵 1、变量马达 2、安全阀 3、换向阀 4 组成；图 8-13（b）所示为闭式回路，1、2 为定量泵和变量马达，3 为安全阀，4 为低压溢流阀，5 为补油泵。此回路是由调节变量马达的排量 V_m 来实现调速。

（1）速度特性。在不考虑回路泄漏时，液压马达的转速 $n_m = q_B / V_m$，其中，q_B 为定量泵输出流量。

可见变量马达的转速 n_m 与其排量 V_m 成正比，当排量 V_m 最小时，马达的转速 n_m 最高。其理论与实际的特性曲线如图 8-13（c）虚、实线所示。

由上述分析和调速特性可知此种用调节变量马达排量的调速回路，如果用变量马达来换向，在换向的瞬间要经过"高转速—零转速—反向高转速"的突变过程，所以，不宜用变量马达来实现平稳换向。

（2）转矩与功率特性。

液压马达的输出转矩

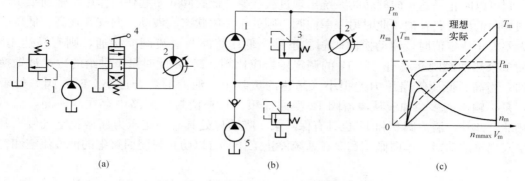

图 8-13　定量泵变量马达容积调速回路

（a）开式回路；（b）闭式回路；（c）工作特性

$$T_m = V_m(p_B - p_0)/2\pi \qquad (8-20)$$

液压马达的输出功率

$$P_m = n_m T_m = q_B(p_B - p_0) \qquad (8-21)$$

式（8-20）和式（8-21）表明：马达的输出转矩 T_m 与其排量 V_m 成正比；而马达的输出功率 P_m 与其排量 V_m 无关，若进油压力 p_B 与回油压力 p_0 不变时，$P_m = C$，故此种回路属恒功率调速。其转矩特性和功率特性如图 8-13（c）所示。

综上所述，定量泵和变量马达容积调速回路，由于不能用改变马达的排量来实现平稳换向，调速范围比较小（一般为 3～4），因而较少单独应用。

3. 变量泵和变量马达的容积调速回路

这种调速回路是上述两种调速回路的组合，其调速特性也具有两者之特点。

如图 8-14 所示，回路中元件对称设置，双向变量泵 2 可以实现正反向供油，相应双向变量马达 10 能实现正反向转动。同样调节泵 2 和马达 10 的排量也可以改变马达的转速。泵 2 正向供油时，上管路 3 是高压管路，下管路 11 为低压管路，马达 10 正向旋转，阀 7 作为

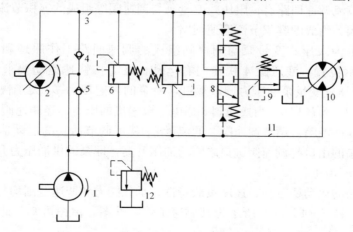

图 8-14　变量泵和变量马达的容积调速回路

1—辅助泵；2—双向变量泵；3—上管路；4、5—单向阀；6、7、9、12—溢流阀；

8—换向阀；10—双向变量马达；11—下管路

安全阀可以防止马达正向旋转时系统出现过载现象，此时阀 6 不起任何作用，辅助泵 1 经单向阀 5 向低压管路补油，此时另一单向阀 4 则处于关闭状态。液动换向阀 8 在高、低压管路压力差大于一定值时，液动换向阀阀芯下移。低压管路与溢流阀 9 接通，则有马达 10 排出的多余热油经阀 9 溢出（阀 12 的调定压力应比阀 9 高），此时泵 1 供给的冷油被置换成热油；当高、低压管路压力差很小（马达的负载小，油液的温升也小）时，阀 8 处于中位，泵 1 输出的多余油液从溢流阀 12 溢回油箱，只补偿封闭回路中存在的泄漏，而不置换热油。此外，溢流阀 9 和 12 也具有保障泵 2 吸油口处具有一定压力而避免空气侵入和出现空穴现象的功能，单向阀 4 和 5 在系统停止工作时可以防止封闭回路中的油液流空和空气侵入。

当泵 2 反向供油时，上管路 3 是低压管路，下管路 11 是高压管路。马达 10 反向转动，阀 6 作为安全阀使用，其他各元件的作用与上述过程类似。

变量泵和变量马达容积调速回路是恒转矩调速与恒功率调速的组合回路。由于许多设备在低速运动时要求有较大的转矩，而在高速时又希望输出功率能基本保持不变，因此调速时通常先将马达的排量调至最大并固定不变（以使马达在低速时能获得最大输出转矩），通过增大泵的排量来提高马达的转速，这时马达能输出的最大转矩恒定不变，属恒转矩调速；若泵的排量调至最大后，还需要继续提高马达的转速，可以使泵的排量固定在最大值，而采用减小马达排量的方法来实现马达速度的继续升高，这时马达能输出的最大功率恒定不变，属于恒功率调速。这种调速回路具有较大的调速范围，且效率高，故适用于大功率和调速范围要求较大的场合。

在容积调速回路中，泵的工作压力是随负载变化而变化的。而泵和执行元件的泄漏量随工作压力的升高而增加。由于受到泄漏的影响，这将使液压马达（或液压缸）的速度随着负载的增加而下降，速度稳定性变差。

8.2.3 容积节流调速回路

容积节流调速回路的基本工作原理是采用限压式变量泵供油、调速阀（或节流阀）调节进入液压缸的流量并使泵的输出流量自动与液压缸所需流量相适应。

常用的容积节流调速回路有：限压式变量泵与调速阀等组成的容积节流调速回路；差压式变量泵与节流阀等组成的容积节流调速回路。

图 8-15 所示为限压式变量泵与调速阀组成的调速回路工作原理和工作特性图。在图 8-15（a）所示位置，液压缸 4 快速向右运动，泵 1 按快速运动要求调节其输出流量 q_{max}，同时调节限压式变量泵的压力调节螺钉，使泵的限定压力 p_c 大于快速运动所需压力 [见图 8-15（b）中 $A'B$ 段]。当换向阀 3 通电，泵输出的压力油经调速阀 2 进入液压缸 4，其回油经背压阀 5 回油箱。调节调速阀 2 的流量 q_1 就可调节活塞的运动速度 v，由于 $q_1 < q_B$，压力油迫使泵的出口与调速阀进口之间的油压升高，即泵的供油压力升高，泵的流量便自动减小到 $q_B \approx q_1$ 为止。

这种调速回路的运动稳定性、速度负载特性、承载能力和调速范围均与采用调速阀的节流调速回路相同。图 8-15（b）所示为其调速工作特性图，由图可知，此回路只有节流损失而无溢流损失。

当不考虑回路中泵和管路的泄漏损失时，回路的效率为

$$\eta_c = [p_1 - p_2(A_2/A_1)]q_1/(p_B q_1) = [p_1 - p_2(A_2/A_1)]/p_B \qquad (8-22)$$

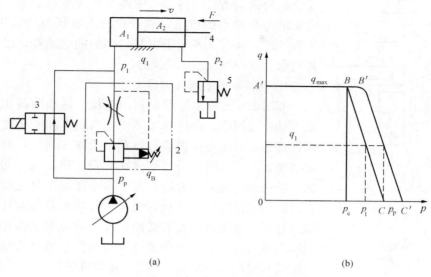

图 8-15　限压式变量泵调速阀容积节流调速回路
(a) 调速原理图；(b) 工作特性图

式（8-22）表明：泵的输油压力 p_B 调得低一些，回路效率就可高一些，但为了保证调速阀的正常工作压差，泵的压力应比负载压力 p_1 至少大 0.5MPa。当此回路用于"死挡铁停留"、压力继电器发信实现快退时，泵的压力还应调高些，以保证压力继电器可靠发信，故此时的实际工作特性曲线如图 8-15（b）中的 $A'BC$ 所示。此外，当 p_c 不变时，负载越小，p_1 就越小，回路效率越低。

综上所述：限压式变量泵与调速阀等组成的容积节流调速回路，具有效率较高、调速较稳定、结构较简单等优点。目前已广泛应用于负载变化不大的中小功率组合机床的液压系统中。

任务8.3　其他速度控制回路

【任务描述】

在实际应用中，根据执行元件特有的工作特性其运行速度（或转速）多数情况下不是恒定不变的，而是随着各工作状态不同随时的调整。通过本任务的学习掌握快速运动回路和速度换接回路的工作原理及应用，能够根据液压系统工作要求正确选用、设计并搭建速度控制回路，并能够对回路的故障进行基本的诊断和维修。

【任务目标】

（1）掌握快速运动、速度换接及其他速度控制回路的组成与工作原理。

（2）掌握速度控制回路的搭建及故障诊断与维修的基本技能。

【基本知识】

8.3.1　快速运动回路

为了提高生产效率，机床工作部件常常要求实现空行程（或空载）的快速运动。这时要求液压系统流量大而压力低。这和工作运动时一般需要的流量较小和压力较高的情况正好相

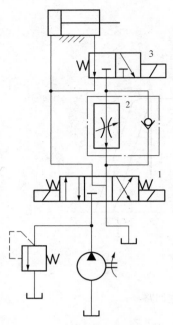

图 8-16　液压缸差动连接回路

反。对快速运动回路的要求主要是在快速运动时，尽量减小需要液压泵输出的流量，或者在加大液压泵的输出流量后，但在工作运动时又不至于引起过多的能量消耗。以下介绍几种机床上常用的快速运动回路。

1. 液压缸差动连接回路

如图 8-16 所示回路是利用二位三通换向阀实现的液压缸差动连接回路。在这种回路中，当阀 1 和阀 3 在左位工作时，液压缸差动连接做快进运动，当阀 3 通电，差动连接即被切断，液压缸回油经过调速阀实现工进，阀 1 切换至右位后，缸快退。此回路的特点在于不增加液压泵流量的情况下提高液压元件的执行速度，但是，泵的流量和有杆腔排出的流量合在一起流过的阀和管路应按合成流量来选用，否则会使压力损失过大，泵的供油压力过大，导致泵的部分压力油从溢流阀溢流回油箱而达不到差动快进的目的。

2. 双泵供油的快速运动回路

这种回路是利用低压大流量泵和高压小流量泵并联为系统供油，回路如图 8-17 所示。

图 8-17 中液压泵 2 为高压小流量泵，用以实现工作进给运动。液压泵 1 为低压大流量泵，用以实现快速运动。在快速运动时，液压泵 1 输出的油液经单向阀 4 和液压泵 2 输出的油共同向系统供油。在工作进给时，系统压力升高，打开液控顺序阀（卸荷阀）3 使液压泵 1 卸荷，此时单向阀 4 关闭，由液压泵 2 单独向系统供油。溢流阀 5 控制液压泵 2 的供油压力是根据系统所需最大工作压力来调节的，而卸荷阀 3 使液压泵 1 在快速运动时供油，在工作进给时则卸荷，因此它的调整压力应比快速运动时系统所需的压力要高，但比溢流阀 5 的调整压力低。

双泵供油回路功率利用合理、效率高，并且速度换接较平稳，在快、慢速度相差较大的机床中应用很广泛，缺点是要用一个双联泵，油路系统也稍复杂。

3. 采用蓄能器的快速运动回路

图 8-18 所示为采用蓄能器的快速运动回路，采用蓄能器的目的是可以采用流量较小的液压泵，当系统

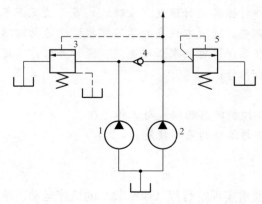

图 8-17　双泵供油回路

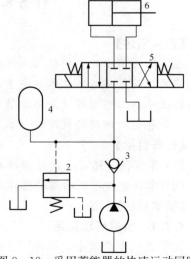

图 8-18　采用蓄能器的快速运动回路

中短期需要大流量时,这时候换向阀 5 的阀芯处于左端或者右端位置,就由泵 1 和蓄能器 4 共同向液压缸 6 供油,当系统停止工作时,换向阀 5 处于中间位置,这时泵便通过单向阀 3 向蓄能器 4 供油,蓄能器压力升高后,控制卸荷阀 2 打开阀口,使液压泵卸荷。

8.3.2　速度换接回路

速度换接回路用来实现运动速度的变换,即在原来设计或调节好的几种运动速度中,从一种速度换成另一种速度。对这种回路的要求是速度换接要平稳,即不允许在速度变换的过程中有前冲(速度突然增加)现象。下面介绍几种回路的换接方法及特点。

1. 快、慢速的换接回路

图 8-19 所示为用单向行程节流阀换接快速运动(快进)和工作进给运动(工进)的速度换接回路。在图示位置液压缸 3 右腔的回油可经行程阀 4 和换向阀 2 流回油箱,使活塞快速向右运动。当快速运动到达所需位置时,活塞上挡块压下行程阀 4,将其通路关闭,这时液压缸 3 右腔的回油就必须经过调速阀 6 流回油箱,活塞的运动转换为工作进给运动。当操纵换向阀 2 使活塞换向后,压力油可经换向阀 2 和单向阀 5 进入液压缸 3 右腔,使活塞快速向左退回。

2. 两种慢速换接回路

对于某些自动机床、注塑机等,需要在自动工作循环中变换两种以上的工作进给速度,这时需要采用两种(或多种)工作进给速度的换接回路。

图 8-20 所示为两个调速阀并联以实现两种工作进给速度换接的回路。在图 8-20(a)中,液压泵输出的压力油经调速阀 3 和电磁阀 5 进入液压缸。当需要第二种工作进给速度时,电磁阀 5 通电,其右位接入回路,液压泵输出的压力油经调速阀 4 和电磁阀 5 进入液压缸。这种回路中两个调速阀的节流口可以单独调节,互不影响,即第一种工作进给速度和第二种工作进给速度互相间没有限制。但一个调速阀工作时,另一个调速阀中没有油液通过,它的减压阀则处于完全打开的位置,在速度换接开始的瞬间不能起减压作用,容易出现部件突然前冲的现象。

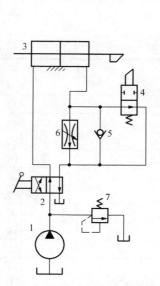

图 8-19　用行程节流阀的速度换接回路

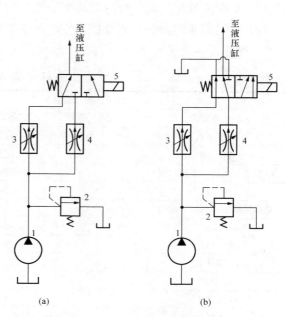

(a)　　　　(b)

图 8-20　两个调速阀并联式速度换接回路

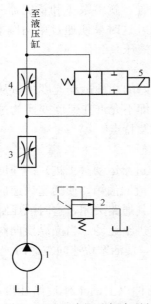

图 8 - 21　两个调速阀串联的
速度换接回路

图 8 - 20（b）所示为另一种调速阀并联的速度换接回路。在这个回路中，两个调速阀始终处于工作状态，在由一种工作进给速度转换为另一种工作进给速度时，不会出现工作部件突然前冲的现象，因而工作可靠。但是液压系统在工作中总有一定量的油液通过不起调速作用的那个调速阀流回油箱，造成能量损失，使系统发热。

图 8 - 21 所示为两个调速阀串联的速度换接回路。图中液压泵输出的压力油经调速阀 3 和电磁阀 5 进入液压缸，这时的流量由调速阀 3 控制。当需要第二种工作进给速度时，阀 5 通电，其右位接入回路，则液压泵输出的压力油先经调速阀 3，再经调速阀 4 进入液压缸，这时的流量应由调速阀 4 控制，所以这种两个调速阀串联式回路中调速阀 4 的节流口应调得比调速阀 3 小，否则调速阀 4 在速度换接时将不起作用。这种回路在工作时调速阀 3 一直工作，它限制着进入液压缸或调速阀 4 的流量，因此在速度换接时不会使液压缸产生前冲现象，换接平稳性较好。在调速阀 4 工作时，油液需经两个调速阀，故能量损失较大。系统发热也较大，但却比图 8 - 20（b）所示的回路要小。

技能训练　流量控制阀拆装及速度控制回路搭建

1. 训练目标
（1）掌握流量控制阀的组成结构与工作原理。
（2）掌握流量控制阀的拆卸与装配技能，初步掌握流量控制阀维修的基本技能。
（3）掌握调速回路的组成及控制特性并能够根据系统工作要求合理选用速度控制回路。
2. 训练设备及器材

表 8 - 1   训 练 设 备 及 器 材

设备、器材及其型号		数　　量
液压综合实验台	YYSYT - 003	6 台
液压泵站	变量泵	6 组
液压泵站	定量泵	6 组
O 型三位四通电磁换向阀	根据现场选择	6 组（每组 2 只）
溢流阀	同上	6 组（每组 2 只）
单向调速阀或单向节流阀	同上	6 只
液压缸	同上	6 组（每组 2 只）
液压马达	同上	6 只
行程开关	同上	6 组（每组 2 只）
压力表	同上	6 组（每组 4 只）
快接油管	同上	若干
工具	内六角扳手、固定扳手、尖嘴钳、剥线钳等	6 套

3. 训练内容

实训前认真预习，了解相关流量控制阀（节流阀和调速阀）的结构组成和工作原理。在实训教师的指导下，拆解流量控制阀，观察、了解其工作原理，严格按照流量控制阀拆卸、装配步骤进行操作，严禁违反操作规程进行私自拆卸、装配。实训中掌握流量控制阀（主要包括节流阀和调速阀）的结构组成、工作原理及主要零件、组件特殊结构的作用。

认真的复习调速控制回路的调速原理和元件组成，完成三大调速控制回路的液压系统和电气控制系统设计和搭建。在实训的基础上进一步掌握调速的原理、控制特性及系统组成。

(1) 节流阀（或调速阀）的拆装实训，简要画出其工作原理图。

(2) 根据实训要求搭建节流调速回路（或容积调速回路）及其电气控制系统。

(3) 在实训教师的指导下进行其他速度控制回路的设计及搭建。

能 力 拓 展

1. 液压传动系统中实现流量控制的方式有哪几种？采用的关键元件是什么？

2. 调速阀为什么能够使执行机构的运动速度稳定？

3. 试选择下列问题的答案：

(1) 在进油路节流调速回路中，当外负载变化时，液压泵的工作压力（变化，不变化）。

(2) 在回油路节流调速回路中，当外负载变化时，液压泵的工作压力（变化，不变化）。

(3) 在旁油路节流调速回路中，当外负载变化时，液压泵的工作压力（变化，不变化）。

(4) 在容积调速回路中，当外负载变化时，液压泵的工作压力（变化，不变化）。

(5) 在限压式变量泵与调速阀的容积节流调速回路中，当外负载变化时，液压泵的工作压力（变化，不变化）。

4. 试说明图 8-22 所示平衡回路是怎样工作的，回路中的节流阀能否省去，为什么。

5. 试说明图 8-23 所示回路名称及工作原理。

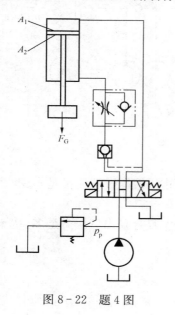

图 8-22　题 4 图

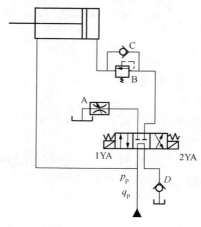

图 8-23　题 5 图

6. 回油节流调速回路如图 8-24 所示，已知液压泵的供油流量 $q_p=25$L/min，负载 $F=40\,000$N，溢流阀的调定压力 $p_Y=5.4$MPa，液压缸无杆腔面积 $A_1=80\times10^{-4}$m^2 时，有杆腔面积 $A_2=40\times10^{-4}$m^2，液压缸工进速度 $v=0.18$m/min，不考虑管路损失和液压缸的摩擦损失，试计算：

(1) 液压缸工进时液压系统的效率。

(2) 当负载 $F=0$ 时，回油腔的压力。

7. 如图 8-24 所示，回路中将节流阀改为调速阀，已知 $q_p=25$L/min，$A_1=100\times10^{-4}$m^2 时，$A_2=50\times10^{-4}$m^2，F 由零增至 30 000N 时活塞向右移动速度基本无变化，$v=0.2$m/min。若调速阀要求的最小压差为 $\Delta p_{min}=0.5$MPa，试求：

(1) 不计调压偏差时溢流阀调定压力 p_Y 是多少？泵的工作压力是多少？

(2) 液压缸可能达到的最高工作压力是多少？

(3) 回路的最高效率为多少？

8. 如图 8-25 所示，由复合泵驱动液压系统，活塞快速前进时负荷 $F=0$，慢速前进时负荷 $F=20\,000$N，活塞有效面积 $A=40\times10^{-4}$m^2，左边溢流阀及右边卸荷阀调定压力分别是 7MPa 与 3MPa。大排量泵流量 $q_大=20$L/min，小排量泵流量为 $q_小=5$L/min，摩擦阻力、管路损失、惯性力忽略不计，求：

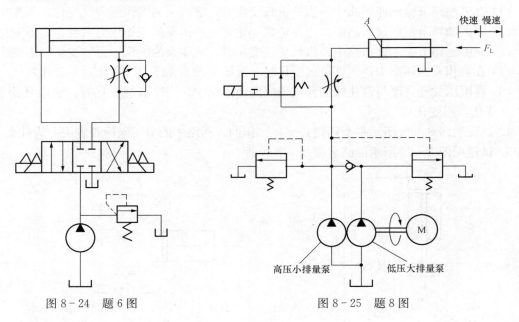

图 8-24　题 6 图　　　　　图 8-25　题 8 图

(1) 活塞快速前进时，复合泵的出口压力是多少？进入液压缸的流量是多少？活塞的前进速度是多少？

(2) 活塞慢速前进时，大排量泵的出口压力是多少？复合泵出口压力是多少？若欲改变活塞前进速度，由哪个元件调整？

项目9 叠加阀与插装阀

任务9.1 叠加阀与插装阀

【任务描述】

在复杂油路设计中，液压系统的集成比较复杂，为简化油路结构而产生了叠加式液压阀。在需要高压力、大流量的液压系统中，前面所述的控制阀已经不能满足要求，标准化的插装阀能够很好地完成这样的功能。通过学习使学生掌握叠加阀和插装阀的基本结构、工作原理及其应用领域。

【任务目标】

(1) 掌握叠加阀和插装阀的结构与工作原理。

(2) 能够在系统中正确的选用叠加阀和插装阀。

(3) 掌握叠加阀和插装阀基本故障诊断和维修技能。

【基本知识】

9.1.1 叠加式液压阀

叠加式液压阀简称叠加阀，具有板式液压阀的工作功能，其阀体本身又同时具有通道体的作用，从而能用其上、下安装面呈叠加式无管连接，组成集成化液压系统。

同一通径系列的叠加阀可按需要组合叠加起来组成不同的系统。通常用于控制同一个执行件的各个叠加阀与板式换向阀及底板纵向叠加成一叠，组成一个子系统。其换向阀（不属于叠加阀）安装在最上面，与执行件连接的底板块放在最下面。控制液流压力、流量或单向流动的叠加阀安装在换向阀与底板块之间，其顺序应按子系统动作要求安排。由不同执行件构成的各子系统之间可以通过底板块横向叠加成为一个完整的液压系统。

叠加阀通径系列包括 $\phi6$、$\phi10$、$\phi16$、$\phi20$、$\phi32$mm 五个通径系列。

1. 单功能叠加阀

单功能叠加阀与普通板式液压阀类同，也包括压力控制阀（如溢流阀、减压阀、顺序阀等）、流量控制阀（如节流阀、单向节流阀、调速阀、单向调速阀）和方向控制阀（仅包括单向阀、液控单向阀）。在一块阀体内部，可以组装一个单阀，也可以组装为双阀。一个阀体中有 P、T、A、B 四条以上通路，所以根据其通道连接状况，可产生多种不同的控制组合方式。

(1) 叠加式溢流阀。图 9-1 所示为先导型叠加式溢流阀，由主阀和导阀两部分组成。主阀芯为单向阀二级同心结构，先导阀为锥阀式结构。图 9-1 (a) 所示为 Y_1-F10D-P/T 型溢流阀的结构原理图，其中，Y 表示溢流阀，F 表示压力等级（$p=20$MPa），10 表示为 $\phi10$mm 通径系列，D 表示叠加阀，P/T 表示该元件进油口为 P，出油口为 T。图 9-1 (b) 所示为其图形符号。据使用情况不同，还有 P_1/T 型，其图形符号如图 9-1 (c) 所示，这种阀主要用于双泵供油系统高压泵的调压和溢流。

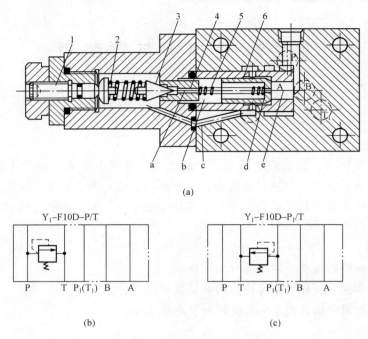

图 9-1　叠加式溢流阀
1—推杆；2—弹簧；3—锥阀阀芯；4—阀座；5—弹簧；6—主阀阀芯

　　叠加式溢流阀的工作原理与一般的先导式溢流阀相同，它是利用主阀芯两端的压力差来移动主阀芯，以改变阀口的开度，油腔 e 和进油口 P 相通，c 和回油口 T 相通，压力油作用于主阀芯的右端，同时经过阻尼小孔 d 流入阀芯左端，并经小孔 a 作用于阀芯上，当系统压力低于溢流阀的调定压力时，锥阀关闭，阻尼孔 d 没有液流流过，主阀芯两端液压力相等。锥阀阀芯在其阀芯前弹簧的作用下处于关闭状态；当系统压力升高到溢流阀的调定压力时，锥阀在液压力的作用下压缩导阀弹簧并使阀口打开。于是主阀芯腔的油液经过锥阀阀口和孔 c 流入 T 口，当油液流过主阀芯上的阻尼孔 d 时，便产生压力损失，使主阀芯两端产生压力差，在这个压力差的作用下，主阀芯克服弹簧力和摩擦力向左移动，使阀口打开，溢流阀便实现在一定压力下溢流。调节锥阀阀芯前弹簧的预压缩量可改变该叠加式溢流阀的调定压力。

　　（2）叠加式流量阀。图 9-2 所示为 QA-F6/10D-BU 型单向调速阀的结构原理图，QA 表示流量阀，F 表示压力等级（20MPa），6/10 表示该阀芯通径为 ϕ6mm、接口尺寸属于 ϕ10mm 系列的叠加式液压阀，BU 表示该阀适用于出口节流（回油路）调速的液压缸 B 腔油路上，其工作原理与一般的调速阀基本相同。当压力为 p 的油液经 B 口进入阀体后，经小孔 f 流至单向阀 1 左侧的弹簧腔，液压力使锥阀式单向阀关闭，压力油经另一孔道进入减压阀 5（分离式阀芯），油液经控制口后，压力降为 p_1，压力为 p_1 的油液经阀芯中心小孔 a 流入阀芯左侧弹簧腔，同时作用于大阀芯左侧的环形面积上，当油液经节流阀 3 的阀口流入 e 腔并经出油口 B′引出的同时，油液又经油槽 d 进入油腔 c，再经孔道 b 进入减压阀大阀芯右侧的弹簧腔。这时通过节流阀的油液压力为 p_2，减压阀阀芯上受到 p_1、p_2 的压力和弹簧力的作用而处于平衡，从而保证了节流阀两端压力差（p_1-p_2）为常数，也就保证了通过节流阀的流量基本不变，图 9-2（b）所示为其图形符号。

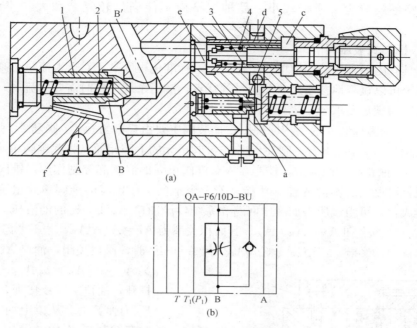

图 9-2 叠加式调速阀

1—单向阀；2—弹簧；3—节流阀；4—弹簧；5—减压阀

以上两种叠加阀在结构上均属于组合式，即将叠加阀体做成通油孔道体，仅将部分控制阀组件置于其阀体内，而将另一部分控制阀或其组件做成板式连接的部件，将其安装在叠加阀体的两端，并和相关的油路连通。通常小通径的叠加阀采用组合式结构。通径较大的叠加阀则多采用整体式结构，即将控制阀和油道组合在同一阀体内。

2. 复合功能叠加阀

复合功能叠加阀是在一个控制阀芯单元中实现两种以上控制机能的叠加阀，多采用复合结构形式。

图 9-3 所示为叠加式电动单向调速阀。调速阀部分作为一个独立组件以板式阀的连接方式，复合到叠加阀主体的侧面，使调速阀性能易于保证，并可提高组件的标准化、通用化程度。其先导阀采用直流湿式电磁铁控制其阀芯的运动。该阀常用于控制机床液压系统。

3. 叠加式液压阀的特点

（1）标准化、通用化、集成化程度高，设计、加工、装配周期短。

（2）用叠加阀组成的液压系统结构紧凑，体积小，重量轻，外形整齐美观。

（3）叠加阀可集中配置在液压站上，也可分散安装在设备上，配置形式灵活。系统变化时，元件重新组合叠装方便、迅速。

（4）因不用油管连接，压力损失小，漏油少，振

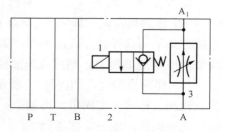

图 9-3 电动单向调速阀

1—先导板式阀；2—主体阀；3—调速阀

动小，噪声小，动作平稳，使用安全可靠，维修容易。

（5）回路形式较少，通径较小，品种规格尚不能满足较复杂和大功率液压系统的需要。

9.1.2　插装式液压阀

插装阀具有内阻小，结构简单，工作可靠，标准化程度高，对于大流量、高压力、较复杂的液压系统可以显著地减小尺寸和重量等特点，液压系统工作时需要大流量、高压力油时可以应用插装阀满足要求。

图 9-4 所示为插装阀的结构原理图，插装阀主要由控制盖板 1、阀套 2、弹簧 3、锥阀 4 及阀体 5 组成。在盖板上有控制油口 K 与锥阀单元的上腔相通。将此锥阀单元插入有两个通道 A、B（主油路）的阀体中，控制盖板对锥阀单元的启闭起控制作用。锥阀单元上配置不同的盖板就可以实现不同的控制功能。若干个不同工作机能的锥阀单元组装在一个阀体内，实现集成化，可组成所需的液压回路和系统，设油口 A、B、K 的油液压力和有效面积分别为 p_A、p_B、p_K 和 A_A、A_B、A_K。其面积关系为 $A_K = A_A + A_B$，若不考虑锥阀的质量、液动力和摩擦力的影响，当 $p_A A_A + p_B A_B < p_K A_K + F_s$ 时，阀口关闭，油口 A、B 不通；当

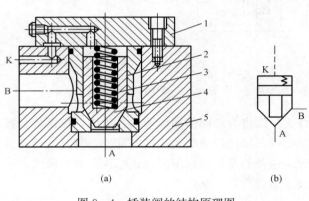

图 9-4　插装阀的结构原理图
（a）结构原理；（b）图形符号
1—控制盖板；2—阀套；3—弹簧；4—锥阀；5—阀体

$p_A A_A + p_B A_B > p_K A_K + F_s$ 时，阀口打开，油口 A、B 接通，以上两式中 F_s 为弹簧力。从以上两式可以看出，改变控制口 K 的油液压力 p_K，可以控制 A、B 油口的通断。当控制油口 K 接油箱（卸荷），阀芯下部的液压力超过上部的弹簧力时，阀芯被顶开，至于液流的方向，视 A、B 口压力大小而定，当 $p_A > p_B$ 时，液流由 A 至 B；当 $p_A < p_B$ 时，液流由 B 至 A。当控制口 K 接通压力油，且 $p_K \geqslant p_A$，$p_K \geqslant p_B$，则阀芯在上、下端压力差和弹簧的作用下关闭油口 A 和 B，这样，锥阀就起到逻辑元件"非"门的作用，所以插装式锥阀又被称为逻辑阀。插装式锥阀通过不同的盖板和各种先导阀组合，便可构成方向控制阀、压力控制阀和流量控制阀。

1. 插装式锥阀用作方向控制阀

（1）作为单向阀。如图 9-5（a）、（b）所示将 C 腔与 A 或 B 连通，即可成为单向阀，连接方式不同其导通方式也不同，如图 9-5（c）所示，在控制盖板上接一个二位三通液动阀来变换 C 腔的压力，即可成为液控单向阀。

（2）作为换向。如图 9-6 所示，用一个二位三通电磁阀来转换 C 腔压力，就成为二位三通阀。将两个锥阀单元再加上一个电磁先导阀就组成一个三通阀。用四个锥阀单元及相应的先导阀就组成一个四通阀。

2. 插装式锥阀用作压力控制阀

图 9-7 所示为插装式锥阀用作压力控制阀的结构原理图。A 腔压力油经阻尼小孔进入

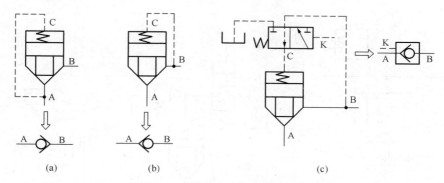

图 9-5　插装式锥阀用作单向阀

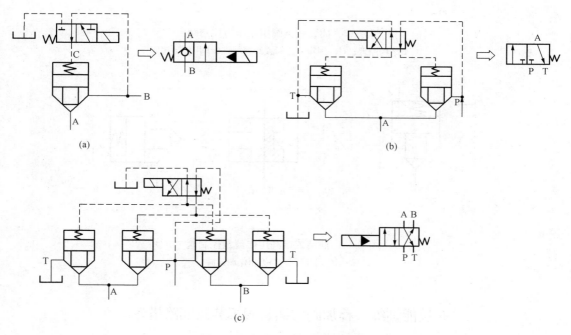

(a)　　　　　　　　　　　　　　　　　　　(b)

(c)

图 9-6　插装式锥阀用作换向阀

(a) 用作两位两通换向阀；(b) 用作两位三通换向阀；(c) 用作两位四通换向阀

控制腔 C，并与先导压力阀进口相通，B 腔接油箱，这样锥阀的开启压力可由先导压力阀来调节。其工作原理与先导式溢流阀完全相同，当 B 腔不接油箱而接负载时，就成为一个顺序阀。再在 C 腔接一个二位两通电磁阀就成为卸荷阀。

3. 插装式锥阀用作流量控制阀

只要控制锥阀阀芯的行程，就可以改变阀口的通流面积大小，则锥阀可起到流量控制阀的作用。如图 9-8（a）所示插装式锥阀用作节流阀，如图 9-8（b）所示节流阀前串接一定差减压阀，减压阀的两端分别与节流阀进、出油口相通，利用减压阀的压力补偿功能来保证节流阀两端压差不随负载的变化而变化，这样就成为一个调速阀。

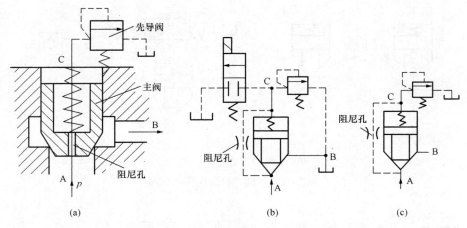

图 9-7　插装式锥阀用作压力控制阀
(a) 结构原理；(b) 用作溢流阀或卸荷阀；(c) 用作顺序阀

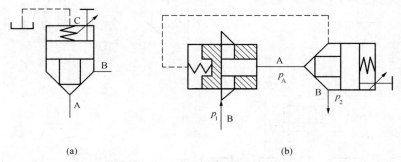

图 9-8　插装式锥阀用作流量控制阀
(a) 用作节流阀；(b) 用作调速阀

技能训练　叠加阀与插装阀拆装及回路搭建

1. 训练目标
(1) 掌握叠加阀与插装阀的组成结构与工作原理。
(2) 掌握叠加阀与插装阀的拆装及基本维修技能。
(3) 具备利用叠加阀与插装阀合理设计、搭建简单液压回路的能力。
2. 训练设备及器材

表 9-1　　　　　　　　　　　　训 练 设 备 及 器 材

设备、器材及其型号		数　　量
液压综合实验台	YYSYT-003	6 台
液压泵站	变量泵	6 组
液压泵站	定量泵	6 组
三位四通电磁换向阀 O 型	根据现场选择	6 组（每组 2 只）

续表

设备、器材及其型号		数　量
溢流阀	同上	6 组（每组 2 只）
单向调速阀（或单向节流阀）	同上	6 只
插装阀	同上	6 只
液压缸	同上	6 组（每组 2 只）
叠加式单向调速阀	同上	6 组（每组 2 只）
压力表	同上	6 组（每组 4 只）
快接油管	同上	若干
工具	内六角扳手、固定扳手、尖嘴钳、剥线钳等	6 套

3. 训练内容

实训前认真了解相关叠加阀和插装阀的结构组成和工作原理。在实训教师的指导下，拆解叠加阀和插装阀，观察、了解其工作原理，严格按照叠加阀和插装阀拆卸、装配步骤进行操作，严禁违反操作规程进行私自拆卸、装配。实训中掌握叠加阀和插装阀的结构组成、工作原理及主要零件、组件特殊结构的作用。

认真复习叠加式回路的原理和插装回路工作原理和元件组成，根据指导教师指定回路完成叠加式回路和插装回路系统设计和搭建。在实训的基础上进一步掌握叠加阀和插装阀系统原理、控制特性及系统组成。

（1）叠加阀的拆装实训，简要画出其工作原理图。

（2）插装阀的拆装实训，简要画出其工作原理图。

（3）叠加阀回路及其电气控制系统搭建。

（4）插装阀回路及其电气控制系统搭建。

能 力 拓 展

1. 叠加阀有什么优点？一般用在什么场合？

2. 简要说明插装阀的工作原理及应用。

3. 认真阅读图 9-9，完成 1YA 与 2YA 对应中位机能的得失电情况。

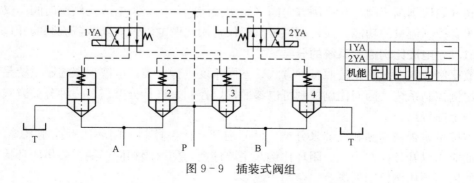

图 9-9　插装式阀组

项目 10 比例阀与伺服阀技术

任务 10.1 比 例 阀 技 术

【任务描述】

比例阀是介于开关阀与伺服阀之间的一种控制阀。能够实现对液流压力和流量连续的、按比例的跟随控制信号变化。随着生产加工工艺的发展，目前液压系统控制精度也越来越高，比例阀得到了广泛的应用。通过本任务学习掌握比例阀的相关基础知识，并在此基础上了解比例阀的应用。

【任务目标】

(1) 掌握比例阀的结构与工作原理。

(2) 具备在液压系统中正确选用比例阀的能力。

(3) 掌握比例阀基本故障诊断和维修技能。

【基本知识】

电液比例控制是介于普通液压阀的开关式控制和电液伺服控制之间的一种控制方式。其实现对液流压力和流量连续的、按比例的跟随控制信号而改变。性能与电液伺服控制相比，其控制的精度和响应速度较低，成本低，抗污染能力强，又比开关式控制好，近年来在国内外得到重视。电液比例控制的核心元件是电液比例阀，简称比例阀。

10.1.1 电液比例控制阀

电液比例控制阀由常用的人工调节或开关控制的液压阀和电气-机械比例转换装置构成。常用的电气-机械比例转换装置是具有一定性能要求的电磁铁，它能把电信号按比例地转换成力或位移，对液压阀进行控制。在使用过程中，电液比例阀可以按输入的电气信号连续的、按比例地对油液的压力、流量和方向进行远距离控制，比例阀一般都具有压力补偿性能，所以它的输出压力和流量可以不受负载变化的影响。它被广泛地应用于对液压参数进行连续、远距离的控制或程序控制，但对控制精度和动态特性要求不太高的液压系统中。根据用途和工作特点的不同，比例阀可以分为比例压力阀（如比例溢流阀、比例减压阀等）、比例流量阀（如比例调速阀）和比例方向阀（比例换向阀）三类。电液比例换向阀不仅能控制方向，还有控制流量的功能，而比例流量阀仅仅是用比例电磁铁来调节节流阀的开口。

10.1.2 电液比例控制系统的分类

电液比例控制系统可以按照多种方式、不同角度进行分类。电液伺服控制系统是一种广义上的比例控制系统，因而比例控制可以参照伺服控制来进行分类。每一种分类方式都代表着系统一定的特点。

按被控量是否被检测和反馈来分类，可分为开环比例控制和闭环比例控制系统。目前，比例阀的应用以开环控制为主。闭环比例阀主要性能与伺服阀相同，随着整体闭环比例阀的出现，使用闭环比例控制的场合也会越来越多。

按控制信号的形式来分类，可分为模拟式控制和数字式控制。其中，数字式控制又分为脉宽调制、脉码调制、脉数调制等。

　　按比例元件的类型来分类，可分为比例节流控制和比例容积控制两大类。比例节流控制用在功率较小的系统，而比例容积控制用在功率较大的场合。

　　目前，最通用的分类方式是按被控对象（量或参数）来进行分类。按此分类，电液比例控制系统可以分为比例流量控制系统、比例压力控制系统、比例流量压力控制系统、比例速度控制系统、比例位置控制系统、比例力控制系统和比例同步控制系统。

10.1.3　比例电磁铁

　　比例电磁铁是电子技术和比例液压技术的连接环节。比例电磁铁是一种直流行程式电磁铁，它产生与输入量正比的输出量，此处输出量为力或位移。

　　按实际使用情况，比例电磁铁可以分为以下两种：

　　(1) 行程调节型电磁铁，在适度长的行程内保持行程与电流的相对线性关系。

　　(2) 力调节型电磁铁，只在较短的行程内具有特定的力与电流特性关系。

　　目前只有直流电磁铁能产生与输入电流成正比的输出位移和力。

10.1.4　电液比例压力阀

　　图 10-1 所示为一种电液比例压力阀，它由压力阀 1 和移动式力马达 2 两部分组成，当力马达的线圈中通入电流 I 时，推杆 3 通过钢球 4、弹簧 5 把电磁推力传给锥阀 6。推力的大小与电流 I 成比例，当阀进油口 P 处的压力油作用在锥阀上的力超过弹簧力时，锥阀打开，油液通过阀口由出油口 T 排出，这个阀的阀口开度是不影响电磁推力的，但当通过阀口的流量变化时，由于阀座上的小孔处压力差的改变及稳态液动力的变化等，被控制的油液压力依然会有一些变化。

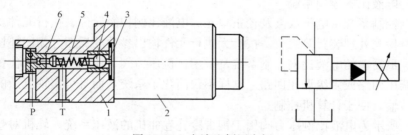

图 10-1　电液比例压力阀
1—压力阀；2—力马达；3—推杆；4—钢球；5—弹簧；6—锥阀

10.1.5　电液比例换向阀

　　电液比例换向阀一般由电液比例控制减压阀和液动换向阀组合而成。前者作为先导阀以其出口压力来控制液动换向阀的正、反向开口压力来控制液动换向阀的正、反向开口量的大小，从而控制液流方向和流量的大小，电液比例换向阀的工作原理如图 10-2 所示。先导级比例减压阀由两个比例电磁铁 4、8 和阀芯 1 等组成。当输入电流信号给电磁铁 8 时，阀芯 1 被推向右移，供油压力 p_b 经右边阀口减压后，经通道 2、3 反馈至阀芯 1 的右端，与电磁铁 8 的电磁压力相平衡。因而减压后的压力与供油压力大小无关，而只与输入电流信号的大小成比例。减压后的油液经通道油压 p_c 作用在换向阀阀芯 5 的右端，使阀芯左移，打开 p_b 与 B 的连通阀口并压缩左端的弹簧，阀芯 5 的移动量与控制油压的大小成正比，即阀口的开口大小与输入电流信号成正比。如输入电流信号给比例电磁铁 4，则相应地打开 p_b 与 A 的连通阀口，通过阀口输出的流量与阀口开口大小及阀口前后压差有关，即输出流量受到外界载荷大小的影响，当阀口前后压差不变时，则输出流量与输入的电流信号大小成比例。

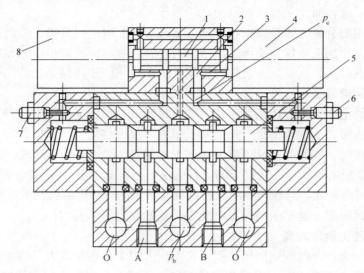

图 10 - 2　电液比例换向阀

1—阀芯；2、3—通道；4、8—比例电磁铁；5—主阀阀芯；6、7—阻尼螺钉

液动换向阀的端盖上装有节流阀调节螺钉 6 和 7，可以根据需要分别调节换向阀的换向时间，此外，这种换向阀也和普通换向阀一样，可以具有不同的中位机能。

10.1.6　电液比例控制系统

电液比例控制系统由电子放大及校正单元、电液比例控制元件、执行元件及液压源、工作负载及信号检测处理装置等组成。按有无执行元件输出参数的反馈分为闭环控制系统和开环控制系统。最简单的电液比例控制系统是采用比例压力阀、比例流量阀来代替普通液压系统中的多级调压回路或多级调速回路。这样不仅简化了系统，而且可实现复杂的程序控制及远距离信号传输，便于计算机控制。

图 10 - 3 所示为电液比例压力阀用于钢带冷轧卷曲机的液压系统。轧机对卷曲机构的要求是：当钢带不断从轧辊下轧出来时，卷取机应以恒定的张力将其卷起来。为了实现这一要求，就必须在钢带卷筒半径 R 变化时保证张力 F 恒定不变，要保证张力不随钢带卷筒半径 R 变化，必须使液压马达的进口压力 p 随 R 的增加而成比例的增加。为此，在该系统轧制过程中，先给定一个张力值储存于电控制器内，而在轧辊与卷筒之间安装一个张力检测计，将检测到的实际张力值反馈与给定张力值进行比较，当比较得到的偏差值达到某一限定值时，电控制器输入比例压力阀的电流变化一个相应值，使控制压力 p 改变，于是液压马达的输出转矩 T 及张力 F 相应的改变，使偏差消失或减小。在轧机的实际工作中，随着钢带卷筒半径 R 的增大，实际张力 F 减小，出现偏差为负值。这时输入电流增加一个相应值，液压马达的进口压力 p 增加一个相应值，从而使液压马达输出转矩 T 及张力 F 相应增加，力图保持张力 F 等于给定值。显然，上述调节过程随着钢带卷半径 R 的不断变化而不断重复。

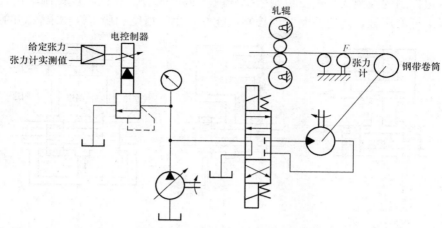

图 10-3　钢带冷轧卷曲机液压系统

任务 10.2　伺 服 阀 技 术

【任务描述】

伺服阀是液压系统中最为高级的液压元件，是整个伺服控制技术的核心元件。在高精密的控制系统中一般采用伺服控制技术。通过本任务学习掌握伺服阀的相关基础知识，并在此基础上了解伺服阀的相关应用。

【任务目标】

(1) 掌握伺服阀的结构与工作原理。

(2) 能够在系统中正确的选用伺服阀。

(3) 掌握伺服阀故障诊断和维修技能。

【基本知识】

液压伺服技术是以液压伺服阀为核心的高精度控制系统。液压伺服阀是一种通过改变输入信号，连续成比例的控制流量和压力进行液压控制的液压阀。根据输入信号的方式不同，又分为电液伺服阀和机液伺服阀。

10.2.1　电液伺服阀

1. 电液伺服阀的组成

电液伺服阀通常由电气-机械转换装置、液压放大器和反馈（平衡）机构三大部分组成。

电气-机械转换装置用来将输入的电信号转换为转角或直线位移输出。输出转角的装置称为力矩马达，输出直线位移的装置称为力马达。

液压放大器接受小功率的电气-机械转换装置输入的转角或直线位移信号，对大功率的压力油进行调节和分配，实现控制功率的转换和放大。

反馈和平衡机构使电液伺服阀输出的流量或压力获得与输入电信号成比例的特性。

2. 液压放大器的结构形式

电液伺服阀的液压放大器常用的形式有滑阀、射流管和喷嘴挡板三种。

根据滑阀的控制边数，滑阀的控制形式有单边、双边和四边三种，如图 10-4 所示。其中单边和双边控制的控制式只用于控制单出杆液压缸；四边控制式既可控制单出杆液压缸，也可控制双出杆液压缸，四边控制式因控制性能好，用于精度和稳定性要求较高的系统。

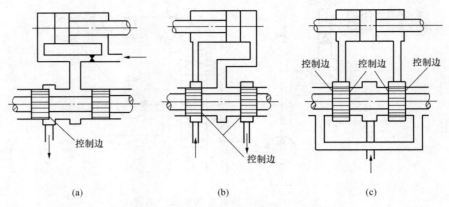

图 10 - 4　滑阀的结构形式
(a) 单边；(b) 双边；(c) 四边

　　根据滑阀阀芯在中位时阀口的预开口量的不同，滑阀又分为负开口（正重叠）、零开口（零重叠）、正开口（负重叠）三种形式，如图 10 - 5 所示。负开口在阀芯开启时存在一个死区且流量特性为非线性，因此很少采用；正开口在阀芯处于中位时存在泄漏且泄漏很大，所以一般不用于大功率控制场合，另外，它的流量增益也是非线性的。比较而言，应用最广、性能最好的是零开口结构，但完全的零开口在工艺上是难以达到的，因此实际的零开口允许小于 0.025mm 的微小开口量偏差。

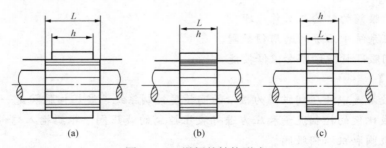

图 10 - 5　滑阀的结构形式
(a) 负开口；(b) 零开口；(c) 正开口

10.2.2　电液伺服阀的工作原理

　　图 10 - 6 所示为喷嘴挡板式伺服阀的工作原理图。图中上半部分为电气-机械转换装置，即力矩马达，下半部分为前置级（喷嘴挡板）和主滑阀。当无电流信号输入时，力矩马达无力矩输出，与衔铁 5 固定在一起的挡板 9 处于中位，主滑阀阀芯亦处于中位。液压泵输出的油液以压力 p_s 进入主滑阀阀口，因阀芯两端台肩将阀口关闭，油液不能进入 A、B 口，但经节流孔 10 和 13 分别引到喷嘴 8 和 7，经喷射后，液流流回油箱。由于挡板处于中位，两喷嘴与挡板的间隙相等，因而油液流经喷嘴的液阻相等，则喷嘴前的压力 p_1 与 p_2 相等，主阀阀芯两端压力相等，阀芯处于中位。若线圈输入电流，控制线圈中将产生磁场，使衔铁上产生磁力矩。当磁力矩为顺时针方向时，衔铁连同挡板一起绕弹簧管中的支点顺时针偏

转。图中左喷嘴 8 的间隙减小，右喷嘴 7 的
间隙增大，即压力 p_1 增大，p_2 减小，主滑
阀阀芯在两端压力差作用下向右移动，开启
阀口，p_s 与 B 相通，A 与 T 相通。在主滑
阀阀芯向右移动的同时，通过挡板下端的弹
簧杆 11 反馈作用使挡板逆时针方向偏转，使
左喷嘴 8 的间隙增大，右喷嘴 7 的间隙减小，
于是压力 p_1 减小，p_2 增大。当主阀阀芯向
右移动到某一位置，由两端压力差（$p_1 -$
p_2）形成的液压力通过反馈弹簧杆作用在挡
板上的力矩、喷嘴液流压力作用在挡板上的
力矩、弹簧管的反力矩和与力矩马达产生的
电磁力矩相等时，主滑阀阀芯受力平衡，稳
定在一定的开口下工作。

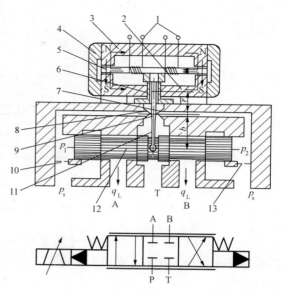

图 10 - 6　喷嘴挡板式电液伺服阀工作原理
1—线圈；2、3—导磁体；4—永久磁铁 5—衔铁；
6—弹簧管；7、8—喷嘴；9—挡板；10、13—固定
节流孔；11—反馈弹簧杆；12—主滑阀

　　显然，改变输入电流大小，可成比例地
调节电磁力矩，从而得到不同的主阀阀口大
小。若改变输入电流的方向，主阀阀芯反向
位移，可实现液流的反向控制。如图 10 - 6
所示，电液伺服阀的主滑阀阀芯的最终工作
位置是通过挡板弹性反力反馈作用达到平衡的，因此称为力反馈式。除力反馈外，伺服阀还
有位置反馈、负载流量反馈、负载压力反馈等。

10.2.3　伺服阀的性能特点

　　下面以如图 10 - 7 所示零开口四边滑阀为例来分析。图示位置阀芯向右偏移、阀口 1 和
3 开启，2 和 4 关闭。压力油源 p_p 经阀口 1 通往液压缸，液压缸的回油经阀口 3 回油箱。因
阀口开度很小，因此在进、回油路上起节流作用，阀口 1 处压力由 p_p 降为 p_1，流量为 q_1，
阀口 3 处的压力由 p_2 降为零，流量为 q_3。当负载条件下进入伺服阀的流量为 q_p，进入液压
缸的负载流量为 q_L 时，则在液压缸为双出杆形式时可得到下列方程

$$q_1 = C_d A_1 \sqrt{\frac{2}{\rho}(p_p - p_1)} \qquad (10-1)$$

$$q_3 = C_d A_3 \sqrt{\frac{2}{\rho}p_2} \qquad (10-2)$$

$$q_p = q_1 = q_L = q_3 \qquad (10-3)$$

式中　A_1、A_3——阀口 1、3 的过流面积。

　　当阀芯为对称结构时 $A_1 = A_3$，$q_1 = q_3$。由此可得 $p_p - p_1 = p_2$，又因负载压力 $p_L =$
$p_1 - p_2$，所以 $p_1 = (p_p + p_L)/2$，$p_2 = (p_p - p_L)/2$，阀口的压力流量方程可写成

$$q_L = C_d \omega x \sqrt{(p_p - p_L)/\rho} \qquad (10-4)$$

式中　ω——阀口面积梯度，当阀口为全周时，$\omega = \pi D$。

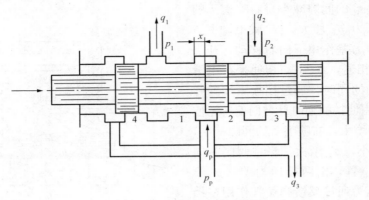

图 10 - 7　零开口四边滑阀

式 (10 - 4) 表示了伺服阀处于稳态时各参量 (q_L, x, p_p, p_L) 之间的关系, 因此被称为静特性方程, 可用流量放大系数 k_q、流量压力系数 k_c、压力放大系数 k_p 来表示, 三个系数的定义为

$$k_q = \frac{\partial q_L}{\partial x}\bigg|_{p_L = 常数} \qquad (10 - 5)$$

$$k_c = -\frac{\partial q_L}{\partial p_L}\bigg|_{x = 常数} \qquad (10 - 6)$$

$$k_p = \frac{\partial p_L}{\partial x}\bigg|_{q_L = 常数} \qquad (10 - 7)$$

10.2.4　电液伺服阀的应用举例

电液伺服系统通过电气传送方式, 将电气信号输入操作系统来操纵有关的液压控制元件动作, 控制液压执行元件使其跟随输入信号而动作。这类伺服系统中电液两部分之间都采用电液伺服阀作为转换元件。

电液伺服系统根据被控制物理量的不同分为位置控制、速度控制、压力控制等。本节以机械手电液伺服控制系统为例, 介绍常用的位置控制电液伺服系统。一般机械手包括四个电液伺服系统, 分别控制机械手的伸缩、回转、升降及手腕动作。由于四个系统的工作原理均相似, 故以机械手伸缩电液伺服系统为例, 介绍其工作原理。

图 10 - 8 所示为机械手伸缩电液伺服系统原理图。它由电液伺服阀 1、液压缸 2、活塞杆带动的机械手手臂 3、电位器 5、步进电动机 6、齿轮齿条 4 和放大器 7 等元件组成。当数字部分发出一定数量的脉冲信号时, 步进电动机带动电位器 5 的动触头转过一定的角度, 使动触头偏移电位器中位, 产生微弱电压信号, 该信号经放大器 7 放大后输入电液伺服阀 1 的控制线圈, 使伺服阀产生一定的开口量, 假设此时压力油经伺服阀进入液压缸左腔, 推动活塞连同机械手手臂上的齿条啮合, 手臂向右移动时, 电位器跟着做顺时针旋转。当电位器的中位和动触头重合时, 动触头输出电压为零, 电液伺服阀失去信号, 阀口关闭, 手臂停止移动。手臂移动的行程决定于脉冲的数量, 速度取决于脉冲的频率。当数字控制部分反向发出脉冲时, 步进电动机反方向转动, 手臂便向左移动。由于机械手手臂移动的距离与输入电位

器的转角成比例，机械手手臂完全跟随输入电位器的转动而产生相应的位移，所以它是一个带有反馈的位置控制电液伺服系统。

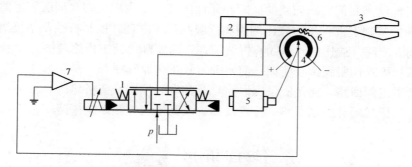

图 10-8　机械手手臂伸缩电液伺服系统工作原理

1—电液伺服阀；2—液压缸；3—机械手手臂；4—齿轮齿条；

5—电位器；6—步进电动机；7—放大器

技能训练　比例阀与伺服阀认识及典型回路搭建

1. 训练目标

（1）掌握比例阀与伺服阀的组成结构与工作原理。

（2）掌握比例阀与伺服阀的拆卸与装配技能。

（3）初步掌握比例阀与伺服阀基本维修技能。

（4）初步具备设计与搭建比例阀、伺服阀液压回路的能力。

2. 训练设备及器材

表 10-1　　　　　　　　　　　训 练 设 备 及 器 材

设备、器材及其型号		数　　量
液压综合实验台	YYSYT-003	6 台
液压泵站	定量泵	6 组
三位四通电磁换向阀 O 型	根据现场选择	6 组（每组 2 只）
比例溢流阀	同上	6 只
比例流量阀	同上	6 只
伺服阀	同上	6 只
安全阀	同上	6 组（每组 2 只）
液压缸	同上	6 组（每组 2 只）
压力表	同上	6 组（每组 4 只）
快接油管	同上	若干
工具	内六角扳手、固定扳手、尖嘴钳、剥线钳等	6 套

3. 训练内容

实训前认真预习，了解比例阀和伺服阀的结构组成和工作原理。在实训教师的指导下，拆解比例阀和伺服阀，观察分析其工作原理，严格按照比例阀和伺服阀拆卸、装配步骤进行操作，严禁违反操作规程进行私自拆卸、装配。实训中掌握比例阀和伺服阀的结构组成、工作原理及主要零件、组件特殊结构的作用。

认真复习比例阀和伺服阀回路的原理和元件组成，完成比例阀和伺服阀回路系统设计和搭建。在实训的基础上进一步掌握比例阀和伺服阀系统原理、控制特性及系统组成。

（1）比例溢流阀（或比例流量阀）拆装实训，简要画出其工作原理图。

（2）喷嘴挡板式伺服阀拆装实训，简要画出其工作原理图。

（3）比例溢流阀回路（比例流量阀回路）及其电气控制系统搭建。

（4）喷嘴挡板式闭环控制回路（位置反馈）及其电气控制系统搭建。

能 力 拓 展

1. 液压伺服系统与液压传动系统有什么区别？使用场合有什么不同？

2. 电液伺服阀的组成和特点是什么？它在电液伺服系统中起到什么作用？

3. 电液比例阀由哪两部分组成？它具有什么特点？

4. 举例说明身边应用的电液比例控制系统，分析其工作过程。

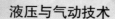

项目 11　典型液压系统分析

液压传动系统是根据液压设备的工作要求，选用适当的液压基本回路有机组合而成。液压系统的应用涉及机械制造、轻工、纺织、矿山、工程机械等各个领域。通过分析加深对各种液压元件和系统综合应用的认识，掌握液压系统的分析方法，为液压系统的设计、调试、使用、维护打下基础。液压系统其原理一般用液压系统图来表示。液压系统图是用规定的图形符号画出的液压系统工作原理图。

分析和阅读液压系统图，大致可按以下几步进行：

（1）了解设备的功用及对液压系统的任务、工作循环和性能要求。

（2）初步分析液压系统图，了解系统中各液压元件，以执行元件为中心将其分解为若干个子系统。

（3）逐步分析各子系统，了解系统中基本回路的组成情况及各元件之间的相互关系。参照电磁铁动作顺序表和执行元件的动作要求，理清其油流路线。

（4）根据系统中各执行元件间的互锁、同步、防干扰等要求，分析各子系统之间的联系，以及如何实现这些要求。

（5）在读懂液压系统图的基础上，根据系统所使用的基本回路的性能，对系统进行综合分析，归纳总结出整个系统的特点，以加深对液压系统的理解。

任务 11.1　组合机床液压系统分析

【任务描述】

组合机床是一种自动化程度较高的专用机床，其中的动力滑台由液压系统实现多种不同的工作循环，本任务通过对组合机床液压系统的分析学习，掌握典型液压系统的工作特点和分析方法，为各类液压系统的分析、设计、调试、使用、维护奠定基础。

【任务目标】

（1）掌握组合机床液压系统的组成与工作原理。

（2）掌握组合机床液压系统系统的分析方法。

（3）具备对组合机床液压系统进行调试与维护的能力。

【基本知识】

11.1.1　概述

组合机床是由通用部件和某些专用部件所组成的高效率、自动化程度较高的专用机床。它能完成钻、镗、铣、刮端面、倒角、攻螺纹等加工和工件的转位、定位、夹紧、输送等动作。

图 11-1 所示为组合机床外形简图。动力滑台是组合机床的一种通用部件。在滑台上可以配置各种工艺用途的切削头。例如，安装动力箱和主轴箱、钻削头、铣削头、镗削头等，即可完成钻、扩、铰、镗、铣、刮端面，以及倒角、攻螺纹等加工。组合机床液压动力滑台可以实现多种不同的工作循环，其中一种比较典型的工作循环是快进──一工进──二工进──死

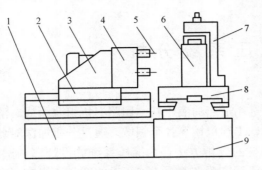

图 11-1 组合机床外形简图

1—床身；2—动力滑台；3—动力头；4—主轴箱；
5—刀具；6—工件；7—夹具；8—工作台；9—底座

挡铁停留→快退→停止。完成这一动作循环的动力滑台液压系统图如图 11-2 所示。系统中采用限压式变量叶片泵供油，并使液压缸差动连接以实现快速运动。由电液换向阀换向，用行程阀、液控顺序阀实现快进与工进的转换，用二位二通电磁换向阀实现一工进和二工进之间的速度换接。为保证进给的尺寸精度，采用了死挡铁停留来限位。

11.1.2 液压系统工作原理

图 11-2 所示为组合机床动力滑台液压系统图。其工作过程如下：

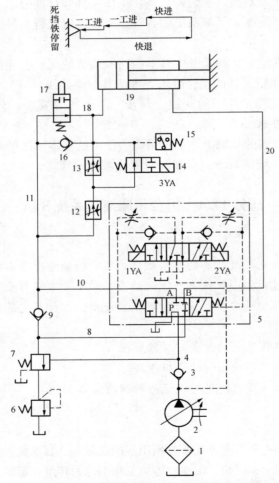

图 11-2 YT4543 型组合机床动力滑台液压系统原理图

1—滤油器；2—变量泵；3、9、16—单向阀；4、8、10、11、18、20—管路；5—电液动换向阀；
6—背压阀；7—顺序阀；12、13—调速阀；14—换向阀；15—压力继电器；17—行程阀；19—液压缸

1. 快进

按下启动按钮，三位五通电液动换向阀 5 的先导电磁换向阀 1YA 得电，使之阀芯右移，左位进入工作状态，这时的主油路如下：

进油路：滤油器 1→变量泵 2→单向阀 3→管路 4→电液换向阀 5 的 P 口到 A 口→管路 10、11→行程阀 17→管路 18→液压缸 19 左腔。

回油路：缸 19 右腔→管路 20→电液换向阀 5 的 B 口到 T 口→管路 8→单向阀 9→管路 11→行程阀 17→管路 18→液压缸 19 左腔。

这时形成差动连接回路。因为快进时，滑台的载荷较小，同时进油可以经阀 17 直通液压缸左腔，系统中压力较低，所以变量泵 2 输出流量大，动力滑台快速前进，实现快进。

2. 第一次工作进给

在快进行程结束，滑台上的挡铁压下行程阀 17，行程阀上位工作，使管路 11、18 断开。电磁铁 1YA 继续通电，电液动换向阀 5 左位仍在工作，电磁换向阀 14 的电磁铁处于断电状态。进油路必须经调速阀 12 进入液压缸左腔，与此同时，系统压力升高，将液控顺序阀 7 打开，并关闭单向阀 9，使液压缸实现差动连接的油路切断。回油经顺序阀 7 和背压阀 6 回到油箱。这时的主油路如下：

进油路：滤油器 1→变量泵 2→单向阀 3→电液换向阀 5 的 P 口到 A 口→管路 10→调速阀 12→二位二通电磁换向阀 14→管路 18→液压缸 19 左腔。

回油路：缸 19 右腔→管路 20→电液换向阀 5 的 B 口到 T 口→管路 8→顺序阀 7→背压阀 6→油箱。

因为工作进给时油压升高，所以变量泵 2 的流量自动减小，动力滑台向前作第一次工作进给，进给量的大小可以用调速阀 12 调节。

3. 第二次工作进给

在第一次工作进给结束时，滑台上的挡铁压下行程开关，使电磁阀 14 的电磁铁 3YA 得电，阀 14 右位接入工作，切断了该阀所在的油路，经调速阀 12 的油液必须经过调速阀 13 进入液压缸的右腔，其他油路不变。由于调速阀 13 的开口量小于阀 12，进给速度降低，进给量的大小可由调速阀 13 来调节。

4. 死挡铁停留

当动力滑台第二次工作进给终了碰上死挡铁后，液压缸停止不动，系统的压力进一步升高，达到压力继电器 15 的调定值时，经过时间继电器的延时，再发出电信号，使滑台退回。在时间继电器延时动作前，滑台停留在死挡铁限定的位置上。

5. 快退

时间继电器发出电信号后，2YA 得电，1YA 断电，3YA 断电，电液换向阀 5 右位工作，这时的主油路如下：

进油路：滤油器 1→变量泵 2→单向阀 3→管路 4→电液换向阀 5 的 P 口到 B 口→管路 20→缸 19 的右腔。

回油路：缸 19 的左腔→管路 18→单向阀 16→管路 11→电液换向阀 5 的 A 口到 T 口→油箱。

这时系统的压力较低，变量泵 2 输出流量大，动力滑台快速退回。由于活塞杆的面积大约为活塞的一半，所以动力滑台快进、快退的速度大致相等。

6. 原位停止

当动力滑台退回到原始位置时，挡块压下行程开关，这时电磁铁 1YA、2YA、3YA 都断电，电液换向阀 5 处于中位，动力滑台停止运动，变量泵 2 输出油液的压力升高，使泵的流量自动减至最小。该液压系统的电磁铁和行程阀的动作见表 11-1。

表 11-1　　　　　　　组合机床动力滑台液压系统电磁铁和行程阀的动作表

电磁铁 动作	1YA	2YA	3YA	17（行程阀）
快　进	+	−	−	−
一工进	+	−	−	+
二工进	+	−	+	+
死挡铁停留	+	−	+	+
快　退	−	+	−	+ → −
原位停止	−	−	−	−

通过上述分析可以看出，为了实现自动工作循环，该液压系统应用了下列一些基本回路：

（1）调速回路采用了由限压式变量泵和调速阀组成的调速回路，调速阀放在进油路上，回油经过背压阀。

（2）快速运动回路应用限压式变量泵在低压时输出流量大的特点，并采用差动连接来实现快速前进。

（3）换向回路应用电液动换向阀实现换向，工作平稳、可靠，并由压力继电器与时间继电器发出的电信号控制换向信号。

（4）快速运动与工作进给的换接回路采用行程换向阀实现速度的换接，换接的性能较好。同时利用换向后，系统中的压力升高使液控顺序阀接通，系统由快速运动的差动连接转换为使回油排回油箱。

（5）两种工作进给的换接回路采用了两个调速阀串联的回路结构。

任务 11.2　MJ-50 型数控机床液压系统分析

【任务描述】

目前大多数数控机床都采用液压技术，MJ-50 型数控车床主要用来加工轴类零件的内外圆柱面、圆锥面、螺纹表面、成形回转体表面。对于盘类零件可进行钻孔、扩孔、铰孔、镗孔等加工。机床还可以完成车端面、切槽、倒角等加工。本任务通过对该数控机床液压系统的分析学习，掌握典型液压系统的工作特点和分析方法，为液压系统的设计、调试、使用、维护奠定基础。

【任务目标】

（1）掌握 MJ-50 型数控车床液压系统的组成与工作原理。

（2）掌握 MJ-50 型数控车床液压系统系统的分析方法。

（3）具备能够对 MJ－50 型数控车床液压系统进行调试和维护的能力。

【基本知识】

11.2.1　概述

MJ－50 型数控车床中由液压系统实现的动作有卡盘的夹紧与松开、刀架的正转与反转、尾座套筒的伸缩。液压系统中各个电磁阀的电磁铁动作由数控系统的可编程序控制器控制，各电磁铁动作见表 11－2。

表 11－2　　　　　　　　　MJ－50 型数控车床电磁铁动作表

动作 \ 电磁铁			1YA	2YA	3YA	4YA	5YA	6YA	7YA	8YA
卡盘正转	高压	夹紧	+	−	−					
		松开	−	+	−					
	低压	夹紧	+	−	+					
		松开	−	+	+					
卡盘反转	高压	夹紧	−	+	−					
		松开	+	−	−					
	低压	夹紧	−	+	+					
		松开	+	−	+					
刀架	正转								−	+
	反转								+	−
	松开					+				
	夹紧									
尾座	套筒伸出						−	+		
	套筒缩回						+	−		

11.2.2　液压系统的工作原理

图 11－3 所示为 MJ－50 数控机床液压系统图。液压系统采用单向变量泵 1 供油，系统压力调至 4MPa，由压力表 15 显示压力，泵输出的压力油经过单向阀进入系统，其工作原理如下：

1. 卡盘的夹紧与松开

当卡盘处于正卡（或称外卡）且在高压夹紧状态下时，夹紧力的大小由减压阀 8 来调整，由压力表 14 来显示。当 1YA 通电时，换向阀 3 左位接入系统，系统压力油经减压阀 8、换向阀 4、换向阀 3 进入液压缸右腔，液压缸左腔的油液经换向阀 3 直接回油箱。这时，活塞杆左移，卡盘夹紧。反之，当 2YA 通电时，换向阀 3 右位接入系统，系统压力油经减压阀 8、换向阀 4、换向阀 3 到液压缸左腔，液压缸右腔的油液经换向阀 3 直接回油箱。这时，活塞杆右移，卡盘松开。

当卡盘处于正卡且在低压夹紧状态下时，夹紧力的大小由减压阀 9 来调整。这时，3YA 通电，换向阀 4 右位工作。换向阀 3 的工作情况与高压夹紧时相同。

卡盘反卡时的工作情况与正卡相似。

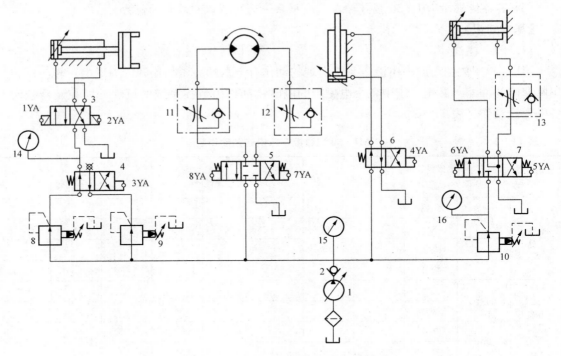

图 11-3　MJ-50 数控机床液压系统图

1—单向变量泵；2—单向阀；3、4、5、6、7—换向阀；8、9、10—减压阀；11、12、13—单向调速阀；
14、15、16—压力表

2. 回转刀架的回转

回转刀架换刀时，首先是刀架松开，然后刀架转位到指定位置，最后刀架复位夹紧。当 4YA 通电时，换向阀 6 右位开始工作，刀架松开；当 8YA 通电时，液压马达带动刀架正转，转速由单向调速阀 11 控制。若 7YA 通电，则液压马达带动刀架反转，转速由单向调速阀 12 控制。当 4YA 断电时，换向阀 6 左位工作，液压缸使刀架夹紧。

3. 尾座套筒缸的伸缩运动

当 6YA 通电时，换向阀 7 左位工作，系统压力油经减压阀 10、换向阀 7 到尾座套筒缸的左腔，右腔的油经单向调速阀 13、换向阀 7 回油箱，缸筒带动尾座套筒伸出，伸出时的预紧力大小通过压力计 16 显示。反之，当 5YA 通电时，换向阀 7 右位工作，系统压力油经减压阀 10、换向阀 7、单向调速阀 13 到尾座套筒液压缸的右腔，液压缸左腔油经换向阀 7 回油箱，缸筒带动尾座套筒缩回。

11.2.3　液压系统的特点

（1）采用单向变量泵向系统供油，能量损失小。

（2）用换向阀控制卡盘，实现高压和低压夹紧的转换，并且分别调节高压夹紧或低压夹紧力的大小，这样可根据工件情况调节夹紧力，操作方便简单。

（3）用液压马达实现刀架的转位，可实现无级调速，并能控制刀架正反转。

（4）用换向阀控制尾座套筒液压缸的换向以实现套筒伸出和缩回，并能调节尾座套筒伸出时的预紧力大小，以适应不同工件的需要。

（5）压力表14、15、16可分别显示系统相应处的压力，以便于故障诊断和调试。

任务 11.3　液压冲压机液压系统分析

【任务描述】

液压机是用于校直、压装、冷冲压、冷挤压和弯曲等工艺的压力加工机械，它是最早应用液压传动的机械之一。液压机液压系统是用于机器的主传动，以压力控制为主，系统压力高、流量大、功率大，应该特别注意如何提高系统效率和防止液压冲击。本任务通过对液压冲压机液压系统的分析学习，掌握典型液压系统的工作特点和分析方法，为液压系统的分析、设计、调试、使用、维护奠定基础。

【任务目标】

（1）掌握液压冲压机液压系统的工作原理。

（2）掌握液压冲压机液压系统系统的分析方法。

（3）具备能对液压冲压机液压系统进行调试和维护的能力。

【基本知识】

11.3.1　概述

液压冲压机的典型工作循环如图11-4所示。一般主缸的工作循环要求有快进→减速接近工件及加压→保压延时→泄压→快速回程及保持活塞停留在行程的任意位置等基本动作；当有辅助缸时，若需顶料，顶料缸的动作循环一般是活塞上升→停止→向下退回；薄板拉伸则要求有液压垫上升→停止→压力回程等动作；有时还需要压边缸将料压紧。

11.3.2　液压系统工作原理

图11-5所示为双动薄板冲压机液压系统原理图，本机最大工作压力为450kN，用于薄板的拉伸成形等冲压工艺。

系统采用恒功率变量柱塞泵供油，以满足低压快速行程和高压慢速行程的要求，最高工作压力由电磁溢流阀4的远程调压阀3调定，其工作原理如下：

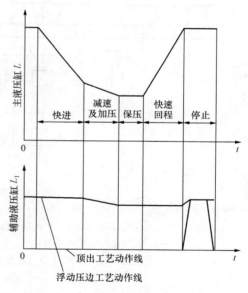

图 11-4　液压机的典型工作循环图

1. 启动

按下启动按钮，电磁铁全部处于失电状态，恒功率变量泵输出的油以很低的压力经电磁溢流阀4溢流回油箱，泵空载启动。

2. 拉伸滑块和压边滑块快速下行

使电磁铁1YA和3YA、6YA得电，电磁溢流阀4的二位二通电磁换向阀左位工作，切断泵的卸荷通路。同时三位四通电液动换向阀11的左位接入工作，泵向拉伸滑块液压缸35上腔供油。因电磁换向阀10的电磁铁6YA得电，其右位接入工作，所以回油经阀11和阀

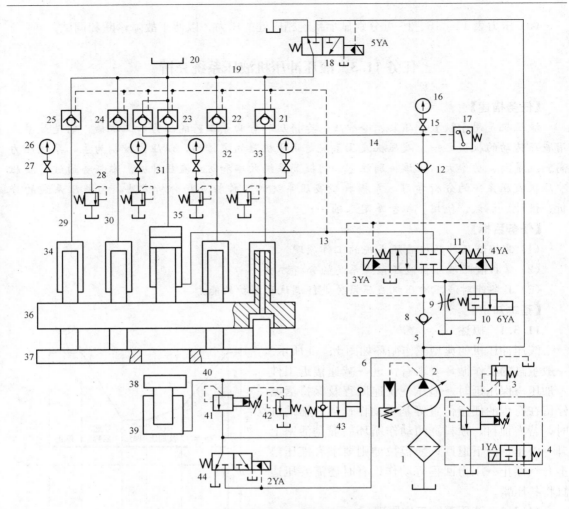

图 11 - 5　双动薄板冲压机液压系统原理图

1—滤油器；2—变量泵；3、42—远程调压阀；4—电磁溢流阀；5、6、7、13、14、19、29、30、31、32、33、40—管路；
8、12、21、22、23、24、25—单向阀；9—节流阀；10—电磁换向阀；11—电液动换向阀；15、27—压力表开关；
16、26—压力表；17—压力继电器；18、44—二位三通电液换向阀；20—高位油箱；28—安全阀；
34—压边缸；35—拉伸缸；36—拉伸滑块；37—压边滑块；38—顶出块；39—顶出缸；
41—先导溢流阀；43—手动换向阀

10 回油箱，使其快速下行。同时带动压边缸 34 快速下行，压边缸从高位油箱 20 补油。这时的主油路如下：

进油路：滤油器 1→变量泵 2→管路 5→单向阀 8→三位四通电液换向阀 11→单向阀 12→管路 14→管路 31→缸 35 上腔。

回油路：缸 35 下腔→管路 13→电液换向阀 11→换向阀 10→油箱。

拉伸滑块液压缸快速下行时泵始终处于最大流量状态，但仍不能满足其需要，因而其上腔形成负压，高位油箱 20 中的油液经单向阀 23 向主缸上腔充液。

3. 减速、加压

在拉伸滑块和压边滑块与板料接触之前，首先碰到一个行程开关（图中未画出）、发出一个电信号，使阀 10 的电磁铁 6YA 失电，左位工作，主缸回油需经节流阀 9 回油箱，实现慢进。当压边滑块接触工件后，又一个行程开关（图中未画出）发信号，使 5YA 得电，阀 18 右位接入工作，泵 2 打出的油经阀 18 向压边缸 34 加压。

　　4. 拉伸、压紧

　　当拉伸滑块接触工件后，主缸 35 中的压力由于负载阻力的增加而增加，单向阀 23 关闭，泵输出的流量也自动减小。主缸继续下行，完成拉伸工艺。在拉伸过程中，泵 2 输出的最高压力由远程调压阀 3 调定，主缸进油路同上。回油路为缸 35 下腔→管路 13→电液换向阀 11→节流阀 9→油箱。

　　5. 保压

　　当主缸 35 上腔压力达到预定值时，压力继电器 17 发出信号，使电磁铁 1YA、3YA、5YA 均失电，阀 11 回到中位，主缸上、下腔及压边缸 34 上腔均封闭，主缸上腔短时保压，此时泵 2 经电磁溢流阀 4 卸荷。保压时间由压力继电器 17 控制的时间继电器调整。

　　6. 快速回程

　　使电磁铁 1YA、4YA 得电，阀 11 右位工作，泵打出的油进入主缸下腔，同时控制油路打开液控单向阀 21、22、23、24，主缸上腔的油经阀 23 回到高位油箱 20，主缸 35 回程的同时，带动压边缸快速回程。这时主缸的油路如下：

　　进油路：滤油器 1→泵 2→管路 5→单向阀 8→阀 11 右位→管路 13→主缸 35 下腔。

　　回油路：主缸 35 上腔→阀 23→高位油箱 20。

　　7. 原位停止

　　当主缸滑块上升到触动行程开关 1S 时（图中未画出），电磁铁 4YA 失电，阀 11 中位工作，使主缸 35 下腔封闭，主缸停止不动。

　　8. 顶出缸上升

　　在行程开关 1S 发出信号使 4YA 失电的同时也使 2YA 得电，使阀 44 右位接入工作，泵 2 打出的油经管路 6→阀 44→手动换向阀 43 左位→管路 40，进入顶出缸 39，顶出缸上行完成顶出工作、顶出压力由远程调压阀 42 设定。

　　9. 顶出缸下降

　　在顶出缸顶出工件后，行程开关 4S（图中未画出）发出信号，使 1YA、2YA 均失电、泵 2 卸荷，阀 44 左位工作。阀 43 右位工作，顶出缸在自重作用下下降，回油经阀 43、44 回油箱。

　　该系统采用高压大流量恒功率变量泵供油和利用拉伸滑块自动充油的快速运动回路，既符合工艺要求，又节省了能量。

　　双动薄板冲压机液压系统电磁铁动作顺序见表 11-3。

表 11-3　　　　　　　　双动薄板冲压机液压系统电磁铁动作顺序表

拉伸滑块	压边滑块	顶出缸	电　磁　铁						手动换向阀
			1YA	2YA	3YA	4YA	5YA	6YA	
快速下降	快速下降		+	−	+	−	−	+	
减速	减速		+	−	+	−	+	−	
拉伸	压紧工件		+	−	+	−	+	−	

续表

拉伸滑块	压边滑块	顶出缸	电磁铁						手动换向阀
			1YA	2YA	3YA	4YA	5YA	6YA	
快退返回	快退返回		+	−	−	+	−	−	
		上升	+	+	−	−	−	−	左位
		下降	−	−	−	−	−	−	右位
	液压泵卸荷		−	−	−	−	−	−	

任务 11.4 汽车起重机液压系统分析

【任务描述】

汽车起重机是一种使用广泛的工程机械，在汽车起重机上采用液压起重技术，承载能力大，可在有冲击、振动和环境较差的条件下工作。本任务通过对汽车起重机液压系统的分析学习，掌握典型液压系统的工作特点和分析方法，为液压系统的分析、设计、调试、使用、维护奠定基础。

【任务目标】

（1）掌握汽车起重机液压系统的工作原理。

（2）掌握汽车起重机液压系统系统的分析方法。

（3）具备能对汽车起重机液压系统进行调试和维护的能力。

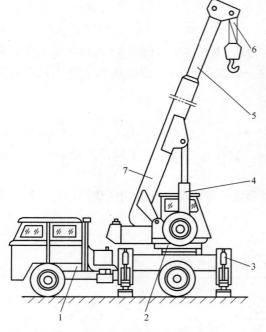

图 11-6 Q2-8 汽车起重机外形简图

1—载重汽车；2—回转机构；3—支腿；4—吊臂变幅缸；
5—吊臂伸缩缸；6—起升机构；7—基本臂

【基本知识】

11.4.1 概述

汽车起重机是将起重机安装在汽车底盘上的一种起重运输设备。它主要由起升、回转、变幅、伸缩、支腿等工作机构组成，这些动作的完成由液压系统来实现。由于系统执行元件需要完成的动作较为简单，位置精度要求较低，所以系统以手动操纵为主，对于汽车起重机的液压系统，一般要求输出力大、动作要平稳、耐冲击、操作要灵活、方便、可靠、安全。图 11-6 所示为 Q2-8 型汽车起重机外形简图。

11.4.2 液压系统工作原理

图 11-7 所示为 Q2-8 型汽车起重机液压系统原理图，下面对其完成各个动作的回路进行叙述。

1. 支腿回路

汽车轮胎的承载能力是有限的，在起吊重物时，必须由支腿液压缸来承受负载，而使轮胎架空，这样也可以防止起吊时整机的前倾或颠覆。

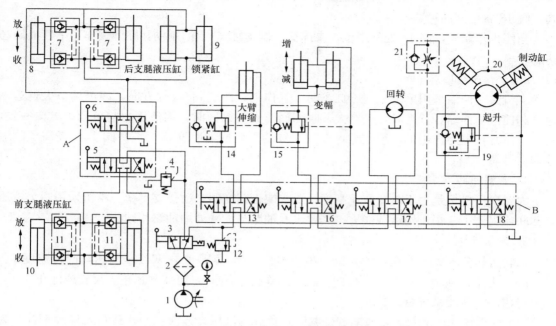

图 11-7 Q2-8 汽车起重机液压系统原理图

1—液压泵；2—滤油器；3—二位三通手动换向阀；4、12—溢流阀；

5、6、13、16、17、18—三位四通手动换向阀；7、11—液压锁；8—后支腿缸；

9—锁紧缸；10—前支腿缸；14、15、19—平衡阀；20—制动缸；21—单向节流阀

支腿动作的顺序是：缸 9 锁紧后桥板簧，同时缸 8 放下后支腿到所需位置，再由缸 10 放下前支腿。作业结束后，先收前支腿，再收后支腿。当手动换向阀 6 右位接入工作时，后支腿放下，其油路如下：

泵 1→滤油器 2→阀 3 左位→阀 5 中位→阀 6 右位→锁紧缸下腔锁紧板簧→双向液压锁 7→缸 8 下腔。

回油路：缸 8 上腔→双向液压锁 7→阀 6 右位→油箱；缸 9 上腔→阀 6 右位→油箱。

回路中的双向液压锁 7 和 11 的作用是防止液压支腿在支撑过程中因泄漏出现"软腿"现象，或行走过程中支腿自行下落，或因管道破裂而发生倾斜事故。

2. 起升回路

起升机构要求所吊重物可升降或在空中停留，速度要平稳、变速要方便、冲击要小、启动转矩和制动力要大，本回路中采用 ZMD40 型柱塞液压马达带动重物升降，变速和换向是通过改变手动换向阀 18 的开口大小和方向来实现的，用液控单向顺序阀 19 来限制重物超速下降。单作用液压缸 20 是制动缸，单向节流阀 21 是保证液压油先进入马达，使马达产生一定的转矩，再解除制动，以防止重物带动马达旋转而向下滑。二是保证吊物升降停止时，制动缸中的油马上与油箱相通，使马达迅速制动。

起升重物时，手动阀 18 切换至左位工作，泵 1 打出的油经滤油器 2，阀 3 右位，阀 13、16、17 中位、阀 18 左位、阀 19 中的单向阀进入马达左腔；同时压力油经单向节流阀 21 到制动缸 20，从而解除制动、使马达旋转。

重物下降时，手动换向阀 18 切换至右位工作，液压马达反转，回油经阀 19 的液控顺序

阀，阀 18 右位回油箱。

当停止作业时，阀 18 处于中位，泵卸荷。制动缸 20 上的制动瓦在弹簧作用下使液压马达制动。

3. 大臂伸缩回路

本机大臂伸缩采用单级长液压缸驱动。工作中，改变阀 13 的方向，即可调节大臂运动速度和使大臂伸缩。行走时，应将大臂收缩回。大臂缩回时，因液压力与负载力方向一致，为防止吊臂在重力作用下自行收缩，在收缩缸的下腔回油腔安置了平衡阀 14，提高了收缩运动的可靠性。

4. 变幅回路

大臂变幅机构是用于改变作业高度，要求能带载变幅，动作要平稳。本机采用两个液压缸并联，提高了变幅机构承载能力。其要求及油路与大臂伸缩油路相同。

5. 回转油路

回转机构要求大臂能在任意方位起吊。本机采用 ZMD40 柱塞液压马达，回转速度 1～3r/min。由于惯性小，一般不设缓冲装置，操作换向阀 17，可使马达正、反转或停止。

11.4.3 液压系统特点分析

（1）因重物在下降及大臂收缩和变幅时，负载与液压力方向相同，执行元件会失控，为此，在其回油路上必须设置平衡阀。

（2）因工况作业的随机性较大、且动作频繁，所以大多采用手动弹簧复位的多路换向阀来控制各动作。换向阀常用 M 型中位机能。当换向阀处于中位时，各执行元件的进油路均被切断，液压泵出口通油箱使泵卸荷，减小了功率损失。

任务 11.5 液压系统常见故障及排除方法

【任务描述】

液压系统在工作中不可避免地会出现一些故障，通过学习液压系统常见故障出现的原因及排除方法，初步掌握常见液压系统的故障分析诊断与维修维护能力。

【任务目标】

（1）掌握基本的液压系统故障分析能力。

（2）初步具备液压系统故障排除与维修的方法与技能。

【基本知识】

11.5.1 故障分析与检查方法

液压系统回路的某项液压功能出现失灵、失效、失控、失调或功能不完全等现象，统称为液压故障。它会导致液压机构某项技术指标或经济指标偏离正常值或正常状态，如液压机构不能动作、压力输出不稳定、运动速度不符合要求、运动状态不稳定、运动方向不正确、产生爬行或液压冲击等。这些故障一般都可以从液压系统中的压力、流量和液流方向三方面去查找原因，分析故障原因并采取相应的对策予以排除。

液压系统的故障大部分属于突发性故障和磨损性故障。这些故障在液压系统调试期、运行的初期、中期和后期表现形式与规律各不相同，应尽量采用状态检测技术来检查和诊断故障，努力做到故障早期诊断、及时排除，使故障消灭在萌芽状态。另外，使用洁净的液压油也是减少液压系统故障的有效措施。据资料统计，液压系统发生故障约 85% 是由于液压油污染所造成的。

故障诊断总的原则是先"断"后"诊"。故障出现时，一般都以一定表现形式显示出来，因此诊断故障应该先从故障现象入手，然后分析故障原因，最后确定排除故障的方法。其故障诊断步骤如下：

1. 故障调查

在处理故障前，要全面了解设备出现故障前后的工作状态与异常情况，产生故障的位置，要查阅设备的技术文件，了解过去是否发生类似情况和处理方法，并记录调查情况。

2. 故障原因

（1）人为因素。主要是操作使用和维护人员是否违章操作和保养状况的好坏，是引起设备故障的一个原因。

（2）液压元件本身的质量状况。液压元件设计合理程度、加工安装调试质量好坏是产生故障的另一个原因。

（3）液压元件及液压油的机理原因。由于液压元件使用时间长，使元件磨损、润滑和密封性能变差、材质性能降低、液压油老化污染变质、某些元件失效等，是产生故障的又一原因。

3. 检查故障的方法

从故障现象分析入手，查明故障原因是排除故障的关键环节，查明液压故障的方法很多，这里介绍几种主要的方法。

（1）根据液压系统图查找液压故障。根据液压系统工作原理图深入了解各种液压元件的结构、性能、作用和安装位置，并结合观察故障现象和实际调查情况，依据工作原理进行全面分析、比较、归纳，确定故障的准确位置是排除液压故障的基础，也是查找液压故障的基本方法。

（2）利用设备的动作循环表查找液压故障。液压设备使用说明书中，一般有动作循环表，如果没有动作循环表，自行编制动作循环表，用于查找液压故障。

动作循环表包括动作循环过程内容、循环过程中一个动作转换到另一个动作的信号来源、在各循环动作中各液压元件所处的正常位置，通过动作循环表，根据故障出现在所处的动作阶段，从动作循环表中查出故障原因。

（3）利用检测仪表查找液压故障。在查找液压故障时，需要一定的检测手段和检测仪器仪表，如压力（流量、温度）检测仪表、传感器检测仪表、油液污染度检测仪表、振动和噪声检测仪表等。通过对液压系统的检测，从仪表上进行观察和记录，能对故障作出较为准确的定量分析。例如通过安装在液压系统各部分的压力及压力变化状况，分析压力上不去、下不来及压力脉动等故障的位置，进行分析查找原因。

（4）利用液压设备的自诊断功能查找液压故障。一些先进的液压设备上，由于采用计算机控制，并通过计算机的辅助功能（M功能）、接口电路及传感器技术，对液压设备的某些故障进行自诊断并显示出来，可根据显示故障内容进行故障排除。

以上是几种常用的查找液压故障的方法，一旦故障诊断确认后，本着"先外后内"、"先调后拆"、"先洗后修"的原则，制定出修理工作的具体措施。在排除故障和修好设备后，要认真总结有益的经验和方法，找出防止故障发生的改进措施，并记录归档。

11.5.2　系统故障特点

（1）液压系统出现故障，不像一般机械传动一样容易发现。

（2）由于液压元件自身质量和安装质量的不同，即使发现了故障，往往也不容易彻底根除。

（3）由于液压系统是依靠液体来传递能量的，所以容易出现液体泄漏、液压元件堵塞及系统冷却不良等故障。

（4）由于液压系统内容易进入空气，易引起液压泵流量脉动，导致液压系统出现噪声和振动。

（5）液压系统一旦出现故障，必须由经验丰富的检修人员和实际操作人员进行修理。

11.5.3　系统常见故障现象、产生原因与排除方法

液压系统常见故障产生原因及排除方法见表 11-4～表 11-9。

表 11-4　　　　　　　　　　　　系统产生噪声的原因及排除方法

故障部位	原　因	排除方法
液压泵吸空引起连续不断的嗡嗡声并伴随杂音	液压泵本身或其进油管路密封不良、漏气	拧紧泵的连接螺栓及管路各管螺母
	油箱油量不足	将油箱油量加至油标处
	液压泵进油管口滤油器堵塞	清洗滤油器
	油箱不通空气	清理空气滤清器
	油黏度过大	更换合适黏度液压油
液压泵故障造成杂声	轴向间隙因磨损而增大，输油量不足	修磨轴向间隙
	泵内轴承、叶片等元件损坏或精度变差	拆开检修并更换已损坏零件
控制阀处发出有规律或无规律的吱嗡、吱嗡的刺耳噪声	调压弹簧永久变形、扭曲或损坏	更换弹簧
	阀座磨损、密封不良	修研阀座
	阀芯拉毛、变形、移动不灵活甚至卡死	修研阀芯、去毛刺，使阀芯移动灵活
	阻尼小孔被堵塞	清洗、疏通阻尼孔
	阀芯与阀孔配合间隙大，高、低压油互通	研磨阀孔，重配新阀芯
	阀开口小、流速高、产生空穴现象	应尽量减小进、出口压差
机械振动引起噪声	液压泵与电动机安装不同轴	重新安装或更换柔性联轴器
	油管振动或互相撞击	适当加设支撑管夹
	电动机轴承磨损严重	更换电动机轴承
液压冲击声	液压缸缓冲装置失灵	进行检修和调整
	背压阀调整压力变动	进行检修和调整
	电液换向阀端的单向节流阀故障	调节节流螺钉，检修单向阀

表 11-5　　　　　　　　　　　　系统运转不起来或压力提不高的原因及排除方法

故障部位	原　因	排除方法
液压泵电动机	电动机线接反	调换电动机接线
	电动机功率不足，转速不够高	检查电压、电流大小，采取措施
液压泵	泵进、出油口接反	调换吸、压油管位置
	泵轴向、径向间隙过大	检修液压泵
	泵体缺陷造成高、低压腔互通	更换液压泵
	叶片泵叶片与定子内面接触不良或卡死	检修叶片及修研定子内表面
	柱塞泵柱塞卡死	检修柱塞泵

续表

故障部位	原　因	排除方法
控制阀	压力阀主阀芯或锥阀芯卡死在开口位置	清洗、检修压力阀，使阀芯移动灵活
	压力阀弹簧断裂或永久变形	更换弹簧
	某阀泄漏严重以使高、低压油路连通	检修阀，更换已损坏的密封件
	控制阀阻尼孔被堵塞	清洗、疏通阻尼孔
	控制阀的油口接反或接错	检查并纠正接错的管路
液压油	黏度过高，吸不进或吸不足油	用指定黏度的液压油
	黏度过低，泄漏太多	用指定黏度的液压油

表 11-6　　运动部件速度达不到或不运动的原因及其排除方法

故障部位	原　因	排除方法
控制阀	流量阀的节流小孔被堵塞	清洗、疏通节流孔
	互通阀卡住在互通位置	检修互通阀
液压缸	装配精度或安装精度超差	检查、保证达到规定的精度
	活塞密封圈损坏、缸内泄漏严重	更换密封圈
	间隙密封的活塞、缸壁磨损过大，内泄漏多	修研缸内孔，重配新活塞
	缸盖处密封圈摩擦力过大	适当调松压盖螺钉
	活塞杆处密封圈磨损严重或损坏	调整压盖螺钉或更换密封圈
导轨	导轨无润滑油或润滑不充分，摩擦阻力大	调节润滑油量和压力，使润滑充分
	导轨的楔铁、压板调节过紧	重新调整楔铁、压板，使松紧合适

表 11-7　　运动部件产生爬行的原因及其排除方法

故障部位	原　因	排除方法
控制阀	流量阀的节流口处有污物，通油量不均匀	检修或清洗流量阀
液压缸	活塞式液压缸端盖密封圈压的太死	调整压盖螺钉（不漏油即可）
	液压缸中进入的空气未排净	利用排气装置排气
导轨	接触精度不好，摩擦力不均匀	检修导轨
	润滑油不足或选用不当	调节润滑油量，选用适合的润滑油
	温度高使油黏度变小、油膜破坏	检查油温度高的原因并排除

表 11-8　　运动部件换向时的故障及其排除方法

故障部位	原　因	排除方法
换向有冲击	活塞杆与运动部件连接不牢固	检查并紧固连接螺栓
	不在缸端部换向，缓冲装置不起作用	在油路上设背压阀
	电液换向阀中的节流螺钉松动	检查、调整节流螺钉
	电液换向阀中的单向阀卡住或密封不良	检查及修研单向阀
换向冲击量大	节流阀口有污物，运动部件速度不均	清洗流量阀节流口
	换向阀芯运动速度变化	检查电液换向阀节流螺钉

续表

故障部位	原　　因	排除方法
换向冲击量大	油温高，油的黏度下降	检查油温度升高的原因并排除
	导轨润滑油量过多，运动部件"漂浮"	调节润滑油压力或流量
	系统泄漏油多，进入空气	严防泄漏，排除空气

表 11-9 　　　　　　工作循环不能正确实现的原因及应采取的措施

故障部位	原　　因	排除方法
液压回路间互相干扰	同一个泵供油的各液压缸压力、流量差别大	改用不同泵供油或用控制阀（单向阀、减压阀、顺序阀等）使油路互不干扰
	主油路与控制油路用同一泵供油，当主油路卸荷时，控制油路压力太低	在主油路上设控制阀，使控制油路始终有一定压力，能正常工作
控制信号不能正确发出	行程开关、压力继电器开关接触不良	检查及检修各开关接触情况
	某些元件的机械部分卡住（如弹簧、杠杆）	检修有关机械结构部分
控制信号不能正确执行	电压过低，弹簧过软或过硬使电磁阀失灵	检查电路的电压，检修电磁阀
	行程挡块位置不对或未紧牢固	检查挡块位置并将其固紧

技能训练　组合机床动力滑台部分液压系统搭建

1. 训练目标

(1) 能够读懂中等复杂程度的液压系统图。

(2) 能够根据液压设备工作情况及液压系统图正确选用液压元件。

(3) 能够根据液压系统图搭建中等复杂程度的液压系统。

(4) 能够对系统搭建过程中出现的一般故障进行分析和排除。

2. 训练设备及器材

表 11-10 　　　　　　　　　　训练设备及器材

设备、器材及其型号		数量（每组）
液压综合实验台	YYSYT-003	6 台
动力滑台实验台	根据实际情况选择	1 台
溢流阀	P 型直动式溢流阀，Y 型先导式溢流阀	1 个
外控顺序阀	根据实际情况选择	1 个
调速阀	同上	1 个
压力继电器	同上	1 个
节流阀	同上	2 个
背压阀	同上	1 个
液动阀（主阀）	同上	1 个
电磁先导阀	同上	1 个
电磁阀	同上	1 个
行程阀	同上	1 个

续表

设备、器材及其型号		数量（每组）
单向阀	同上	5个
压力表开关	同上	1个
压力表接点	同上	3个
工具	内六角扳手、固定扳手、螺丝刀、卡簧钳、铜棒、榔头等各种辅助工具	6套
擦拭布		若干
容纳器		若干

3. 训练内容

根据如图 11-8 所示系统图搭建 YT4543 型组合机床液压系统，并设计动作顺序表。该

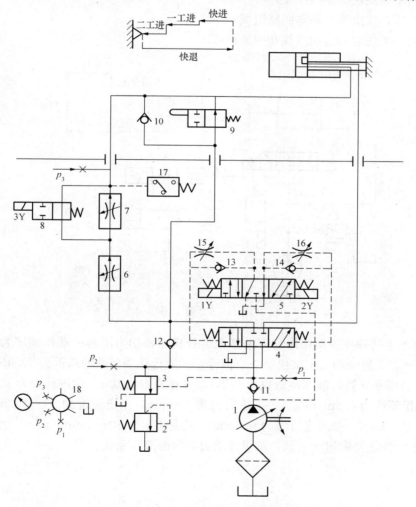

图 11-8　YT4543 型动力滑台液压系统图

1—限压式变量叶片泵；2—背压阀；3—外控顺序阀；4—液动阀（主阀）；5—电磁先导阀；6、7—调速阀；

8—电磁阀；9—行程阀；10、11、12、13、14—单向阀；15、16—节流阀；17—压力继电器；

18—压力表开关；p_1、p_2、p_3—压力表接点

滑台由液压缸驱动，系统用限压式变量叶片泵供油，三位五通电液换向阀换向，用液压缸差动连接实现快进，用调速阀调节实现工进，由两个调速阀串联、电磁铁控制实现一工进和二工进转换，用死挡铁保证进给的位置精度。该系统能够实现快进→一工进→二工进→死挡铁停留→快退→原位停止。

能 力 拓 展

1. 如图 11-9 所示液压系统可完成快进→一工进→二工进→快退→停止的工作循环，分析液压系统并完成以下各题：

（1）写出各液压元件的名称。

（2）试列出电磁铁动作顺序表。

（3）本液压系统由哪些基本回路组成？

（4）写出一工进时的进油路线和回油路线。

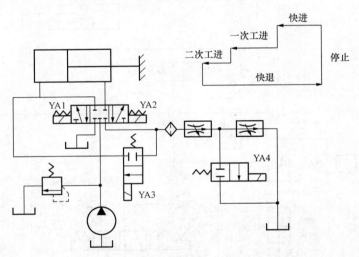

图 11-9　题 1 图

2. 一台加工铸铁变速箱箱体的多轴钻孔组合机床，动力滑台的动作顺序为快速趋进工件→一工进→二工进→加工结束快退→原位停止。滑台移动部件的总重为 5000N，加减速时间为 0.2s。采用平导轨，静摩擦系数为 0.2，动摩擦系数为 0.1。快进行程为 200mm，快进与快退速度相等均为 3.5m/min。一工进行程为 100mm，工进速度为 80～100mm/min，轴向工作负载为 1400N。二工进行程为 0.5mm，工进速度为 30～50mm/min，轴向工作负载为 800N。工作性能要求运动平稳，试设计动力滑台的液压系统。

项目 12   液压系统的设计计算

任务 12.1   液压传动系统的设计要求及工况分析

【任务描述】

液压传动系统的设计是整机设计的重要组成部分。通过本任务学习掌握液压系统的设计步骤与设计要求，能够正确分析系统工况，为进行液压系统详细设计奠定基础。

【任务目标】

（1）掌握液压系统的设计步骤。

（2）掌握液压系统一般设计要求。

（3）能够正确分析液压系统工况要求并绘制工况图。

【基本知识】

12.1.1   液压传动系统的设计步骤

液压系统的设计，根据系统的繁简、借鉴的资料多少和设计人员经验的不同，在做法上有所差异。各部分的设计有时还要交替进行，甚至要经过多次反复才能完成。液压系统设计的步骤大致如下：

（1）明确设计要求，进行工况分析。

（2）初定液压系统的主要参数。

（3）拟定液压系统原理图。

（4）计算和选择液压元件。

（5）估算液压系统性能。

（6）绘制工作图和编写技术文件。

12.1.2   液压传动系统的设计要求

当主机上决定采用液压传动的方式之后，液压系统的设计任务才会被提出来。液压系统的设计要求有以下几个方面：

（1）主机的总体布局和工艺要求，包括采用液压传动所完成的主机运动种类、机械设计时提出可能用的液压执行元件的种类和型号、执行元件的位置及其空间的尺寸范围、要求的自动化程度等。

（2）主机的工作循环、执行机构的运动方式（移动、转动或摆动）及完成的工作范围。

（3）液压执行元件的运动速度、调速范围、工作行程、载荷性质和变化范围。

（4）主机各部件的动作顺序和互锁要求，以及各部件的工作环境与占地面积等。

（5）液压系统的工作性能，如工作平稳性、可靠性、换向精度、停留时间、冲出量等方面的要求。

（6）其他要求，如污染、腐蚀性、易燃性，以及液压装置的质量、外形尺寸、经济性等。

12.1.3   明确设计要求进行工况分析

在设计液压系统时，首先应明确设计的要求及工作环境，并将其作为设计依据。在此基础上，应对主机进行工况分析，工况分析包括运动分析和动力分析，对复杂的系统还需编制负载和动作循环图，由此了解液压缸或液压马达的负载和速度随时间变化的规律，以下对工况分析的内容做具体介绍。

1．运动分析

主机的执行元件按工艺要求的运动情况，可以用位移循环图（L-t）、速度循环图（u-t）或速度与位移循环图（u-L）表示，由此对运动规律进行分析。

（1）位移循环图 L-t。图 12-1 所示为液压机的液压缸位移循环图，纵坐标 L 表示活塞位移，横坐标 t 表示从活塞启动到返回原位的时间，曲线斜率表示活塞移动速度。该图清楚地表明液压机的工作循环分别由快速下行、减速下行、压制、保压、泄压慢回和快速回程六个阶段组成。

（2）速度循环图 u-t（或 u-L）。工程中液压缸的运动特点可归纳为三种类型。图 12-2 所示为三种类型液压缸的 u-t 图，第一种（图中实线）液压缸开始做匀加速运动，然后匀速运动，最后匀减速运动到终点；第二种（图中虚线）液压缸在总行程的前一半做匀加速运动，在后一半做匀减速运动，且加速度的数值相等；第三种（图中双点画线）液压缸在总行程的一大半以上以较小的加速度做匀加速运动，然后匀减速至行程终点。u-t 图的三条速度曲线，不仅清楚地表明了三种类型液压缸的运动规律，也间接地表明了三种工况的动力特性。

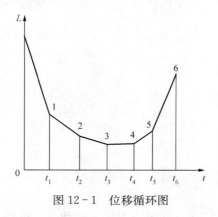
图 12-1　位移循环图

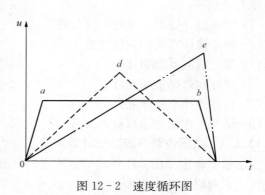
图 12-2　速度循环图

2．动力分析

动力分析是研究机器在工作过程中其执行机构的受力情况，对液压系统而言，就是研究液压缸或液压马达的负载情况。

（1）液压缸的负载及负载循环图。

1）液压缸的负载力计算。工作机构做直线往复运动时，液压缸必须克服的负载由六部分组成

$$F = F_c + F_f + F_i + F_g + F_m + F_b \tag{12-1}$$

式中　F_c——切削阻力；

　　　F_f——摩擦阻力；

　　　F_i——惯性阻力；

　　　F_g——运动部件重力；

F_m——密封阻力；

F_b——排油阻力。

切削阻力 F_c：液压缸运动方向的工作阻力，对于机床来说就是沿工作部件运动方向的切削力，此作用力的方向如果与执行元件运动方向相反为正值，两者同向为负值。该作用力可能是恒定的，也可能是变化的，其值要根据具体情况计算或由实验测定。

摩擦阻力 F_f：液压缸带动的运动部件所受的摩擦阻力，它与导轨的形状、放置情况和运动状态有关，其计算方法可查有关的设计手册。图 12-3 所示为最常见的两种导轨形式，其摩擦阻力的值为

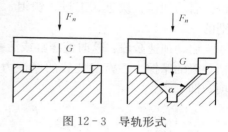

图 12-3　导轨形式

平导轨 $$F_f = f \sum F_n \qquad (12-2)$$

V 形导轨 $$F_f = f \sum F_n / \sin(\alpha/2) \qquad (12-3)$$

式中　f——摩擦系数，参阅表 12-1 选取；

$\sum F_n$——作用在导轨上总的正压力或沿 V 形导轨横截面中心线方向的总作用力；

α——V 形角，一般为 90°。

表 12-1　　　　　　　　　　　　　　　　摩　擦　系　数

导轨类型	导轨材料	运动状态	摩擦系数
滑动导轨	铸铁对铸铁	启动时 低速（$v<0.16\text{m/s}$） 高速（$v>0.16\text{m/s}$）	0.15～0.20 0.1～0.12 0.05～0.08
滚动导轨	铸铁对滚柱（珠） 淬火钢导轨对滚柱（珠）		0.005～0.02 0.003～0.006
静压导轨	铸铁		0.005

惯性阻力 F_i：运动部件在启动和制动过程中的惯性力，可按式（12-4）计算

$$F_i = ma = \frac{F_g}{g} \frac{\Delta u}{\Delta t} \qquad (12-4)$$

式中　m——运动部件的质量，kg；

a——运动部件的加速度，m/s²；

g——重力加速度，$g=9.81\text{m/s}^2$；

Δu——速度变化值，m/s；

Δt——启动或制动时间，s，一般机床 $\Delta t = 0.1 \sim 0.5\text{s}$，运动部件质量大的取大值。

重力 F_g：垂直放置和倾斜放置的移动部件，其本身的重量也成为一种负载，上移时负载为正值，下移时为负值。

密封阻力 F_m：密封阻力指装有密封装置的零件在相对移动时的摩擦力，其值与密封装置的类型、液压缸的制造质量和油液的工作压力有关。在初算时，可按缸的机械效率 $\eta_m = 0.9$ 考虑；验算时，按密封装置摩擦力的计算公式计算。

排油阻力 F_b：排油阻力为液压缸回油路上的阻力，该值与调速方案、系统所要求的稳

定性、执行元件等因素有关，在系统方案未确定时无法计算，可放在液压缸的设计计算中考虑。

2）液压缸运动循环各阶段的总负载力。液压缸运动循环各阶段的总负载力计算，一般包括启动加速、快进、工进、快退、减速制动等几个阶段，每个阶段的总负载力是有区别的。

启动加速阶段：这时液压缸或活塞处于由静止到启动并加速到一定速度，其总负载力包括导轨的摩擦力、密封装置的摩擦力（按缸的机械效率 $\eta_m = 0.9$ 计算）、重力和惯性力等项，即

$$F = F_f + F_i + F_g + F_m + F_b \tag{12-5}$$

快速阶段
$$F = F_f \pm F_g + F_m + F_b \tag{12-6}$$

工进阶段
$$F = F_f + F_c \pm F_g + F_m + F_b \tag{12-7}$$

减速制动
$$F = F_f - F_i \pm F_g + F_m + F_b \tag{12-8}$$

对简单液压系统，上述计算过程可简化。例如采用单定量泵供油，只需计算工进阶段的总负载力，若简单系统采用限压式变量泵或双联泵供油，则只需计算快速阶段和工进阶段的总负载力。

3）液压缸的负载循环图。对较为复杂的液压系统，为了更清楚地了解该系统内各液压缸（或液压马达）的速度和负载的变化规律，应根据各阶段的总负载力和它所经历的工作时间 t 或位移 L 按相同的坐标绘制液压缸的负载时间（$F-t$）图或负载位移（$F-L$）图，然后将各液压缸在同一时间 t（或位移 L）的负载力叠加。

图 12-4 所示为一部机器的 $F-t$ 图，其中 $0 \sim t_1$ 为启动过程；$t_1 \sim t_2$ 为加速过程；$t_2 \sim t_3$ 为恒速过程；$t_3 \sim t_4$ 为制动过程。它清楚地表明了液压缸在动作循环内负载的规律。图中最大负载是初选液压缸工作压力和确定液压缸结构尺寸的依据。

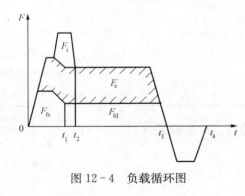

图 12-4　负载循环图

（2）液压马达的负载。

工作机构做旋转运动时，液压马达必须克服的外负载为

$$M = M_c + M_f + M_i \tag{12-9}$$

工作负载力矩 M_c：工作负载力矩可能是定值，也可能随时间变化，应根据机器工作条件进行具体分析。

摩擦力矩 M_f：摩擦力矩为旋转部件轴颈处的摩擦力矩，其计算公式为

$$M_f = G f R \tag{12-10}$$

式中　G——旋转部件的重力，N；

　　　f——摩擦系数，启动时为静摩擦系数，启动后为动摩擦系数；

　　　R——轴颈半径，m。

惯性力矩 M_i：惯性力矩为旋转部件加速或减速时产生的惯性力矩，其计算公式为

$$M_i = J\varepsilon = J \frac{\Delta\omega}{\Delta t} \tag{12-11}$$

$$J = GD^2/4g \tag{12-12}$$

式中 ε——角加速度，r/s^2；

$\quad \Delta\omega$——角速度的变化，r/s；

$\quad \Delta t$——加速或减速时间，s；

$\quad J$——旋转部件的转动惯量，$kg \cdot m^2$；

GD^2——回转部件的飞轮效应，$N \cdot m^2$，各种回转体的 GD^2 可查《机械设计手册》。

分别计算出液压马达在一个工作循环内各阶段的负载大小，便可绘制液压马达的负载循环图。

任务 12.2　液压传动系统的设计计算

【任务描述】

液压传动系统的设计计算是设计过程中的重要环节，通过学习掌握液压系统参数确定、拟定系统原理图、选择液压元件并进行验算，保证系统符合设计性能要求，并且满足结构简单、工作安全可靠、效率高、经济性好、使用维护方便等条件。

【任务目标】

(1) 掌握液压系统的主要参数确定方法。

(2) 能够正确拟定液压系统工作原理图。

(3) 能够正确计算和选择液压元件并进行验算。

【基本知识】

12.2.1　确定液压系统主要参数

1. 液压缸的设计计算

(1) 初定液压缸工作压力。液压缸工作压力主要根据运动循环各阶段中的最大总负载力来确定，此外，还需要考虑以下因素：

1) 各类设备的不同特点和使用场合。

2) 考虑经济和重量因素，压力选得低，则元件尺寸大，重量重；压力选得高一些，则元件尺寸小，重量轻，但对元件的制造精度，密封性能要求高。

所以，液压缸工作压力的选择有两种方式：一是根据机械类型选，二是根据切削负载选，见表 12-2 与表 12-3。

表 12-2　　　　　　　　按负载选择液压缸的工作压力

负载（N）	<5000	5000~10 000	10 000~20 000	20 000~30 000	30 000~50 000	>50 000
工作压力（MPa）	0.8~1	1.5~2	2.5~3	3~4	4~6	>6

表 12-3　　　　　　　　按机械类型选择液压缸的工作压力

机械类型	机　床				农业机械	工程机械
	磨床	组合机床	龙门刨床	拉床		
工作压力（MPa）	0.8~2	3~5	≤8	8~10	10~16	20~32

（2）液压缸主要尺寸的计算。缸的有效面积和活塞杆直径，可根据缸受力的平衡关系具体计算（详见项目 4 液压执行元件）。

（3）液压缸的流量计算。

液压缸的最大流量　　　　　　　　　$q_{max} = Au_{max}$　　　　　　　　　　　　　（12-13）

液压缸的最小流量　　　　　　　　　$q_{min} = Au_{min}$　　　　　　　　　　　　　（12-14）

式中　　A——液压缸的有效面积，m^2；

u_{max}、u_{min}——液压缸的最大、最小速度，m/s。

液压缸的最小流量 q_{min} 应等于或大于流量阀或变量泵的最小稳定流量。若不满足此要求时，则需重新选定液压缸的工作压力，使工作压力低一些，缸的有效工作面积大一些，所需最小流量 q_{min} 也大一些，以满足上述要求。

流量阀和变量泵的最小稳定流量，可从产品样本中查到。

2. 液压马达的设计计算

（1）计算液压马达排量。

液压马达排量根据式（12-15）决定

$$V_M = 2\pi T / \Delta p \eta_{mM}$$　　　　　　　　　　　　　　　　（12-15）

式中　　T——液压马达的负载力矩，$N \cdot m$；

Δp——液压马达进出口压力差，N/m^2；

η_{mM}——液压马达的机械效率，一般齿轮和柱塞马达取 0.9～0.95，叶片马达取 0.8～0.9。

（2）计算液压马达所需流量。

液压马达的最大流量　　　　　　　$q_{Mmax} = V_M n_{Mmax}$　　　　　　　　　　（12-16）

式中　　n_{Mmax}——液压马达的最高转速，r/s。

12.2.2　拟定液压系统原理图

液压系统原理图是表示液压系统的组成和工作原理的重要技术文件。拟定液压系统原理图是设计液压系统的第一步，它对系统的性能及设计方案的合理性、经济性具有决定性的影响。

1. 确定油路类型

一般具有较大空间可以存放油箱的系统，都采用开式油路；相反，凡允许采用辅助泵进行补油，并借此进行冷却交换来达到冷却目的的系统，可采用闭式油路。通常节流调速系统采用开式油路，容积调速系统采用闭式回路。

2. 选择液压回路

在拟定液压系统原理图时，应根据各类主机的工作特点、负载性质和性能要求，先确定对主机主要性能起决定性影响的主要回路，然后再考虑其他辅助回路。例如，对于机床液压系统，调速和速度换接回路是主要回路；对于压力机液压系统，调压回路是主要回路；有垂直运动部件的系统要考虑平衡回路；惯性负载较大的系统要考虑缓冲制动回路。有多个执行元件的系统要考虑顺序动作、同步或回路隔离；有空载运行要求的系统要考虑卸荷回路等。

3. 绘制液压系统原理图

将挑选出来的各典型回路合并、整理，增加必要的元件或辅助回路，加以综合，构成一个结构简单、工作安全可靠、动作平稳、效率高、调整和维护保养方便的液压系统，形成系统原理图。

12. 2. 3　液压元件的选择

1. 液压泵的确定与所需功率的计算

（1）液压泵的确定。

1）确定液压泵的最大工作压力 p_b。液压泵所需工作压力的确定，主要根据液压缸在工作循环各阶段所需最大压力 p_1，再加上油泵的出油口到缸进油口处总的压力损失 $\sum \Delta p$，即

$$p_b = p_1 + \sum \Delta p \tag{12-17}$$

$\sum \Delta p$ 包括油液流经流量阀和其他元件的局部压力损失、管路沿程压力损失等，在系统管路未设计之前，可根据同类系统经验估计，一般管路简单的节流阀调速系统 $\sum \Delta p$ 为 $(2 \sim 5) \times 10^5 \, \text{Pa}$，用调速阀及管路复杂的系统 $\sum \Delta p$ 为 $(5 \sim 15) \times 10^5 \, \text{Pa}$，$\sum \Delta p$ 也可只考虑流经各控制阀的压力损失，而将管路系统的沿程压力损失忽略不计，各阀的额定压力损失可从液压元件手册或产品样本中查找，也可参照表 12-4 选取。

表 12-4　　　　　　　　常用中、低压各类阀的压力损失（Δp_n）

阀名	Δp_n（$\times 10^5 \text{Pa}$）	阀名	Δp_n（$\times 10^5 \text{Pa}$）	阀名	Δp_n（$\times 10^5 \text{Pa}$）	阀名	Δp_n（$\times 10^5 \text{Pa}$）
单向阀	0.3～0.5	背压阀	3～8	行程阀	1.5～2	转阀	1.5～2
换向阀	1.5～3	节流阀	2～3	顺序阀	1.5～3	调速阀	3～5

2）确定液压泵的流量 q_b。泵的流量 q_b 根据执行元件动作循环所需最大流量 q_{max} 和系统的泄漏确定。

多液压缸或马达同时动作时，液压泵的流量要大于同时动作的几个液压缸（或马达）所需的最大流量，并应考虑系统的泄漏和液压泵磨损后容积效率的下降，即

$$q_b \geq K(\sum q)_{max} \tag{12-18}$$

式中　K——系统泄漏系数，一般取 1.1～1.3，大流量取小值，小流量取大值；

$(\sum q)_{max}$——同时动作的液压缸（或马达）的最大总流量，m^3/s。

采用差动液压缸回路时，液压泵所需流量为

$$q_b \geq K(A_1 - A_2)u_{max} \tag{12-19}$$

式中　A_1、A_2——液压缸无杆腔与有杆腔的有效面积，m^2；

u_{max}——活塞的最大移动速度，m/s。

当系统使用蓄能器时，液压泵流量按系统在一个循环周期中的平均流量选取，即

$$q_b = \sum_{i=1}^{Z} KV_i/T_i \tag{12-20}$$

式中　V_i——液压缸在工作周期中的总耗油量，m^3；

T_i——机器的工作周期，s；

Z——液压缸的个数。

3）选择液压泵的规格。根据上面所计算的最大压力 p_b 和流量 q_b，查液压元件产品样

本，选择与 p_b 和 q_b 相当的液压泵的规格型号。

上面所计算的最大压力 p_b 是系统静态压力，系统工作过程中存在着过渡过程的动态压力，而动态压力往往比静态压力高得多，所以泵的额定压力应比系统最高压力大 $25\%\sim60\%$，使液压泵有一定的压力储备。若系统属于高压范围，压力储备取小值；若系统属于中低压范围，压力储备取大值。

（2）确定驱动液压泵的功率。当液压泵的压力和流量比较恒定时，所需功率为

$$P=\frac{p_b q_b}{10^3 \eta} \tag{12-21}$$

式中　η——液压泵的总效率，各种形式液压泵的总效率可参考表 12-5 估取，液压泵规格大，取大值，反之取小值，定量泵取大值，变量泵取小值。

表 12-5   液 压 泵 的 总 效 率

液压泵类型	齿轮泵	螺杆泵	叶片泵	柱塞泵
总效率	0.60～0.70	0.65～0.80	0.60～0.75	0.80～0.85

在工作循环中，泵的压力和流量有显著变化时，可分别计算出工作循环中各个阶段所需的驱动功率，然后求其平均值，即

$$P=\sqrt{\frac{\sum_{i=1}^{n} P_i^2 t_i}{\sum_{i=1}^{n} t_i}} \tag{12-22}$$

式中　t_1、t_2、…、t_n——一个工作循环中各阶段所需的时间，s；

P_1、P_2、…、P_n——一个工作循环中各阶段所需的功率，kW。

按上述功率和泵的转速，可以从产品样本中选取标准电动机，再进行验算，使电动机发出最大功率时，其超载量在允许范围内。

2. 阀类元件的选择

（1）选择依据。阀类元件的选择依据为额定压力、最大流量、动作方式、安装固定方式、压力损失数值、工作性能参数和工作寿命等。

（2）选择阀类元件的注意事项。

1）应尽量选用标准定型产品，除非不得已时才自行设计专用件。

2）阀类元件的规格主要根据流经该阀油液的最大压力和最大流量选取。选择溢流阀时，应按液压泵的最大流量选取；选择节流阀和调速阀时，应考虑其最小稳定流量满足机器低速性能的要求。

3）一般选择控制阀的额定流量应比系统管路实际通过的流量大一些，必要时，允许通过阀的最大流量超过其额定流量的 20%。

3. 蓄能器的选择

蓄能器的容量是选择蓄能器的一个重要参数，其容量计算详见项目 5 蓄能器部分内容。根据容量并考虑其他要求，即可选择蓄能器的形式。

4. 管道的选择

（1）油管类型的选择。液压系统中使用的油管分硬管和软管，选择的油管应有足够的通流截面和承压能力，同时，应尽量缩短管路，避免急转弯和截面突变。

1）钢管：中高压系统选用无缝钢管，低压系统选用焊接钢管，钢管价格低，性能好，使用广泛。

2）铜管：紫铜管工作压力在 6.5～10 MPa 以下，易弯曲，便于装配；黄铜管承受压力较高，达 25MPa，不如紫铜管易弯曲。铜管价格高，抗振能力弱，易使油液氧化，应尽量少用，只用于液压装置配接不方便的部位。

3）软管：用于两个相对运动件之间的连接。高压橡胶软管中夹有钢丝编织物；低压橡胶软管中夹有棉线或麻线编织物；尼龙管是乳白色半透明管，承压能力为 2.5～8MPa，多用于低压管道。因软管弹性变形大，容易引起运动部件爬行，所以软管不宜装在液压缸和调速阀之间。

（2）油管尺寸的确定。

1）油管内径 d（mm），按式（12 - 23）计算

$$d = 2 \times 10^3 \sqrt{\frac{q}{\pi u}} \qquad (12 - 23)$$

式中 q——通过油管的最大流量，$\mathrm{m^3/s}$；

　　　u——管道内允许的流速，m/s，一般吸油管取 0.5～1.5m/s，压力油管取 2.5～5m/s，回油管取 1.5～2m/s。

2）油管壁厚 δ，按式（12 - 24）计算

$$\delta \geqslant pd/2[\sigma] \qquad (12 - 24)$$

$$[\sigma] = \sigma_b/n$$

式中 p——管内最大工作压力；

　　　$[\sigma]$——油管材料的许用压力；

　　　σ_b——材料的抗拉强度；

　　　n——安全系数。

钢管 $p < 7$MPa 时，取 $n = 8$；$p < 17.5$MPa 时，取 $n = 6$；$p > 17.5$MPa 时，取 $n = 4$。根据计算出的油管内径和壁厚，查手册选取标准规格油管。

5. 油箱的设计

油箱的作用是储油，散发油的热量，沉淀油中杂质，逸出油中的气体。其形式有开式和闭式两种：开式油箱油液液面与大气相通；闭式油箱油液液面与大气隔绝。开式油箱应用较多。

（1）油箱设计要点。

1）油箱应有足够的容积以满足散热，同时其容积应保证系统中油液全部流回油箱时不渗出，油液液面不应超过油箱高度的 80%。

2）吸油管和回油管的间距应尽量大。

3）油箱底部应有适当斜度，泄油口置于最低处，以便排油。

4）注油器上应装滤网。

5）油箱的箱壁应涂耐油防锈涂料。

（2）油箱容量计算。油箱的有效容量 V_y（L）可近似用液压泵单位时间内排出油液的体积确定。

$$V_y = K \sum q \qquad (12-25)$$

式中　K——系数，低压系统取 2～4，中压系统取 5～7，高压系统取 10～12；

　　　$\sum q$——同一油箱供油的各液压泵额定流量总和，L/min。

6. 滤油器的选择

选择滤油器的依据有以下几点：

（1）承载能力：按系统管路工作压力确定。

（2）过滤精度：按被保护元件的精度要求确定，选择时可参阅表 12-6。

（3）通流能力：按通过最大流量确定。

（4）阻力压降：应满足过滤材料强度与系数要求。

表 12-6　　　　　　　　滤油器过滤精度的选择

系　　统	过滤精度（μm）	元　　件	过滤精度（μm）
低压系统	100～150	滑阀	1/3 最小间隙
70×10^5Pa 系统	50	节流孔	1/7 孔径（孔径小于 1.8mm）
100×10^5Pa 系统	25	流量控制阀	2.5～30
140×10^5Pa 系统	10～15	安全阀、溢流阀	15～25
电液伺服系统	5		
高精度伺服系统	2.5		

12.2.4　液压系统性能验算

为了判断液压系统的设计质量，需要对系统的压力损失、发热温升、效率和系统的动态特性等进行验算。由于液压系统的验算较复杂，只能采用一些简化公式近似地验算某些性能指标，如果设计中有经过生产实践考验的同类型系统供参考或有较可靠的实验结果可以采用时，可以不进行验算。

1. 管路系统压力损失的验算

（1）管路系统压力损失。当液压元件规格型号和管道尺寸确定之后，就可以较准确的计算系统的压力损失，压力损失包括：油液流经管道的沿程压力损失 Δp_λ、局部压力损失 Δp_ζ 和流经阀类元件的压力损失 Δp_v，即

$$\Delta p = \sum \Delta p_\lambda + \sum \Delta p_\zeta + \sum \Delta p_v \qquad (12-26)$$

损失计算公式详见项目 2 压力损失相关内容。也可以按下列经验公式计算。

1）计算沿程压力损失时，如果管中为层流流动，可按经验公式（12-27）计算

$$\Delta p_\lambda = 800 \nu q L \times 10^5 / d \qquad (12-27)$$

式中　ν——油液的运动黏度，cm^2/s；

　　　q——通过管道的流量，L/min；

　　　L——管道长度，m；

　　　d——管道内径，mm。

2) 局部压力损失，可按式（12-28）估算

$$\Delta p_\zeta = (0.05 \sim 0.15)\Delta p_\lambda \qquad (12-28)$$

计算系统压力损失是为了正确确定系统的调整压力和分析系统设计的好坏。

（2）系统的调整压力。

系统的调整压力

$$p_0 \geqslant p_1 + \Delta p \qquad (12-29)$$

式中　p_0——液压泵的工作压力或支路的调整压力；

　　　p_1——执行件的工作压力。

如果计算出来的 Δp 比在初选系统工作压力时粗略选定的压力损失大得多，应该重新调整有关元件、辅件的规格，重新确定管道尺寸。

2. 系统发热温升的验算

系统发热来源于系统内部的能量损失，如液压泵和执行元件的功率损失、溢流阀的溢流损失、液压阀及管道的压力损失等。这些能量损失转换为热能，使油液温度升高。油液的温升使黏度下降，泄漏增加，同时使油分子裂化或聚合，产生树脂状物质，堵塞液压元件小孔，影响系统正常工作，因此必须使系统中油温保持在允许范围内。一般机床液压系统正常工作油温为 30～50℃，矿山机械正常工作油温为 50～70℃，最高允许油温为 70～90℃。

（1）系统发热功率 P。

$$P = P_b(1-\eta) \qquad (12-30)$$

式中　P_b——液压泵的输入功率，W；

　　　η——总效率。

若一个工作循环中有几个工序，则可根据各个工序的发热量，求出系统单位时间的平均发热量

$$P = \frac{1}{T}\sum_{i=1}^{n} P_{bi}(1-\eta)t_i \qquad (12-31)$$

式中　T——工作循环周期，s；

　　　t_i——第 i 个工序的工作时间，s；

　　　P_{bi}——循环中第 i 个工序的输入功率，W。

（2）系统的散热和温升。

系统的散热量可按式（12-32）计算

$$P' = \sum_{j=1}^{m} K_j A_j \Delta t \qquad (12-32)$$

式中　K_j——散热系数，W/(m²·℃)；

　　　A_j——散热面积，m²，当油箱长、宽、高比例为 1:1:1 或 1:2:3，油面高度为油箱高度的 80% 时，油箱散热面积近似看成 $A_j = 0.065\sqrt[3]{V_y^2}$；

　　　Δt——液压系统的温升，即液压系统比周围环境温度的升高值，℃；

　　　j——散热面积的次序号。

其中，当周围通风很差时，$K_j \approx 8 \sim 9$；周围通风良好时，$K_j \approx 15$；用风扇冷却时，$K_j \approx 23$；用循环水强制冷却时的冷却器表面 $K_j \approx 110 \sim 175$。

当液压系统工作一段时间后，达到热平衡状态，则 $P = P'$，所以液压系统的温升为

$$\Delta t = \frac{P}{\sum_{j=1}^{m} K_j A_j} \qquad (12-33)$$

计算所得的温升 Δt，加上环境温度，不应超过油液的最高允许温度。

当系统允许的温升确定后，也能利用上述公式来计算油箱的容量。

3. 系统效率验算

液压系统的效率是由液压泵、执行元件和液压回路效率来确定的。

液压回路效率 η_c 一般可用式（12-34）计算

$$\eta_c = \frac{p_1 q_1 + p_2 q_2 + \cdots}{p_{b1} q_{b1} + p_{b2} q_{b2} + \cdots} \qquad (12-34)$$

式中　p_1、q_1、p_2、q_2、$\cdots$——各执行元件的工作压力和流量；

p_{b1}、q_{b1}、p_{b2}、q_{b2}、$\cdots$——各液压泵的供油压力和流量。

液压系统总效率

$$\eta_z = \eta \eta_c \eta_x \qquad (12-35)$$

式中　η——液压泵总效率；

η_c——回路效率；

η_x——执行元件总效率。

12.2.5　绘制正式工作图和编写技术文件

经过对液压系统性能的验算和必要的修改之后，便可绘制正式工作图，它包括绘制液压系统原理图、系统管路装配图和各种非标准元件设计图。

正式液压系统原理图上要标明各液压元件的型号规格。对于自动化程度较高的机床，还应包括运动部件的运动循环图和电磁铁、压力继电器的工作状态。

管道装配图是正式施工图，各种液压部件和元件在机器中的位置、固定方式、尺寸等应表示清楚。

自行设计的非标准件，应绘出装配图和零件图。

编写的技术文件包括设计计算书，使用维护说明书，专用件、通用件、标准件、外购件明细表、试验大纲等。

技能训练　组合机床液压传动系统设计计算

1. 训练目标

（1）掌握液压系统设计的一般步骤和要求。

（2）掌握液压系统设计、计算方法。

（3）能够正确计算与选择液压元件并进行验算。

（4）能够绘制工作图和编写技术文件。

2. 训练内容

某厂气缸加工自动线上要设计一台卧式单面多轴钻孔组合机床，要求设计出驱动它的动力滑台的液压系统。机床有主轴 16 根，钻 14 个 $\phi13.9\text{mm}$ 的孔，2 个 $\phi8.5\text{mm}$ 的孔，要求的工作循环是快速接近工件→以工作速度钻孔→加工完毕后快速退回原始位置→最后自动停止。工件材料为铸铁，硬度为 240HB；机床工作部件总重为 $G=9810\text{N}$；快进、快退速度 $u_1=u_3=7\text{m/min}$；动力滑台采用平导轨，静、动摩擦系数分别为 $f_s=0.2$，$f_d=0.1$；往复运动的加速、减速时间不超过 0.2 s；快进行程 $L_1=100\text{mm}$；工进行程 $L_2=50\text{mm}$。根据设计要求完成该液压系统的设计。

能 力 拓 展

1. 液压传动系统的设计步骤和要求是什么？

2. 动力分析中分析液压缸的负载时，要考虑哪些负载？

3. 在初定液压缸工作压力时，要考虑哪些因素？

4. 在选择液压元件时，怎样选择液压泵、油管和油箱？

5. 某专用铣床，设其切削力为 3500N，工作台重 4000N，工件和夹具重 1500N，快进行程为 300mm，工进行程为 100mm，快进、快退速度为 5m/min，工进速度为 60～1000mm/min，往复运动加减速时间为 0.05s，工作台采用平导轨。试设计计算该机床的液压系统。

6. 设计一台卧式单面多轴钻孔组合机床液压系统，要求该机床能完成下列任务：

（1）工件定位与夹紧，需要夹紧力不超过 6000N。

（2）组合机床进给液压系统的工作循环为快进→工进→快退→停止。机床快进和快退速度为 6m/min，工进速度为 30～120mm/min，快进行程为 200mm，工进行程为 50mm，最大切削力为 25 000N，运动部件总重为 15 000N，往复运动加减速时间为 0.1s，工作台采用平导轨。

项目13 气源装置及辅助元件

任务13.1 气源装置

【任务描述】

气压传动系统中的气源装置是为气动系统提供满足一定质量要求的压缩空气，它是气压传动系统的重要组成部分。由空气压缩机产生的压缩空气，必须经过降温、净化、减压、稳压等一系列处理后，才能供给控制元件和执行元件使用。而用过的压缩空气排向大气时，会产生噪声，应采取措施，降低噪声，改善劳动条件和环境质量。本任务主要学习和掌握气源装置的组成及工作原理。

【任务目标】

(1) 掌握空气压缩机的结构与工作原理。

(2) 掌握气压传动系统对压缩空气的要求。

(3) 能够正确使用空气压缩机。

【基本知识】

13.1.1 气源装置

1. 压缩空气的要求

(1) 要求压缩空气具有一定的压力和足够的流量。因为压缩空气是气动装置的动力源，没有一定的压力不但不能保证执行机构产生足够的推力，甚至连控制机构都难以正确地动作；没有足够的流量，就不能满足对执行机构运动速度和程序的要求等。总之，压缩空气没有一定的压力和流量，气动装置的一切功能均无法实现。

(2) 要求压缩空气有一定的清洁度和干燥度。清洁度是指气源中含油量、含灰尘杂质的质量及颗粒大小都要控制在很低范围内。干燥度是指压缩空气中含水量的多少，气动装置要求压缩空气的含水量越低越好。由空气压缩机排出的压缩空气，虽然能满足一定的压力和流量的要求，但不能为气动装置所使用。因为一般气动设备所使用的空气压缩机都是属于工作压力较低（<1MPa）、用油润滑的活塞式空气压缩机。它从大气中吸入含有水分和灰尘的空气，经压缩后，空气温度均提高到140～180℃，这时空气压缩机气缸中的润滑油也部分成为气态，这样油分、水分及灰尘便形成混合的胶体微尘与杂质，混在压缩空气中一同排出。如果将此压缩空气直接输送给气动装置使用，将会产生下列影响：

1) 混在压缩空气中的油蒸气可能聚集在储气罐、管道、气动系统的容器中形成易燃物，有引起爆炸的危险；另一方面，润滑油被气化后，会形成一种有机酸，对金属设备、气动装置有腐蚀作用，影响设备的寿命。

2) 混在压缩空气中的杂质能沉积在管道和气动元件的通道内，减小了通道面积，增加了管道阻力。特别是对内径只有0.2～0.5mm的某些气动元件会造成阻塞，使压力信号不能正确传递，整个气动系统不能稳定工作甚至失灵。

3) 压缩空气中含有的饱和水分，在一定的条件下会凝结成水，并聚集在个别管道中。

在寒冷的冬季，凝结的水会使管道及附件结冰而损坏，影响气动装置的正常工作。

　　4）压缩空气中的灰尘等杂质，对气动系统中作往复运动或转动的气动元件（如气缸、气动马达、气动换向阀等）的运动副会产生研磨作用，使这些元件因漏气而降低效率，影响它的使用寿命。

　　因此，气源装置必须设置一些除油、除水、除尘，并使压缩空气干燥，提高压缩空气质量，进行气源净化处理的辅助设备。

　　2. 压缩空气站的设备组成及布置

　　压缩空气站的设备一般包括产生压缩空气的空气压缩机和使气源净化的辅助设备。图 13-1所示为压缩空气站设备组成及布置示意图。

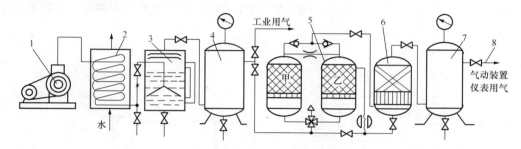

图 13-1　压缩空气站设备组成及布置示意图

1—空气压缩机；2—后冷却器；3—油水分离器；4、7—储气罐；5—干燥器；6—过滤器；8—气管

　　如图 13-1所示，空气压缩机 1 用以产生压缩空气，一般由电动机带动。其吸气口装有空气过滤器以减少进入空气压缩机的杂质量。后冷却器 2 用以降温冷却压缩空气，使净化的水凝结出来。油水分离器 3 用以分离并排出降温冷却的水滴、油滴、杂质等。储气罐 4 用以储存压缩空气，稳定压缩空气的压力并除去部分油分和水分。干燥器 5 用以进一步吸收或排除压缩空气中的水分和油分，使之成为干燥空气。过滤器 6 用以进一步过滤压缩空气中的灰尘、杂质颗粒。储气罐 4 输出的压缩空气可用于一般要求的气压传动系统，储气罐 7 输出的压缩空气可用于要求较高的气动系统（如气动仪表及射流元件组成的控制回路等）。气动三联件的组成及布置由用气设备确定，图中未画出。

13.1.2　空气压缩机的分类及选用原则

　　1. 分类

　　空气压缩机是一种气压发生装置，它是将机械能转化成气体压力能的能量转换装置，其种类很多，分类形式也有数种。如按其工作原理可分为容积型压缩机和速度型压缩机，容积型压缩机的工作原理是压缩气体的体积，使单位体积内气体分子的密度增大以提高压缩空气的压力。速度型压缩机的工作原理是提高气体分子的运动速度，然后使气体的动能转化为压力能以提高压缩空气的压力。

　　2. 空气压缩机的选用原则

　　选用空气压缩机的根据是气压传动系统所需要的工作压力和流量两个参数。一般空气压缩机为中压空气压缩机，额定排气压力为 1MPa。另外还有低压空气压缩机，排气压力为 0.2MPa；高压空气压缩机，排气压力为 10MPa；超高压空气压缩机，排气压力为 100MPa。

　　输出流量的选择，要根据整个气动系统对压缩空气的需要再加一定的备用余量，作为选择空气压缩机的流量依据。空气压缩机铭牌上的流量是自由空气流量。

　　3. 空气压缩机的工作原理

　　气压传动系统中最常用的空气压缩机是往复活塞式，其工作原理如图13－2所示。当活塞3向右运动时，气缸2内活塞左腔的压力低于大气压力，吸气阀9被打开，空气在大气压力作用下进入气缸2内，这个过程称为吸气过程。当活塞向左移动时，吸气阀9在缸内压缩气体的作用下关闭，缸内气体被压缩，这个过程称为压缩过程。当气缸内空气压力增加到略大于输气管内压力后，排气阀1被打开，压缩空气进入输气管道，这个过程称为排气过程。活塞3的往复运动是由电动机带动曲柄转动，通过连杆、滑块、活塞杆转化为直线往复运动而产生的。图中只表示了一个活塞一个缸的空气压缩机，大多数空气压缩机是多缸多活塞的组合。

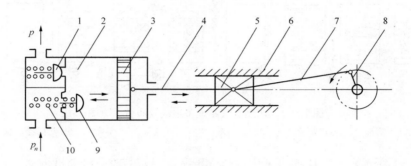

图13－2　往复活塞式空气压缩机工作原理图

1—排气阀；2—气缸；3—活塞；4—活塞杆；5、6—十字头与滑道；7—连杆；

8—曲柄；9—吸气阀；10—弹簧

任务 13.2　气 源 辅 助 元 件

【任务描述】

　　气压传动系统中的气源辅助元件分为气源净化装置和其他辅助元件两大类。本任务主要学习气源净化装置和其他辅助元件的组成、工作原理及应用。

【任务目标】

　　（1）掌握净化装置和其他辅助元件的结构。

　　（2）掌握净化装置和其他辅助元件的工作原理。

　　（3）具备气压净化装置和其他辅助元件的选用能力。

【基本知识】

13.2.1　气源净化装置

　　气源净化装置一般包括后冷却器、油水分离器、储气罐、干燥器、过滤器等。

　　1. 后冷却器

　　后冷却器安装在空气压缩机出口处的管道上。它的作用是将空气压缩机排出的压缩空气温度由140～170℃降至40～50℃。这样就可使压缩空气中的油雾和水汽迅速达到饱和，使其大部分析出并凝结成油滴和水滴，以便经油水分离器排出。后冷却器的结构形式有蛇形管式、列管式、散热片式、管套式。冷却方式有水冷和气冷两种方式，蛇形管式和列管式后冷却器的结构如图 13-3 所示。

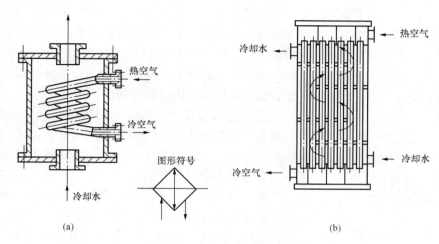

(a)　　　　　　　　　　　　　　　(b)

图 13-3　后冷却器
(a)蛇形管式；(b)列管式

2. 油水分离器

油水分离器安装在后冷却器出口管道上，它的作用是分离并排出压缩空气中凝聚的油分、水分和灰尘杂质等，使压缩空气得到初步净化。油水分离器的结构形式有环形回转式、撞击折回式、离心旋转式、水浴式及以上形式的组合使用等。图 13-4 所示为撞击折回并回转式油水分离器的结构形式，它的工作原理是：当压缩空气由入口进入分离器壳体后，气流先受到隔板阻挡而被撞击折回向下（见图中箭头所示流向）；之后又上升产生环形回转，这样凝聚在压缩空气中的油滴、水滴等杂质受惯性力作用而分离析出，沉降于壳体底部，由放水阀定期排出。

为提高油水分离效果，应控制气流在回转后上升的速度不超过 0.3～0.5m/s。

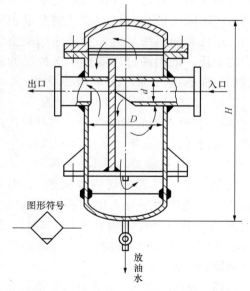

图 13-4　撞击折回并回转式油水分离器

3. 储气罐

储气罐的主要作用有以下几个：

（1）储存一定数量的压缩空气，以备发生故障或临时需要应急使用。

（2）消除由于空气压缩机断续排气而对系统引起的压力脉动，保证输出气流的连续性和平稳性。

（3）进一步分离压缩空气中的油、水等杂质。

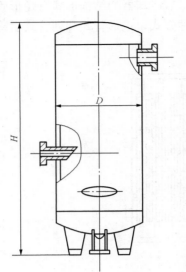

图 13-5　储气罐结构图

储气罐一般采用焊接结构，以立式居多，其结构如图 13-5所示。

4. 干燥器

经过后冷却器、油水分离器和储气罐后得到初步净化的压缩空气，已满足一般气压传动的需要。但压缩空气中仍含一定量的油、水及少量的粉尘。如果用于精密的气动装置、气动仪表等，上述压缩空气还必须进行干燥处理。压缩空气干燥方法主要采用吸附法和冷却法。

吸附法是利用具有吸附性能的吸附剂（如硅胶、铝胶、分子筛等）来吸附压缩空气中含有的水分，而使其干燥；冷却法是利用制冷设备使空气冷却到一定的露点温度，析出空气中超过饱和水蒸气部分的多余水分，从而达到所需的干燥度。吸附法是干燥处理方法中应用最为普遍的一种方法。吸附式干燥器的结构如图 13-6所示。它的外壳呈筒形，其中分层设置栅板、吸附剂、滤网等。湿空气从管 1进入干燥器，通过吸附剂 21、过滤网 20、上栅板 19和下部吸附剂层 16后，因其中的水分被吸附剂吸收而变得很干燥。然后，再经过钢丝网 15、下栅板 14和过滤网 12，干燥、洁净的压缩空气便从输出管 8排出。

5. 过滤器

空气的过滤是气压传动系统中的重要环节。不同的场合对压缩空气的要求也不同。过滤器的作用是进一步滤除压缩空气中的杂质。常用的过滤器有一次性过滤器（也称简易过滤器，滤灰效率为 50%～70%）；二次过滤器（滤灰效率为 70%～99%）。在要求高的特殊场合，还可使用高效率的过滤器（滤灰效率大于 99%）。

（1）一次过滤器。图 13-7所示为一种一次过滤器，气流由切线方向进入筒内，在离心力的作用下分离出液滴，然后气体由下而上通过多片钢板、毛毡、硅胶、焦炭、滤网等过滤吸附材料，干燥清洁的空气从筒顶输出。

（2）分水滤气器。分水滤气器滤灰能力较强，属于二次过滤器。它和减压阀、油雾器一起被称为气动三联件，是气动系统不可缺少的辅助元件。普通分水滤气器的结构如图 13-8所示。其工作原理如下：压缩空气从输入口进入后，被引入旋风叶

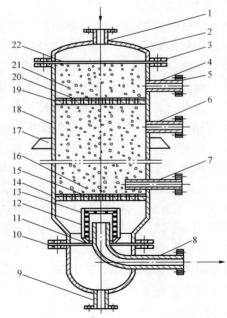

图 13-6　吸附式干燥器结构图

1—湿空气进气管；2—顶盖；3、5、10—法兰；
4、6—再生空气排气管；7—再生空气进气管；
8—干燥空气输出管；9—排水管；11、22—密封座；
12、15、20—钢丝过滤网；13—毛毡；14—下栅板；
16、21—吸附剂层；17—支撑板；18—筒体；19—上栅板

子 1，旋风叶子上有很多小缺口，使空气沿切线反向产生强烈的旋转，这样夹杂在气体中的较大水滴、油滴、灰尘（主要是水滴）便获得较大的离心力，并高速与存水杯 3 内壁碰撞，而从气体中分离出来，沉淀于存水杯 3 中，然后气体通过中间的滤芯 2，部分灰尘、雾状水被滤芯 2 拦截而滤去，洁净的空气便从输出口输出。挡水板 4 是防止气体旋涡将杯中积存的污水卷起而破坏过滤作用。为保证分水滤气器正常工作，必须及时将存水杯中的污水通过手动排水阀 5 放掉。在某些人工排水不方便的场合，可采用自动排水式分水滤气器。

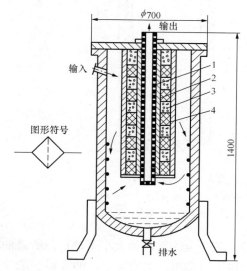

图 13-7 一次过滤器结构图

1—ϕ10 密孔网；2—280 目细钢丝网；

3—焦炭；4—硅胶

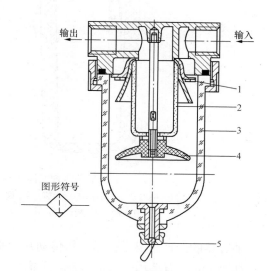

图 13-8 普通分水滤气器结构图

1—旋风叶子；2—滤芯；3—存水杯；

4—挡水板；5—手动排水阀

存水杯由透明材料制成，便于观察工作情况、污水情况和滤芯污染情况。滤芯目前采用铜粒烧结而成。发现油泥过多，可采用酒精清洗，干燥后再装上，可继续使用。但是这种过滤器只能滤除固体和液体杂质，因此，使用时应尽可能装在能使空气中的水分变成液态的部位或防止液体进入的部位，如气动设备的气源入口处。

13.2.2 其他辅助元件

1. 油雾器

油雾器是一种特殊的注油装置。它以空气为动力，使润滑油雾化后，注入空气流中，并随空气进入需要润滑的部件，达到润滑的目的。

图 13-9 所示为普通油雾器（也称一次油雾器）的结构简图。当压缩空气由输入口进入后，通过喷嘴 1 下端的小孔进入阀座 4 的腔室内，在截止阀的钢球 2 上、下表面形成压差，由于泄漏和弹簧 3 的作用，而使钢球处于中间位置，压缩空气进入存油杯 5 的上腔使油面受压，压力油经吸油管 6 将单向阀 7 的钢球顶起，钢球上部管道有一个方形小孔，钢球不能将上部管道封死，压力油不断流入视油器 9 内，再滴入喷嘴 1 中，被主管气流从上面小孔引射出来，雾化后从输出口输出。节流阀 8 可以调节流量，使滴油量在每分钟 0～120 滴内变化。

二次油雾器能使油滴在雾化器内进行两次雾化，使油雾粒度更小、更均匀、输送距离更远。二次雾化粒径可达 50μm。

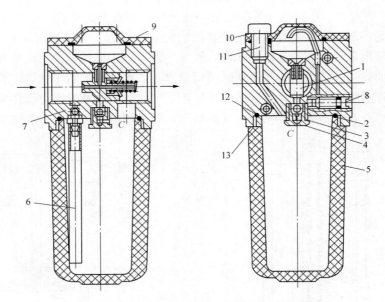

图 13-9　普通油雾器（一次油雾器）结构简图

1—喷嘴；2—钢球；3—弹簧；4—阀座；5—存油杯；6—吸油管；7—单向阀；

8—节流阀；9—视油器；10、12—密封垫；11—油塞；13—螺母、螺钉

　　油雾器的选择主要是根据气压传动系统所需额定流量及油雾粒径大小来进行。所需油雾粒径在 $50\mu m$ 左右选用一次油雾器。若需油雾粒径很小可选用二次油雾器。油雾器一般应配置在滤气器和减压阀之后，用气设备之前较近处。

　　2. 消声器

　　在气压传动系统之中，气缸、气阀等元件工作时，排气速度较高，气体体积急剧膨胀，会产生刺耳的噪声。噪声的强弱随排气的速度、排量和空气通道的形状而变化。排气的速度和功率越大，噪声也越大，一般可达 100~120dB，为了降低噪声可以在排气口装消声器。

　　消声器就是通过阻尼或增加排气面积来降低排气速度和功率，从而降低噪声的。

　　气动元件使用的消声器一般有三种类型：吸收型消声器、膨胀干涉型消声器和膨胀干涉吸收型消声器。常用的是吸收型消声器。图 13-10 所示为吸收型消声器的结构简图。这种消声器主要依靠吸音材料消声。消声罩 2 为多孔的吸音材料，一般用聚苯乙烯或铜珠烧结而成。当消声器的通径小于 20mm 时，多用聚苯乙烯作消音材料制成消声罩，当消声器的通径大于 20mm 时，消声罩多用铜珠烧结，以增加强度。其消声原理是：当有压气体通过消声罩时，气流受到阻力，声能量被部分吸收而转化为热能，从而降低了噪声强度。

　　吸收型消声器结构简单，具有良好的消除中、高频噪声的性能。在气压传动系统中，排气噪声主要是中、高频噪声，尤其是高频噪声，所以采用这

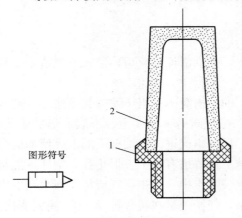

图 13-10　吸收型消声器结构简图

1—连接螺丝；2—消声罩

种消声器是合适的。在主要是中、低频噪声的场合，应使用膨胀干涉型消声器。

3. 管道连接件

管道连接件包括管子和各种管接头。有了管子和各种管接头，才能把气动控制元件、气动执行元件、辅助元件等连接成一个完整的气动控制系统，因此实际应用中，管道连接件是不可缺少的。

在选择管道材料时主要考虑系统管网压力损失低、无漏气、耐腐蚀能力和系统的可扩展性等因素。

由于铜、钢和铁等管道材料必须用焊接或管道连接件来连接，若处理不当，可能将焊接碎屑或密封材料带入系统，从而导致系统故障。塑料管道不仅造价最低，而且塑料管道可以用黏合剂或利用管道连接件提供完全气密性连接，并且延伸与扩展也方便。所以，无论造价、安装和设备费，还是在扩展的灵活性、方便性等方面，塑料管材都优于其他材料。

气源系统管道的直径要根据气动系统的流量和流速的要求，以及整个管路系统允许的压力损失来确定。为避免压缩空气在管内流动时过大的压力损失，一般主管道内的流速为 8～10m/s，最大不超过 12m/s。

管子可分为硬管和软管两种。例如，总气管和支气管等一些固定不动的、不需要经常装拆的地方使用硬管。连接运动部件和临时使用、希望装拆方便的管路应使用软管。硬管有铁管、铜管、黄铜管、紫铜管、硬塑料管等；软管有塑料管、尼龙管、橡胶管、金属编织塑料管、挠性金属导管等。常用的是紫铜管和尼龙管。

气动系统中使用的管接头结构及工作原理与液压管接头基本相似，分为卡套式、扩口螺纹式、卡箍式、插入快换式等。

4. 软管接头

软管接头有很多种类和规格，常用的有快插式管接头、快换式管接头、扩口式管接头、快拧式管接头等，其形式有直通式、终端式、直角式、三通式、多通式、变径式等。管接头的材料多用黄铜或工程塑料制成，有些在黄铜接头体上镀镍铬层后再加以抛光，以增加防腐蚀性能及美观性。管接头螺纹有公制细牙、圆柱管螺纹和圆锥管螺纹，螺纹表面涂有密封层。

图 13-11 所示为快插式管接头的结构图，该接头常用于气动回路中尼龙管和聚氨酯管的连接。使用时将管子插入，由弹性卡环 3 将其自行咬合固定，并由密封圈 1 密封。卸管时只需通过顶帽 4 将弹性卡环压下，即可方便地拔出管子。快插式管接头种类繁多，尺寸系列齐全，是软管接头中应用最广泛的一种。

图 13-12 所示为快换式管接头的结构图，它是一种不需要使用工具即能实现快速装拆

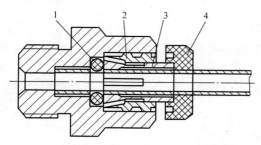

图 13-11 快插式管接头

1—密封圈；2—套座；3—弹簧卡环；4—顶帽

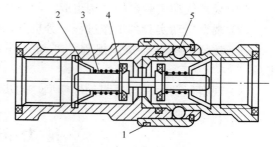

图 13-12 快换式管接头

1—弹簧销；2—支架；3—弹簧；4—活塞；5—钢球

的管接头。接头内部带有单向元件，接头连接时由钢球定位，两侧气路接通；卸下接头，气路立即断开，不需装设气源开关。

技能训练　观察分析气动系统组成及工作原理

1. 训练目标

在实训教师指导下观察气动系统的组成及原理，观察气动实验台的工作过程，了解其基本组成结构，分析其工作原理；通过操作简单气压系统的运行，建立对气压传动系统的感性认识，比较与液压传动系统的区别，激发学生对于气压传动技术的学习兴趣。

（1）了解气动实验台的工作原理及组成。

（2）了解气源装置及辅助元件的基本应用。

2. 训练设备及器材

表 13 - 1   实 训 设 备 及 器 材

设备、器材及其型号		数　　量
气动实验台	QDSYT - 001	6 台
空气压缩机	型号可根据实际选择	6 台
气动三联件	同上	6 只
单作用（弹簧复位）单杆气缸	同上	6 只
双作用气缸	同上	6 只
或门型梭阀	同上	6 只
与门型梭阀	同上	6 只
快速排气阀	同上	6 只
油雾器	同上	6 只
气管	同上	6 只
消声器	同上	6 只
透明气动元件模型	同上	若干

3. 训练内容

（1）观察气动实验台的结构组成。

（2）观察气动实验台工作过程，分析其工作原理。

（3）教师讲解安全操作规程、气动元件工作原理及操作方法，提出实训要求和注意事项。

（4）观察气动元件与透明元件模型，初步认识几种气动元件的名称、外形和图形符号。

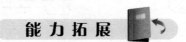
能 力 拓 展

1. 简述气源装置的组成及其作用。

2. 简述活塞式空气压缩机的工作原理。

3. 简述设置后冷却器的原因。

4. 气源为什么要净化？气源装置主要由哪些元件组成？

5. 简述油水分离器及分水滤气器的工作原理。

6. 油雾器有什么作用？它是怎样工作的？

7. 为什么要设置储气罐？如何确定它的容积？

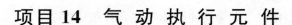
项目14 气动执行元件

任务14.1 气 缸

【任务描述】

气缸是气动系统中使用最多的一种执行元件。气缸是用于带动负载做往复直线运动的执行元件，本任务通过学习掌握气缸的结构组成、分类、工作过程及原理，并能够在系统中正确选用气缸。

【任务目标】

（1）掌握气缸的种类及特点。

（2）掌握气缸的工作原理及性能参数。

（3）掌握气缸的选用方法及基本维修技能。

【基本知识】

14.1.1 气缸的分类

气缸的使用十分广泛，使用条件各不相同，因此其结构、形状各异。

1. 气缸的分类

以结构与功能对气缸进行分类，可分为以下几类：

（1）按压缩空气在活塞端面作用力的方向不同可分为单作用气缸和双作用气缸。

（2）按结构特点不同可分为活塞式、柱塞式、叶片式、薄膜式气缸、气液阻尼缸等。

（3）按安装方式可分为耳座式、法兰式、轴销式和凸缘式、嵌入式、回转式气缸等。

（4）按功能可分为普通气缸和特殊气缸。用于无特殊要求场合的一般单、双作用气缸为普通气缸，而用于某些特定工作场合的气缸为特殊气缸，特殊气缸一般需要定购。

2. 普通活塞式气缸

（1）普通单活塞式双作用气缸。普通活塞式气缸的结构与工作原理和活塞式液压缸类似。图14-1所示为普通单活塞式双作用气缸的结构，它由缸筒1、前后缸盖2和3、活塞8、活塞杆4、密封件、紧固件等组成。缸筒1与前、后缸盖之间由四根螺杆将其紧固锁定。缸内有与活塞杆相连的活塞，活塞上装有活塞密封圈。为防止漏气和外部灰尘的侵入，前缸盖上装有活塞杆密封圈和防尘密封圈。这种双作用气缸被活塞分为两个腔室：有杆腔（简称头腔或前腔）和无杆腔（简称尾腔和后腔），有活塞杆的腔室称为有杆腔，无活塞杆的腔室称为无杆腔。

从无活塞杆端的气口输入压缩空气时，若气压作用在活塞左端面上的力克服了运动摩擦力、负载等各种反作用力，则当活塞前进时，有杆腔内的空气经该端气口排出，使活塞杆伸出。同样，当有杆腔端的气口输入压缩空气时，活塞杆缩回至初始位置。通过无杆腔和有杆腔交替进气和排气，活塞杆伸出和缩回，气缸实现往复直线运动。

（2）单作用气缸。单作用气缸在缸盖一端气口输入压缩空气使活塞杆伸出（或缩回），而另一端靠弹簧力、自重或其他外力等使活塞杆恢复到初始位置。单作用气缸只在动作方向

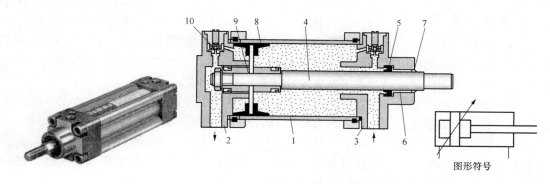

图 14-1　普通型单活塞杆双作用缸

1—缸筒；2—后缸盖；3—前缸盖；4—活塞杆；5—密封圈；6—导向套；

7—防尘密封圈；8—活塞；9—缓冲柱塞；10—缓冲节流阀

需要压缩空气，故可节约一半压缩空气。该缸主要用在夹紧、退料、阻挡、压入、举起、进给等操作上。

（3）预缩型单作用气缸。图 14-2 所示为预缩型单作用气缸结构原理，这种气缸在活塞杆侧装有复位弹簧，在前端盖上开有呼吸用的气口。除此之外，其结构基本上和双作用气缸相同。图示单作用气缸的缸筒和前、后缸盖之间采用滚压铆接方式固定。单作用缸行程受内装回程弹簧自由长度的影响，其行程长度一般在 100mm 以内。

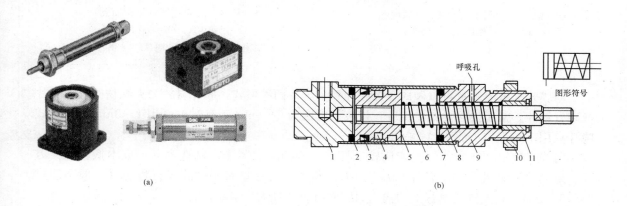

图 14-2　预缩型单作用气缸

1—后缸盖；2—橡胶缓冲垫；3—活塞密封圈；4—导向环；5—活塞；

6—弹簧；7—缸筒；8—活塞杆；9—前缸盖；10—螺母；11—导向套

3. 典型特殊气缸

较为典型的特殊气缸有气液阻尼缸、薄膜式气缸和冲击式气缸几种。

普通气缸工作时，由于气体的压缩性，当外部载荷变化较大时，会产生"爬行"或"自走"现象，使气缸的工作不稳定。为了使气缸运动平稳，普遍采用气液阻尼缸。

（1）气液阻尼缸。气液阻尼缸是由气缸和油缸组合而成，它的工作原理如图 14-3 所示。它是以压缩空气为能源，并利用油液的不可压缩性和控制油液排量来获得活塞的平稳运动和调节活塞的运动速度。它将油缸和气缸串联成一个整体，两个活塞固定在一根活塞杆上。当气缸右端供气时，气缸克服外负载并带动油缸同时向左运动，此时油缸左腔排油、单向阀关闭。油液只能经节流阀缓慢流入油缸右腔，对整个活塞的运动起阻尼作用。调节节流阀的阀口大小就能达到调节活塞运动速度的目的。当压缩空气经换向阀从气缸左腔进入时，油缸右腔排油，此时因单向阀开启，活塞能快速返回原来位置。

这种气液阻尼缸的结构一般是将双活塞杆缸作为油缸。因为这样可使油缸两腔的排油量相等，此时油箱内的油液只用来补充因油缸泄漏而减少的油量，一般用油杯就可以。

（2）薄膜式气缸。薄膜式气缸是一种利用压缩空气通过膜片推动活塞杆做往复直线运动的气缸。它由缸体、膜片、膜盘、活塞杆等主要零件组成。其功能类似于活塞式气缸，它分单作用式和双作用式两种，如图14-4所示。

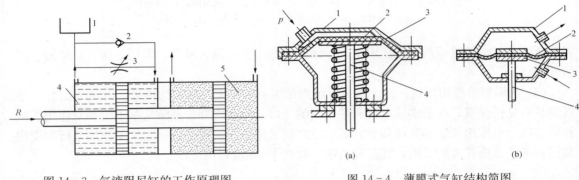

图 14-3　气液阻尼缸的工作原理图　　　　　　图 14-4　薄膜式气缸结构简图
1—油箱；2—单向阀；3—节流阀；　　　　　　　（a）单作用式；（b）双作用式
4—液压油；5—压缩空气　　　　　　　　　　　1—缸体；2—膜片；3—膜盘；4—活塞杆

薄膜式气缸的膜片可以做成盘形膜片和平膜片两种形式。膜片材料为夹织物橡胶、钢片或磷青铜片。常用的是夹织物橡胶，橡胶的厚度为5～6mm，有时也可用1～3mm。金属式膜片只用于行程较小的薄膜式气缸中。

薄膜式气缸和活塞式气缸相比较，具有结构简单、紧凑、制造容易、成本低、维修方便、寿命长、泄漏小、效率高等优点。但是膜片的变形量有限，故其行程短（一般不超过40～50mm），且气缸活塞杆上的输出力随着行程的加大而减小。

（3）冲击气缸。冲击气缸是一种体积小、结构简单、易于制造、耗气功率小但能产生相当大的冲击力的一种特殊气缸。与普通气缸相比，冲击气缸的结构特点是增加了一个具有一定容积的蓄能腔和喷嘴。它的工作原理如图14-5所示。

冲击气缸的整个工作过程可简单地分为三个阶段。第一阶段如图14-5（a）所示，压缩空气由孔A输入冲击缸的下腔，蓄气缸经孔B排气，活塞上升并用密封垫封住喷嘴，中盖和活塞间的环形空间经排气孔与大气相通。第二阶段如图14-5（b）所示，压缩空气改由孔B进气，输入蓄气缸中，冲击缸下腔经孔A排气。由于活塞上端气压作用在面积较小的喷嘴上，而活塞下端受力面积较大，一般设计成喷嘴面积的9倍，缸下腔的压力虽因排气而下降，但此时活塞下端向上的作用力仍然大于活塞上端向下的作用力。第三阶段如图14-5（c）所示，蓄气缸的压力继续增大，冲击缸下腔的压力继续降低，当蓄气缸内压

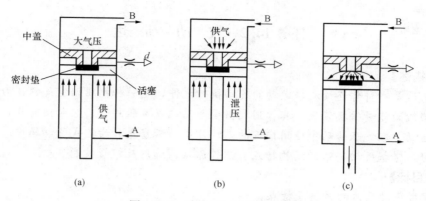

图 14 - 5　冲击气缸工作原理图
(a) 第一阶段；(b) 第二阶段；(c) 第三阶段

力高于活塞下腔压力 9 倍时，活塞开始向下移动，活塞一旦离开喷嘴，蓄气缸内的高压气体迅速充入到活塞与中间盖间的空间，使活塞上端受力面积突然增加 9 倍，于是活塞将以极大的加速度向下运动，气体的压力能转换成活塞的动能。在冲程达到一定时，获得最大冲击速度和能量，利用这个能量对工件进行冲击做功，可以产生很大的冲击力。

14.1.2　气缸的选择与使用

1. 气缸的选择

选择气缸时应注意以下几个方面：

(1) 选择气缸类型：根据使用场合和负载特点选择不同类型的气缸。

(2) 选择安装形式：由气缸的安装位置、使用目的等因素来决定。其原则是负载作用力方向应始终与气缸轴线方向一致，以防活塞杆受弯曲力的作用。

(3) 确定气缸作用力大小：根据工作机构所需的作用力大小来确定，并要留有一定的裕度。

(4) 确定气缸行程：与使用场合和机构所需的行程比有关，也受加工和结构的限制。有些场合应按所需行程增加 10～20mm 的行程余量。

(5) 确定运动速度：普通气缸的运动速度为 0.5～1m/s，应根据需要在系统中设置调速元件，如节流阀等，且多采用排气节流调速，以增强系统刚性，防止爬行。

(6) 注意润滑：除无油润滑气缸外，均应注意气缸的合理润滑，在入口处设置油雾器，并根据需要调节给油量。

2. 气缸使用时的注意事项

(1) 一般气缸正常工作条件下的工作压力为 0.4～0.6MPa，环境温度在 −35～80℃ 之间。

(2) 安装前应在 1.5 倍工作压力下进行试验，不应漏气。

(3) 装配时所有密封件的相对运动工作表面应涂上润滑脂。

(4) 安装时要注意动作方向，活塞杆不允许承受偏心负载或横向负载。

(5) 不要将行程用满，以避免活塞和缸盖频繁撞击。

任务 14.2　气　动　马　达

【任务描述】

气动马达是一种作连续旋转运动的气动执行元件，是一种把压缩空气的压力能转换成回转运动机械能的能量转换装置。其作用相当于电动机或液压马达，它输出转矩，驱动执行机构做旋转运动。在气压传动中使用广泛的是叶片式、活塞式和齿轮式气动马达。通过对气动马达的学习，掌握气动马达的结构特点、工作原理、选用及维修技能。

【任务目标】

（1）掌握气动马达的种类及特点。

（2）掌握气动马达的工作原理、结构特点及性能参数。

（3）具备气动马达的选用方法及基本维修技能。

【基本知识】

气动马达也是气动执行元件的一种，它将压缩空气的压力能转换为转动的机械能，其作用相当于电动机或液压马达，即输出力矩，带动机构做旋转运动。

1. 常用的气动马达的分类

气动马达按结构形式可分为叶片式气动马达、活塞式气动马达、齿轮式气动马达等。最为常见的是活塞式气动马达和叶片式气动马达。叶片式气动马达制造简单，结构紧凑，但低速运动转矩小，低速性能不好，适用于中低功率的机械，目前在矿山及风动工具中应用普遍。活塞式气动马达在低速情况下有较大的输出功率，它的低速性能好，适宜于载荷较大和要求低速转矩的机械，如起重机、绞车、绞盘、拉管机等。

2. 气动马达特点

与液压马达相比，气动马达具有以下特点：

（1）工作安全，可以在易燃易爆场所工作，同时不受高温和振动的影响。

（2）可以长时间满载工作而温升较小。

（3）可以无级调速，控制进气流量就能调节马达的转速和功率，额定转速每分钟几十转到几十万转。

（4）具有较高的启动力矩，可以直接带负载运动。

（5）结构简单，操纵方便，维护容易，成本低。

（6）输出功率相对较小，最大只有 20kW 左右。

（7）耗气量大，效率低，噪声大。

3. 气动马达的工作原理

图 14-6 所示为叶片式气动马达的工作原理图。它的主要结构和工作原理与液压叶片马达相似，主要包括一个径向装有 3～10 个叶片的转子，偏心安装在定子内，转子两侧有前、后盖板（图中未画出），叶片在转子的槽内可径向滑动，叶片底部通有压缩空气，转子转动是靠离心力和叶片底部气压将叶片紧压在定子内表面上。定子内有半圆形的切沟，提供压缩空气及排出废气。

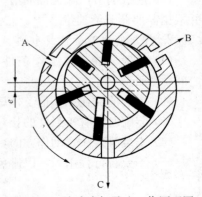

图 14-6　叶片式气马达工作原理图

当压缩空气从 A 口进入定子内，会使叶片带动转子做逆时针旋转，产生转矩。废气从排气口 C 排出；而定子腔内残留气体则从 B 口排出。若需改变气动马达旋转方向，只需改变进、排气口即可。

在选择气动马达时，主要从负载的状态要求来选择适当的气动马达。气动马达在使用时要特别注意润滑问题，在得到正确、良好润滑的情况下，可在两次检修之间至少运转 2500～3000h。一般应在气动马达的换向阀前安装油雾器，以进行不间断润滑。各种气动马达的特点及应用范围见表 14-1，可供选择和应用时参考。

表 14-1　　　　　　　　　　各种气动马达的特点及应用范围

形式	转矩	速度	功率	特点及应用范围
叶片式	低转矩	高速度	由零点几千瓦到 1.3kW	制造简单，结构紧凑，但低速启动转矩小，低速性能不好，适用于要求低或中功率的机械，如手提工具、复合工具传送带、升降机、泵、拖拉机等
活塞式	中高转矩	低速或中速	由零点几千瓦到 1.7kW	在低速时有较大的功率输出和较好的转矩特性，启动准确，且启动和停止特性均较叶片式好，适用于载荷较大和要求低速转矩较高的机械，如手提工具、起重机、绞车、绞盘、拉管机等
薄膜式	高转矩	低速度	小于 1kW	适用于控制要求很精确、启动转矩极高和速度低的机械

技能训练　气缸与气动马达的拆装与结构认识

1. 训练目标

气缸、气马达是气动系统中的执行元件，它把气动系统输出的压力能转换为机械能。通过气缸、气马达拆装训练可以加深对气缸、气马达结构及工作原理的认识，有利于掌握气缸、气马达的装配与故障维修技能。

（1）掌握常用气缸、气马达的组成结构与工作原理。

（2）具备常用气缸、气马达的拆卸、装配技能。

（3）具备常用气缸、气马达的基本维修技能。

2. 训练设备

表 14-2　　　　　　　　　　实训设备及器材

设备、器材及其型号		数　量
气动实验台	QDSYT-001	6 台
单杆（或双杆）气缸	CJ2B6	6 个
气动马达	TWY0.5～20（kW）叶片式系列	6 只
工具	内六角扳手、固定扳手、螺丝刀、卡簧钳、铜棒、榔头等各种辅助工具	6 套

3. 训练内容

（1）观察掌握拆装气缸、气动马达的工作过程，并对各零件进行编号记录。

（2）分析气缸、气动马达各元件内部结构及各自的作用。

（3）熟悉掌握气缸、气动马达的工作原理及用途。

（4）熟练完成气缸、气动马达的拆卸与装配过程。

能力拓展

1. 简述常见气缸的类型、功能和用途。
2. 简述气缸需要缓冲装置的原因。
3. 气缸的安装形式有哪几种？
4. 简述气缸的基本组成结构及工作原理。
5. 简述常见气动马达的类型、功能和用途。
6. 简述叶片式气动马达的工作原理。
7. 熟悉气动马达的应用范围。

项目 15 气 动 控 制 元 件

任务 15.1 气 动 压 力 控 制 阀

【任务描述】

在气压传动系统中，气动压力控制阀是调节压缩空气压力的控制元件，其作用是保证气动执行元件（如气缸、气动马达等）按设计的程序正常地进行工作。通过学习掌握气动压力控制阀的工作原理和应用特性，为后续的气动压力控制回路搭建及气动系统设计奠定基础。

【任务分析】

（1）掌握气动压力控制阀的结构及工作原理。

（2）初步掌握各类气动压力控制阀的维修技能。

（3）能够正确选用各种气动压力控制阀。

【基本知识】

气动系统不同于液压系统，一般每一个液压系统都自带液压源（液压泵），而在气动系统中，一般而言由空气压缩机先将空气压缩，储存在储气罐内，然后经管路输送给各个气动装置使用。而储气罐的气源压力往往比各台设备实际所需要的压力高些，同时其压力波动值也较大。因此，需要用减压阀（调压阀）将其压力减到每台装置所需的压力，并使减压后的压力稳定在所需压力值上。

1. 减压阀（调压阀）

图 15-1 所示为 QTY 型直动式减压阀结构图。其工作原理是：当阀处于工作状态时，调节手柄 1、调压弹簧 2 和 3、膜片 5，通过阀杆 6 使阀芯 8 下移，进气阀口被打开，有压气流从左端输入，经阀口节流减压后从右端输出。输出气流的一部分由阻尼孔 7 进入膜片气室，在膜片 5 的下方产生一个向上的推力，这个推力总是企图把阀口开度关小，使其输出压力下降。当作用于膜片上的推力与弹簧力相平衡后，减压阀的输出压力便保持一定。当输入压力发生波动时，若输入压力瞬时升高，输出压力也随之升高，作用于膜片 5 上的气体推力也随之增大，破坏了原来力的平衡，使膜片 5 向上移动，有少量气体经溢流口 4、排气孔 11 排出。在膜片上移的同时，因复

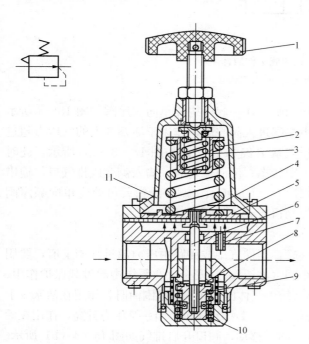

图 15-1 QTY 型减压阀结构图及其职能符号

1—手柄；2、3—调压弹簧；4—溢流口；5—膜片；6—阀杆；
7—阻尼孔；8—阀芯；9—阀座；10—复位弹簧；11—排气孔

位弹簧 10 的作用，使输出压力下降，直到新的平衡为止。重新平衡后的输出压力又基本上恢复至原值。反之，输出压力瞬时下降，膜片下移，进气口开度增大，节流作用减小，输出压力又基本回升至原值。调节手柄 1 使弹簧 2、3 恢复自由状态，输出压力降至零，阀芯 8 在复位弹簧 10 的作用下，关闭进气阀口，这样，减压阀便处于截止状态，无气流输出。

QTY 型直动式减压阀的调压范围为 0.05～0.63MPa。

安装减压阀时，要按气流的方向和减压阀上所示的箭头方向，依照分水滤气器→减压阀→油雾器的安装次序进行安装。调压时应由低向高调，直到规定的调压值为止。阀不用时应把手柄放松，以免膜片经常受压变形。

2. 顺序阀

有些气动回路需要依靠回路中压力的变化来实现控制两个执行元件的顺序动作，所用的这种阀就是顺序阀。

顺序阀是依靠气路中压力的作用而控制执行元件按顺序动作的压力控制阀，如图 15-2 所示，它根据弹簧的预压缩量来控制其开启压力。当输入压力达到或超过开启压力时，顶开弹簧，于是 P 到 A 才有输出；反之，A 无输出。

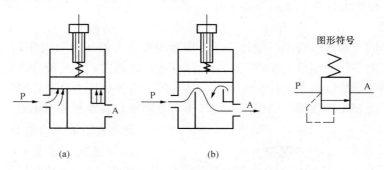

图 15-2　顺序阀工作原理图

(a) 关闭状态；(b) 开启状态

顺序阀一般很少单独使用，往往与单向阀配合在一起，构成单向顺序阀。图 15-3 所示为单向顺序阀的工作原理图。当压缩空气由左端进入阀腔后，作用于活塞 3 上的气压力超过压缩弹簧 2 上的力时，将活塞顶起，压缩空气从 P 经 A 输出，如图 15-3 (a) 所示，此时单向阀 4 在压差力及弹簧力的作用下处于关闭状态。反向流动时，输入侧变成排气口，输出侧压力将顶开单向阀 4 由 O 口排气，如图 15-3 (b) 所示，调节旋钮就可改变单向顺序阀的开启压力，以便在不同的开启压力下，控制执行元件的顺序动作。

3. 安全阀

为了安全起见，所有的气动回路或储气罐，当储气罐或回路中压力超过某调定值，要用安全阀向外放气，这种压力控制阀称为安全阀（溢流阀），安全阀在系统中起过载保护作用。

图 15-4 所示为安全阀工作原理图。当系统中气体压力在调定范围内时，作用在活塞 3 上的压力小于弹簧 2 的力，活塞处于关闭状态如图 15-4 (a) 所示。当系统压力升高，作用在活塞 3 上的压力大于弹簧的预定压力时，活塞 3 向上移动，阀口开启排气如图 15-4 (b) 所示。直到系统压力降到调定范围以下，活塞又重新关闭。开启压力的大小与弹簧的预压量有关。

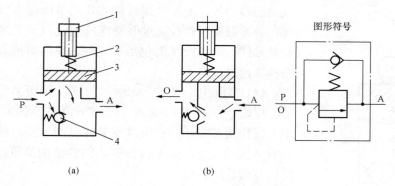

图 15 - 3 单向顺序阀工作原理图

（a）顺序阀工作状态；（b）单向阀工作状态

1—调节手柄；2—弹簧；3—活塞；4—单向阀

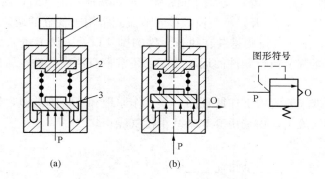

图 15 - 4 安全阀工作原理图

（a）关闭状态；（b）开启状态

1—调节手柄；2—调压弹簧；3—活塞

任务 15.2 气动流量控制阀

【任务描述】

在气压传动系统中，气动流量控制阀是控制和调节压缩空气流量的控制元件，从而控制气缸、气动马达的运动速度，其作用是保证气动执行元件（如气缸、气动马达等）按设计的程序正常地进行工作。掌握气动流量控制阀的工作原理和应用特性，为后续的气动速度控制回路搭建及气动系统设计奠定基础。

【任务分析】

（1）掌握气动流量控制阀的结构及工作原理。

（2）初步掌握各类气动流量控制阀的维修技能。

（3）能够正确选用各种气动流量控制阀。

【基本知识】

在气压传动系统中，有时需要控制气缸的运动速度，有时需要控制换向阀的切换时间和

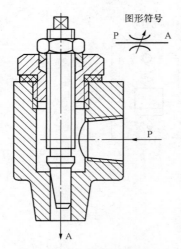

图形符号
P 🔺 A

图 15-5　节流阀工作原理图

气动信号的传递速度，这些都需要调节压缩空气的流量来实现。流量控制阀就是通过改变阀的通流截面积来实现流量控制的元件。流量控制阀包括节流阀、单向节流阀、排气节流阀和快速排气阀等。

（1）节流阀。图 15-5 所示为圆柱斜切型节流阀的结构图。压缩空气由 P 口进入，经过节流口节流后，由 A 口流出。旋转阀芯螺杆，就可改变节流口的开度，这样就调节了压缩空气的流量。由于这种节流阀的结构简单、体积小，故应用范围较广。

（2）单向节流阀。单向节流阀是由单向阀和节流阀并联而成的组合式流量控制阀。如图 15-6 所示，当气流沿着一个方向流入时，如图 15-6（a）所示 P→A 流动时，经过节流阀节流；反方向如图 15-6（b）所示流动时，由 A→P 时单向阀打开，不节流，单向节流阀常用于气缸的调速和延时回路。

（3）排气节流阀。排气节流阀是装在执行元件的排气口处，调节进入大气中气体流量的一种控制阀。它不仅能调节执行元件的运动速度，还常带有消声器件，所以也能起降低排气噪声的作用。

图 15-7 所示为排气节流阀工作原理图，其工作原理和节流阀类似，靠调节节流口 1 处的通流面积来调节排气流量，由消声套 2 来减小排气噪声。

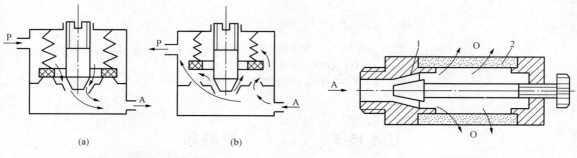

(a)　　　　　　　　(b)

图 15-6　单向节流阀的工作原理图
(a) P→A 状态；(b) A→P 状态

图 15-7　排气节流阀工作原理图
1—节流口；2—消声套

应当指出，用流量控制的方法控制气缸内活塞的运动速度，采用气动比采用液压困难。特别是在极低速控制中，要按照预定行程变化来控制速度，只用气动很难实现。在外部负载变化很大时，仅用气动流量阀也不会得到满意的调速效果。为提高其运动平稳性，建议采用气液联动。

（4）快速排气阀。图 15-8 所示为快速排气阀工作原理图。进气口 P 进入压缩空气，并将密封活塞迅速上推，开启阀口 2，同时关闭排气口 O，使进气口 P 和工作口 A 相通如图 15-8（a）所示，如图 15-8（b）所示为 P 口没有压缩空气进入时，在 A 口和 P 口压差作用下，密封活塞迅速下降，关闭 P 口，使 A 口通过 O 口快速排气。

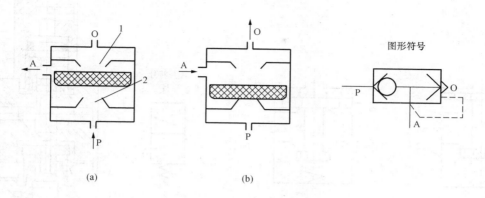

图 15 - 8　快速排气阀工作原理

(a) 进气口 P 有压缩空气；(b) 进气口 P 无压缩空气

1—密封活塞；2—阀口

任务 15.3　气动方向控制阀

【任务描述】

在气压传动系统中，气动方向控制阀是通过改变压缩空气的流动方向和气流的通断，来控制执行元件启动、停止及运动方向的气动元件。掌握气动方向控制阀的工作原理和应用特性，为后续的气动方向控制回路搭建及气动系统设计奠定基础。

【任务分析】

(1) 掌握气动方向控制阀的结构及工作原理。

(2) 初步掌握各类气动方向控制阀的维修技能。

(3) 能够正确选用各种气动方向控制阀。

【基本知识】

下面仅介绍几种典型的方向控制阀。

15.3.1　气压方向控制阀

气压方向控制阀是以压缩空气为动力切换气阀，使气路换向或通断的阀类。气压方向控制阀的用途很广，多用于组成气阀控制的气压传动系统或易燃、易爆、高净化等场合。

(1) 单气控加压式换向阀。图 15 - 9 所示为单气控加压式换向阀的工作原理。图 15 - 9 (a) 所示为无气控信号 K 时的状态（即常态），此时阀芯 1 在弹簧 2 的作用下处于上端位置，使阀口 A 与 O 相通，A 口排气。图 15 - 9 (b) 所示为在有气控信号 K 时阀的状态（即动力阀状态）。由于气压力的作用，阀芯 1 压缩弹簧 2 下移，使阀口 A 与 O 断开，P 与 A 接通，A 口有气体输出。

图 15 - 10 所示为二位三通单气控截止式换向阀的结构图。这种结构简单紧凑、密封可靠、换向行程短，但换向力大。若将气控接头换成电磁头（即电磁先导阀），可变气控阀为先导式电磁换向阀。

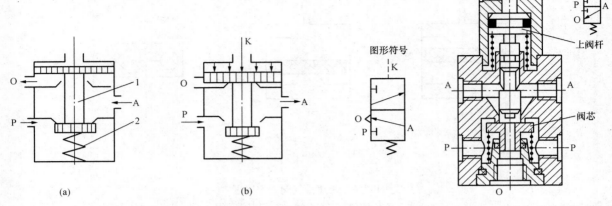

图 15 - 9　单气控加压截止式换向阀的工作原理图
(a) 无控制信号状态；(b) 有控制信号状态
1—阀芯；2—弹簧

图 15 - 10　二位三通单气控截止式
换向阀结构图

　　(2) 双气控加压式换向阀。图 15 - 11 所示为双气控滑阀式换向阀的工作原理图。图 15 - 11 (a) 所示为有气控信号 K_2 时阀的状态，此时阀停在左边，其通路状态是 P 与 A、B 与 O_2 相通。图 15 - 11 (b) 所示为有气控信号 K_1 时阀的状态（此时信号 K_2 已不存在），阀芯换位，其通路状态变为 P 与 B、A 与 O_1 相通。双气控滑阀具有记忆功能，即气控信号消失后，阀仍能保持在有信号时的工作状态。

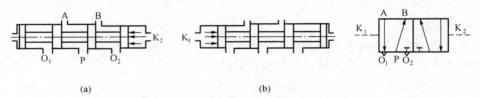

图 15 - 11　双气控滑阀式换向阀工作原理图
(a) 有气控信号 K_2；(b) 有气控信号 K_1

15.3.2　电磁控制换向阀

　　电磁换向阀是利用电磁力的作用来实现阀的切换以控制气流的流动方向。常用的电磁换向阀有直动式和先导式两种。

　　(1) 直动式电磁换向阀。图 15 - 12 所示为直动式单电控电磁阀的工作原理图。它只有一个电磁铁。图 15 - 12 (a) 所示为常态情况，即激励线圈不通电，此时阀在复位弹簧的作用下处于上端位置。其通路状态为 A 与 T 相通，T 口排气。当通电时，电磁铁 1 推动阀芯向下移动，气路换向，其通路为 P 与 A 相通，T 口排气，如图 15 - 12 (b) 所示。

　　图 15 - 13 所示为直动式双电控电磁阀的工作原理图。如图 15 - 13 (a) 所示它有两个电磁铁，当线圈 1 通电、2 断电时，阀芯被推向右端，其通路状态是 P 与 A、B 与 O_2 相通，A 口进气、B 口排气。当线圈 1 断电时，阀芯仍处于原有状态，即具有记忆性。当电磁线圈 2 通电、1 断电如图 15 - 13 (b) 所示，阀芯被推向左端，其通路状态是 P 与 B、A 与 O_1 相通，B 口进气、A 口排气。若电磁线圈断电，气流通路仍保持原状态。

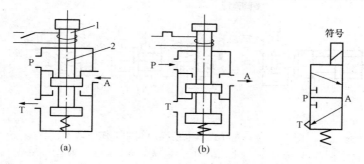

图 15 - 12 直动式单电控电磁阀的工作原理图

（a）断电时状态；（b）通电时状态

1—电磁铁；2—阀芯

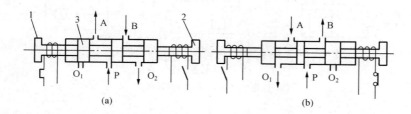

图 15 - 13 直动式双电控电磁阀的工作原理图

（a）线圈 1 通电、2 断电；（b）线圈 2 通电、1 断电

1、2—电磁铁；3—阀芯

（2）先导式电磁换向阀。直动式电磁阀是由电磁铁直接推动阀芯移动的，当阀通径较大时，用直动式结构所需的电磁铁体积和电力消耗都必然加大，为克服此弱点可采用先导式结构。

先导式电磁阀是由电磁铁首先控制气路，产生先导压力，再由先导压力推动主阀阀芯，使其换向。

图 15 - 14 所示为先导式双电控换向阀的工作原理图。当电磁先导阀 1 的线圈通电，而先导阀 2 断电时如图 15 - 14（a）所示，由于主阀 3 的 K_1 腔进气，K_2 腔排气，使主阀阀芯向右移动。此时 P 与 A、B 与 O_2 相通，A 口进气、B 口排气。当电磁先导阀 2 通电，而先导阀 1 断电时，如图 15 - 14（b）所示，主阀的 K_2 腔进气，K_1 腔排气，使主阀阀芯向左移动。此时 P 与 B、A 与 O_1 相通，B 口进气、A 口排气。先导式双电控电磁阀具有记忆功能，即通电换向，断电保持原状态。为保证主阀正常工作，两个电磁阀不能同时通电，电路中要考虑互锁。

先导式电磁换向阀便于实现电、气联合控制，所以应用广泛。

（3）梭阀。梭阀相当于两个单向阀组合的阀。图 15 - 15 所示为梭阀的工作原理图。

梭阀有两个进气口 P_1 和 P_2，一个工作口 A，阀芯 1 在两个方向上起单向阀的作用。其中 P_1 和 P_2 都可与 A 口相通，但是 P_1 与 P_2 不相通。当 P_1 进气时，阀芯 1 右移，封住 P_2 口，使 P_1 与 A 相通，气流从 A 口输出，如图 15 - 15（a）所示；反之，P_2 进气时，阀芯 1 左移，

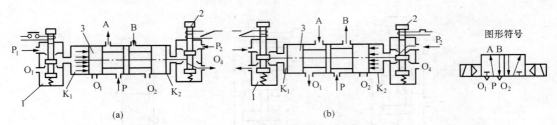

图 15 - 14　先导式双电控换向阀的工作原理图
（a）先导阀 1 通电、2 断电；（b）先导阀 2 通电、1 断电

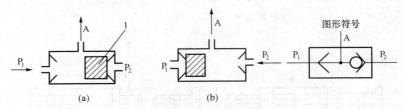

图 15 - 15　梭阀的工作原理图
（a）P_1 进气状态；（b）P_2 进气状态

封住 P_1 口，使 P_2 与 A 相通，气流从 A 口输出。若 P_1 与 P_2 都进气时，阀芯就可能停在任意一边，这主要看压力加入的先后顺序和压力的大小而定。若 P_1 与 P_2 压力不等时，则高压口的通道打开，低压口则被封闭，高压气流从 A 口输出。

梭阀的应用很广，多用于手动与自动控制的并联回路中。

（4）与门型梭阀（双压阀）。在气动逻辑回路中，它的作用相当于"与"门作用。双压阀相当于两个输入元件串联。如图 15 - 16 所示，该阀有两个输入口 P_1 和 P_2 与一个输出口 A。若只有一个输入口 P_1 有气信号，则输出口 A 没有气信号输出，只有当双压阀的两个输入口 P_1 和 P_2 均有气信号，输出口 A 才有气信号输出。而当两侧压力不等时，则关闭高压侧，低压侧与输出口 A 通。

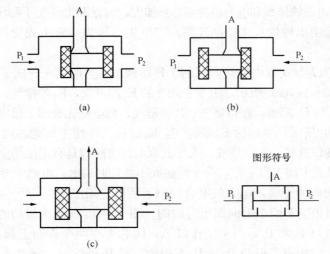

图 15 - 16　与门型梭阀的工作原理图
（a）P_1 进气状态；（b）P_2 进气状态；（c）P_1 和 P_2 进气状态

任务 15.4　气 动 逻 辑 元 件

【任务描述】

气动逻辑元件是用压缩空气为介质，通过元件的可动部件（如膜片、阀芯）在气控信号作用下动作，改变气流方向以实现一定逻辑功能的气动控制元件。通过学习掌握气动逻辑元件的工作原理、应用特性，以及具体应用场合。

【任务分析】

（1）掌握各种形式的气动逻辑元件的结构及分类。

（2）初步掌握各类各种形式的气动逻辑元件的维修维护技能。

（3）能够正确选用各种气动逻辑元件。

【基本知识】

15.4.1　气动逻辑控制阀

1. 逻辑控制概述

任何一个实际的控制问题都可以用逻辑关系来进行描述。从逻辑角度看，事物都可以表示为两个对立的状态，这两个对立的状态又可以用两个数字符号"1"和"0"来表示。它们之间的逻辑关系遵循布尔代数的二进制逻辑运算法则。

同样任何一个气动控制系统及执行机构的动作和状态，也可设定为"1"和"0"。例如将气缸前进设定为"1"，后退设定为"0"；管道有压设定为"1"，无压设定为"0"；元件有输出信号设定为"1"，无输出信号设定为"0"等。这样，一个具体的气动系统可以用若干个逻辑函数式来表达。由于逻辑函数式的运算是有规律的，对这些逻辑函数式进行运算和求解，可使问题变得明了、易解，从而可获得最简单的或最佳的系统。

总之，逻辑控制就是将具有不同逻辑功能的元件，按不同的逻辑关系组配，实现输入、输出口状态的变换。气动逻辑控制系统，遵循布尔代数的运算规则，其设计方法已趋于成熟和规范化，然而元件的结构原理发展变化较大，自 20 世纪 60 年代以来已经历了三代更新。第一代为滑阀式元件，可动部件是滑柱，在阀孔内移动，利用了空气轴承的原理，反应速度快，但要求很高的制造精度；第二代为注塑型元件，可动件为橡胶塑料膜片，结构简单，成本低，适于大批量生产；第三代为集成化组合式元件，综合利用了电、磁的功能，便于组成通用程序回路或者与可编程序控制器（PLC）匹配组成气-电混合控制系统。

2. 气动逻辑元件

气动逻辑元件是用压缩空气为介质，通过元件的可动部件（如膜片、阀芯）在气控信号作用下动作，改变气流方向以实现一定逻辑功能的气体控制元件。实际上气动方向控制阀也具有逻辑元件的各种功能，所不同的是它的输出功率较大，尺寸大。而气动逻辑元件的尺寸较小，因此在气动控制系统中广泛采用各种形式的气动逻辑元件（逻辑阀）。

15.4.2　气动逻辑元件的分类

气动逻辑元件的种类很多，可根据不同特性进行分类。

1. 按工作压力分类

（1）高压型：工作压力 0.2~0.8MPa。

（2）低压型：工作压力 0.05~0.2MPa。

（3）微压型：工作压力 0.005～0.05MPa。

2. 按结构形式分类

元件的结构总是由开关部分和控制部分组成。开关部分是在控制气压信号作用下来回动作，改变气流通路，完成逻辑功能。根据组成原理，气动逻辑元件的结构形式可分为三类。

（1）截止式：气路的通断依靠可动件的端面（平面或锥面）与气嘴构成的气口开启或关闭来实现。

（2）滑柱式（滑块型）：依靠滑柱（或滑块）的移动，实现气口的开启或关闭。

（3）膜片式：气路的通断依靠弹性膜片的变形开启或关闭气口。

3. 按逻辑功能分类

对二进制逻辑功能元件，可按逻辑功能的性质分为两大类。

（1）单功能元件：每个元件只具备一种逻辑功能，如或、非、与、双稳等。

（2）多功能元件：每个元件具有多种逻辑功能，各种逻辑功能由不同的连接方式获得，如三膜片多功能气动逻辑元件等。

15.4.3　高压截止式逻辑元件

高压截止式逻辑元件是依靠控制气压信号推动阀芯或通过膜片的变形推动阀芯动作，改变气流的流动方向以实现一定逻辑功能的逻辑元件。气压逻辑系统中广泛采用高压截止式逻辑元件。它具有行程小、流量大、工作压力高、对气源压力净化要求低，便于实现集成安装和实现集中控制等，其拆卸也方便。

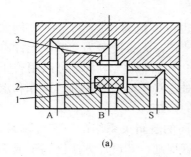

图 15 - 17　气动或门元件
(a) 结构原理图；(b) 图形符号
1—下阀座；2—阀芯；3—上阀座

1. 或门元件

图 15 - 17 所示为或门元件的结构原理。A、B 为元件的信号输入口，S 为信号的输出口。气流的流通关系是：A、B 口任意一个有信号或同时有信号，则 S 口有信号输出。逻辑关系式为 S＝A＋B。

2. 是门和与门元件

图 15 - 18 所示为是门和与门元件的结构原理。在 A 口接信号，S 为输出口，中间孔接气源 P 情况下，元件为是门。在 A 口没有信号的情况下，由于弹簧力的作用，阀口处在关闭状态；当 A 口接入控制信号后，气流的压力作用在膜片上，压下阀芯导通 P、S 通道，S 有输出。指示活塞 8 可以显示 S 有无输出；手动按钮 7 用于手动发讯。元件的逻辑关系为 S＝A。

若中间孔不接气源 P 而接信号 B，则元件为与门。也就是说，只有 A、B 同时有信号时 S 口才有输出。逻辑关系式为 S＝A·B。

3. 非门和禁门元件

非门和禁门元件的结构原理如图 15 - 19 所示。在 P 口接气源，A 口接信号，S 为输出口情况下元件为非门。在 A 口没有信号的情况下，气源压力 P 将阀芯推离截止阀座 1，S 有信号输出；当 A 口有信号时，信号压力通过膜片把阀芯压在截止阀座 1 上，关断 P、S 通路，这时 S 没有信号。其逻辑关系式为 $S=\overline{A}$。

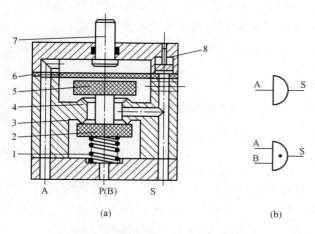 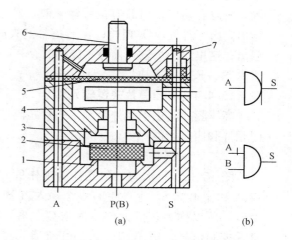

图 15-18　气动是门和与门元件
（a）结构原理图；（b）图形符号
1—弹簧；2—下密封阀芯；3—下截止阀座；4—上截止阀座；
5—上密封阀芯；6—膜片；7—手动按钮；8—指示活塞

图 15-19　气动非门和禁门元件
（a）结构原理图；（b）图形符号
1—下截止阀座；2—密封阀芯；3—上截止阀座；4—阀芯；
5—膜片；6—手动按钮；7—指示活塞

在 A 口无信号而 B 口有信号时，S 有输出。A 信号对 B 信号起禁止作用，逻辑关系式为 $S=\overline{A}B$。

4. 或非元件

如图 15-20 所示，或非元件是在非门元件的基础上增加了两个输入端，即具有 A、B、C 三个信号输入端。在三个输入端都没有信号时，P、S 导通，S 有输出信号。当存在任何一个输入信号时，元件都没有输出。元件的逻辑关系式为 $S=\overline{A+B+C}$。

或非元件是一种多功能逻辑元件，可以实现是门、或门、与门、非门或记忆等逻辑功能。

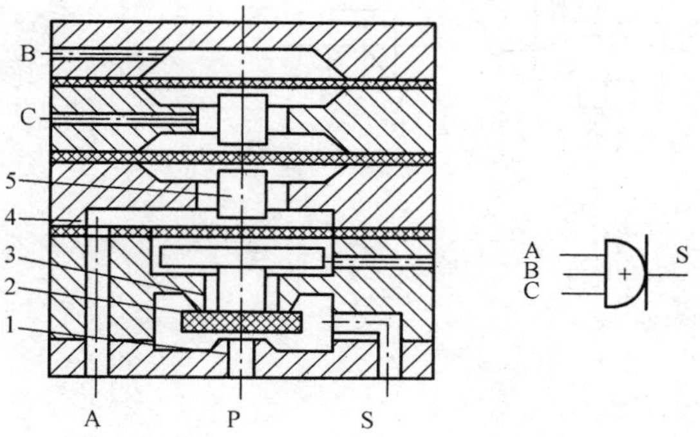

5. 双稳元件

双稳元件属于记忆型元件，在逻辑线路中具有重要的作用。图 15-21 所示为双稳元件的工作原理。

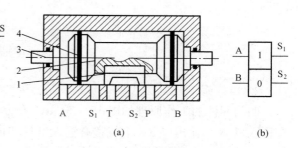

图 15-20　气动或非元件
（a）结构原理图；（b）图形符号
1—下截止阀座；2—密封阀芯；3—上截止阀座；
4—膜片；5—阀柱

图 15-21　双稳元件
（a）结构原理图；（b）图形符号
1—滑块；2—阀芯；3—手动按钮；4—密封圈

当 A 有信号输入时，阀芯移动到右端极限位置，由于滑块的分隔作用，P 口的压缩空气通过 S_1 输出，S_2 与排气口 T 相通；在 A 信号消失后 B 信号到来前，阀芯保持在右端位置，S_1 总有输出；当 B 有信号输入时，阀芯移动到左端极限位置，P 口的压缩空气通过 S_2 输出，S_1 与排气口 T 相通；在 B 信号消失后 A 信号到来前，阀芯保持在右端位置，S_2 总有输出；这里，两个输入信号不能同时存在，那样元件将处于不定工作状态。元件的逻辑关系式为 $S_1 = K_B^A$，$S_2 = K_A^B$。

15.4.4　高压膜片式逻辑元件

高压膜片式逻辑元件是利用膜片式阀芯的变形来实现其逻辑功能的。最基本的单元是三门元件和四门元件。

1. 三门元件

图 15 - 22 所示为三门元件的工作原理。它由上、下气室及膜片组成，下气室有输入口 A 和输出口 S，上气室有一个输入口 B，膜片将上、下两个气室隔开。因为元件共有三个口，所以称为三门元件。A 口接气源（输入），S 口为输出口，B 口接控制信号。若 B 口无控制信号，则 A 口输入的气流顶开膜片从 S 口输出，如图 15 - 22（b）所示；如 S 口接大气，若 A 口和 B 口输入相等的压力，由于膜片两边作用面积不同，受力不等，S 口通道被封闭，A、S 气路不通，如图 15 - 22（c）所示；若 S 口封闭，A、B 口通入相等的压力信号，膜片受力平衡，无输出，如图 15 - 22（d）所示。但在 S 口接负载时，三门的关断是有条件的，即 S 口降压或 B 口升压才能保证可靠地关断。利用这个压力差作用的原理，关闭或开启元件的通道，可组成各种逻辑元件，其图形符号如图 15 - 22（e）所示。

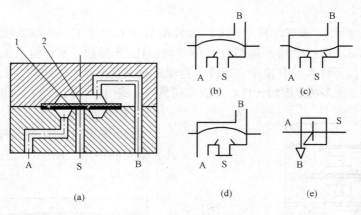

图 15 - 22　三门元件
1—截止阀口；2—膜片

2. 四门元件

四门元件的工作原理如图 15 - 23（a）所示。膜片将元件分成上、下两个气室，上气室有输入口 A 和输出口 B，下气室有输入口 C 和输出口 D，因为共有四个口，所以称为四门元件。四门元件是一个压力比较元件，就是说膜片两侧都有压力且压力不相等时，压力小的一侧通道被断开，压力高的一侧通道被导通；若膜片两侧气压相等，则要看哪一通道的气流先到达气室。先到者通过，迟到者不能通过。

当输入口 A 的气压比输入口 C 的气压低时，则膜片封闭 B 的通道，使 A 和 B 气路断开，C 和 D 气路接通；反之，C 和 D 通路断开，A 和 B 气路接通。

根据上述三门和四门这两个基本元件，就可构成逻辑回路中常用的或门、与门、非门、记忆元件等。

15.4.5 逻辑元件的选用

气动逻辑控制系统所用气源的压力变化必须保障逻辑元件正常工作需要的气压范围和输出端切换时所需的切换压力，逻辑元件的输出流量和响应时间等在设计系统时可根据系统要求参照有关资料选取。

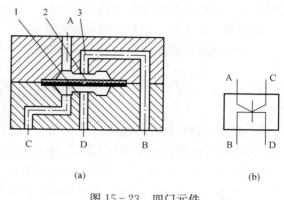

图 15-23 四门元件
1—下截止阀口；2—膜片；3—上截止阀口

无论采用截止式或膜片式逻辑元件，都要尽量将元件集中布置，以便于集中管理。

由于信号的传输有一定的延时，信号的发出点（如行程开关）与接收点（如元件）之间，不能相距太远。一般而言，最好不要超过几十米。

当逻辑元件要相互串联时一定要有足够的流量，否则可能无力推动下一级元件。

另外，尽管高压逻辑元件对气源过滤要求不高。但最好使用过滤后的气源，一定不要使加入油雾的气源进入逻辑元件。

技能训练　气动控制阀拆装

1. 训练目标

(1) 掌握并分析各类气动控制阀的组成结构与工作原理。

(2) 掌握各类气动控制阀的拆卸与装配技能。

(3) 初步掌握气动控制阀的基本维修技能及各种控制阀的应用。

2. 训练设备

表 15-1　　　　　　　　　　　训 练 设 备 及 器 材

设备、器材及其型号		数　　量
气动压力控制阀	根据现场条件选定	6 只
气动流量控制阀	同上	6 只
手柄方向控制阀	同上	6 只
透明元件模型	同上	若干
工具	内六角扳手、固定扳手、螺丝刀、卡簧钳、铜棒、榔头等各种辅助工具	6 套

3. 训练内容

(1) 实训前认真预习，了解相关控制阀的结构组成和工作原理。在实训教师的指导下，拆解各类控制阀，观察、分析各零件在阀中的作用与工作原理，严格按照拆卸、装配步骤进行操作，严禁违反操作规程进行私自拆卸、装配。实训中掌握常用各种控制阀的结构组成、工作原理及主要零件、组件特殊结构的作用。

（2）绘制拆装的各种控制阀工作原理图。

能 力 拓 展

1. 简述气动控制元件组成。
2. 气动方向控制阀与液压方向控制阀有何异同？
3. 简述二位三通阀在气动系统中的功能。
4. 简述梭阀的工作原理，并举例说明其应用。
5. 快速排气阀为什么能快速排气？在使用和安装快速排气阀时应注意什么问题？

项目 16　气动控制回路

任务 16.1　气动方向控制回路

【任务描述】

气压传动系统是由不同功能的气动基本回路组成，气动基本回路包括气动方向控制回路、气动速度控制回路、气动压力控制回路及其他基本回路等。掌握常用气动基本回路是分析、安装、调试、使用、维修气压传动系统的必要基础。本任务通过学习掌握气动方向控制回路的组成及工作原理，并能够分析、设计气动方向控制回路，为后续气压传动系统的学习奠定基础。

【任务目标】

（1）掌握方向控制回路的组成、工作原理及应用。

（2）掌握各种方向控制回路的分析与设计方法。

（3）掌握方向控制回路的搭建及基本维修技能。

【基本知识】

1. 单作用气缸换向回路

图 16-1（a）所示为由二位三通电磁阀控制的换向回路，通电时，活塞杆伸出；断电时，在弹簧力作用下活塞杆缩回。

图 16-1（b）所示为由三位五通电磁阀控制的换向回路，该阀具有自动对中功能，可使气缸停在任意位置，但定位精度不高、定位时间不长。

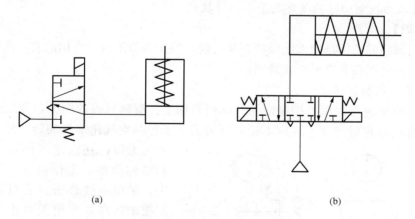

(a)　　　　　　　　　　　　(b)

图 16-1　单作用气缸换向回路

(a) 二位三通电磁阀控制；(b) 三位五通电磁阀控制

2. 双作用气缸换向回路

图 16-2（a）所示为小通径的手动换向阀控制二位五通主阀操纵气缸换向；图 16-2（b）所示为二位五通双电控阀控制气缸换向；图 16-2（c）所示为两个小通径的手动阀控

制二位五通主阀操纵气缸换向；图16-2（d）所示为三位五通阀控制气缸换向，该回路有中停功能，但定位精度不高。

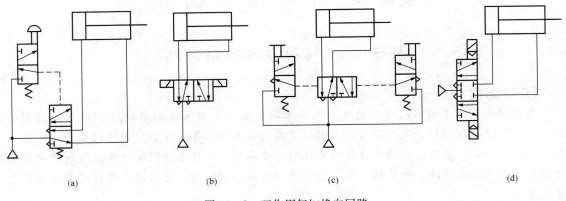

| (a) | (b) | (c) | (d) |

图16-2 双作用气缸换向回路

任务16.2 气动压力控制回路

【任务描述】

本任务通过学习掌握气动压力控制回路的组成及工作原理，并能够分析、设计气动压力控制回路，为后续气压传动系统的学习奠定基础。

【任务目标】

（1）掌握压力控制回路的组成、工作原理及应用。

（2）掌握各种压力控制回路的分析与设计方法。

（3）掌握压力控制回路的搭建及基本维修技能。

【基本知识】

压力控制回路的功用是使系统保持在某一规定的压力范围内。常用的有一次压力控制回路，二次压力控制回路和高低压转换回路。

1. 一次压力控制回路

图16-3所示为一次压力控制回路。此回路用于控制储气罐的压力，使之不超过规定的压力值。常用外控溢流阀1或用电接点压力表2来控制空气压缩机的转、停，使储气罐内压力保持在规定范围内。采用溢流阀结构简单，工作可靠，但气量浪费大；采用电接点压力表对电动机及控制要求较高，常用于对小型空压机的控制。

2. 二次压力控制回路

图16-4所示为二次压力控制回路，图16-4（a）所示为由气动三联件组成的，主要由溢流减压阀来实现

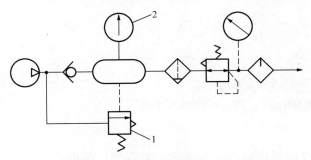

图16-3 一次压力控制回路
1—溢流阀；2—电接点压力表

压力控制；图 16-4（b）所示为由减压阀和换向阀构成的对同一系统实现输出高低压力 p_1、p_2 的控制；图 16-4（c）所示为由减压阀来实现对不同系统输出不同压力 p_1、p_2 的控制。为保证气动系统使用的气体压力为一稳定值，多用空气过滤器、减压阀、油雾器（气动三联件）组成的二次压力控制回路，但要注意，供给逻辑元件的压缩空气不要加入润滑油。

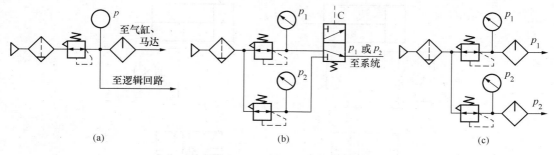

图 16-4　二次压力控制回路

（a）溢流减压阀控制压力；（b）换向阀控制高低压力；（c）减压阀控制高低压力

任务 16.3　气 动 速 度 控 制 回 路

【任务描述】

本任务通过学习掌握气动速度控制回路的组成及工作原理，并能够分析、设计气动速度控制回路，为后续气压传动系统的学习奠定基础。

【任务目标】

（1）掌握速度控制回路的组成、工作原理及应用。

（2）掌握各种速度控制回路的分析与设计方法。

（3）掌握速度控制回路的搭建及基本维修技能。

【基本知识】

1. 单向调速回路

图 16-5 所示为双作用缸单向调速回路。图 16-5（a）所示为供气节流调速回路，在图示位置，当气控换向阀不换向时，进入气缸 A 腔的气流流经节流阀，B 腔排出的气体直接经换向阀快排。当节流阀开度较小时，由于进入 A 腔的流量较小，压力上升缓慢。当气压达到能克服负载时，活塞前进，此时 A 腔容积增大，结果使压缩空气膨胀，压力下降，使作用在活塞上的力小于负载，因而活塞就停止前进。待压力再次上升时，活塞才再次前进。这种由于负载及供气的原因使活塞忽走忽停的现象称为气缸的"爬行"现象。所以节流供气的不足之处主要表现如下：当负载方向与活塞的运动方向相反时，活塞运动易出现不平稳现象，即"爬行"现象；当负载方向与活塞运动方向一致时，由于排气经换向阀快排，几乎没有阻尼，负载易产生"跑空"现象，使气缸失去控制。所以节流供气多用于垂直安装的气缸的供气回路中，在水平安装的气缸供气回路中一般采用如图 16-5（b）所示的排气节流回路。由图示位置可知，当气控换向阀不换向时，从气源来的压缩空气经气控换向阀直接进入气缸的 A 腔，而 B 腔排出的气体必须经节流阀到气控换向阀而排入大气，因而 B 腔中的气

体就具有一定的压力。此时活塞在 A 腔与 B 腔的压力差作用下前进，从而减小了"爬行"发生的可能性，调节节流阀的开度，就可控制不同的排气速度，从而也就控制了活塞的运动速度，排气节流调速回路具有下述特点：

（1）气缸速度随负载变化较小，运动较平稳。

（2）能承受与活塞运动方向相同的负载（反向负载）。

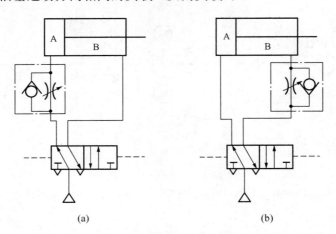

图 16−5　双作用缸单向调速回路

（a）供气节流调速回路；（b）排气节流调速回路

2. 双向调速回路

图 16−6 所示为双向调速回路。图 16−6（a）所示为采用单向节流阀的双向节流调速回路，图 16−6（b）所示为采用排气节流阀的双向节流调速回路。它们都是采用排气节流调速方式，当外负载变化不大时，进气阻力小，负载变化对速度影响小，比进气节流调速效果要好。

3. 气−液调速回路

图 16−7 所示为气−液调速回路。当电磁阀处于下位接通时，气压作用在气缸无杆腔活塞上，有杆腔内的液压油经机控换向阀进入气−液转换器，活塞杆快速伸出。当活塞杆压下机控换向阀时，有杆腔油液只能通过节流阀到气−液转换器，从而使活塞杆伸出速度减慢，而

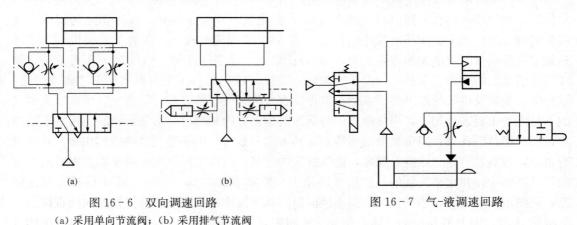

图 16−6　双向调速回路

（a）采用单向节流阀；（b）采用排气节流阀

图 16−7　气−液调速回路

当电磁阀处于上位时，活塞杆快速返回。此回路可实现快进、工进、快退工况。因此在要求气缸具有准确而平稳的速度时（尤其是在负载变化较大场合），就要采用气-液相结合的调速方式。

任务 16.4　其他气动常用基本回路

【任务描述】

本任务通过学习掌握其他常用气动控制回路的组成及工作原理，并能够分析、设计其他气动控制回路，为后续气压传动系统的学习奠定基础。

【任务目标】

（1）掌握其他控制回路的组成、工作原理及应用。

（2）掌握其他控制回路的分析与设计方法。

（3）掌握其他控制回路的搭建及基本维修技能。

【基本知识】

16.4.1　安全保护回路

气动机构负荷过载、气压的突然降低、气动执行机构的快速动作等原因都可能危及操作人员或设备的安全，因此在气动回路中，常常要加入安全回路。需要指出，在设计任何气动回路特别是安全回路中，都不可能缺少过滤装置和油雾器。这是因为脏污空气中的杂物可能堵塞阀中的小孔和通路，使气路发生故障。缺乏润滑油时，很可能使阀发生卡死或磨损，以致整个系统的安全都发生问题。下面介绍几种常用的安全保护回路。

1. 过载保护回路

如图 16-8 所示的过载保护回路中按下手动换向阀 1，在活塞杆伸出的过程中，若遇到障碍 6，无杆腔压力升高，打开顺序阀 3，使阀 2 换向，阀 4 随即复位，活塞立即退回，实现过载保护。若无障碍 6，气缸向前运动时压下阀 5，活塞即刻返回。

2. 互锁回路

图 16-9 所示为互锁回路。该回路中四通阀的换向受三个串联的机动三通阀控制，只有三个阀都接通，主阀才能换向。

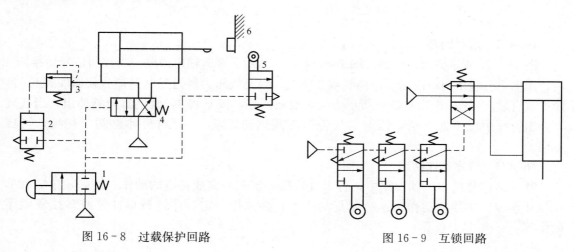

图 16-8　过载保护回路　　　　　　　　图 16-9　互锁回路

3. 双手同时操作回路

双手同时操作回路就是使用两个启动用的手动阀，只有同时按动两个阀才能动作的回路。这种回路可确保安全，常用在锻造、冲压机械上，可避免产生误动作，以保护操作者的安全。

图 16-10 所示为双手同时操作回路。如图 16-10（a）所示使用逻辑"与"回路，为使主控阀 3 换向，必须使压缩空气信号进入阀 3 左侧，为此必须使两只三通手动阀 1 和 2 同时换向，而且这两只阀必须安装在单手不能同时操作的位置上。操作时，若任何一只手离开，则控制信号消失，主控阀复位，活塞杆后退。图 16-10（b）所示为使用三位主控阀的双手同时操作回路。把此主控阀 1 的信号 A 作为手动阀 2 和 3 的逻辑"与"回路，即只有手动阀 2 和 3 同时动作时，主控阀 1 换向到上位，活塞杆前进；把信号 B 作为手动阀 2 和 3 的逻辑"或非"回路，即当手动阀 2 和 3 同时松开时（图示位置），主控阀 1 换向到下位，活塞杆返回，若手动阀 2 或 3 任何一个动作，将使主控阀复位到中位，活塞杆处于停止状态。

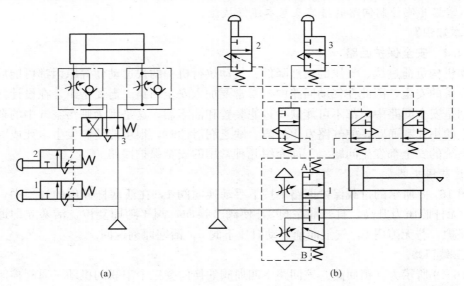

(a)　　　　　　　　　　　　　　(b)

图 16-10　双手操作回路

（a）使用逻辑"与"回路；（b）使用三位主控阀回路

16.4.2　延时回路

图 16-11 所示为延时回路。图 16-11（a）所示为延时输出回路，当控制信号切换阀 4 后，压缩空气经单向节流阀 3 向储气罐 2 充气。当充气压力经过延时升高致使阀 1 换位时，阀 1 就有输出。图 16-11（b）所示为延时接通回路，按下阀 8，则气缸向外伸出，当气缸在伸出行程中压下阀 5 后，压缩空气经节流阀到储气罐 6，延时后才将阀 7 切换，气缸退回。

16.4.3　顺序动作回路

顺序动作是指在气动回路中，各个气缸按一定顺序完成各自的动作。例如，单缸有单往复动作、二次往复动作、连续往复动作等；多缸按一定顺序进行单往复或多往复顺序动作等。

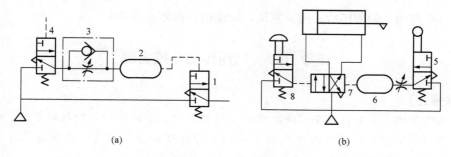

图 16 - 11　延时回路

(a) 延时输出回路；(b) 延时接通回路

1. 单缸往复动作回路

图 16 - 12 所示为三种单往复动作回路。图 16 - 12（a）所示为行程阀控制的单往复回路，当按下阀 1 的手动按钮后压缩空气使阀 3 换向，活塞杆向前伸出，当活塞杆上的挡铁碰到行程阀 2 时，阀 3 复位，活塞杆返回。图 16 - 12（b）所示为压力控制的往复动作回路，当按下阀 1 的手动按钮后，阀 3 阀芯右移，气缸无杆腔进气使活塞杆伸出（右行），同时气压还作用在顺序阀 4 上。当活塞到达终点后，无杆腔压力升高并打开顺序阀，使阀 3 又切换至右位，活塞杆就缩回（左行）。图 16 - 12（c）所示为利用延时回路形成的时间控制单往复动作回路，当按下阀 1 的手动按钮后，阀 3 换向，气缸活塞杆伸出，当压下行程阀 2 后，延时一段时间后，阀 3 才能换向，然后活塞杆再缩回。

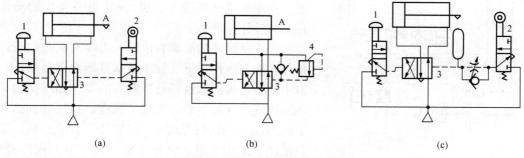

图 16 - 12　单往复动作回路

（a）行程阀控制；（b）压力控制；（c）延时回路控制

由上述可知，在单往复动作回路中，每按下一次按钮，气缸就完成一次往复动作。

2. 连续往复动作回路

图 16 - 13 所示为连续往复动作回路。它能完成连续的动作循环。当按下阀 1 的按钮后，阀 4 换向，活塞向前运动，这时由于阀 3 复位而将气路封闭，使阀 4 不能复位，活塞继续前进。到行程终点压下行程阀 2，使阀 4 控制气路排气，在弹簧作用下阀 4 复位，气缸返回，在终点压下阀 3，在控制压力下阀 4 又被切换到左位，活塞再次前进。就这样一直连续

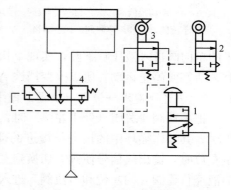

图 16 - 13　连续往复动作回路

往复，只有提起阀 1 的按钮后，阀 4 复位，活塞返回而停止运动。

任务 16.5　气压传动系统实例

【任务描述】

气压传动系统是工业设备中广泛应用以实现机械化、自动化的一种控制系统。本任务通过对典型气动系统分析，掌握典型气动系统的工作原理和分析方法，为各类气动系统的分析、调试、使用、维护奠定基础。

【任务目标】

(1) 掌握气动系统的组成与工作原理。

(2) 掌握气动系统的分析方法。

(3) 具备对气动系统进行调试与维护的能力。

【基本知识】

16.5.1　气液动力滑台气压传动系统

气液动力滑台是采用气-液阻尼缸作为执行元件，在机械设备中用来实现进给运动的部件，图 16-14 所示为气液动力滑台气压传动系统的原理图。该气液动力滑台能够实现两种工作循环。

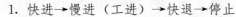

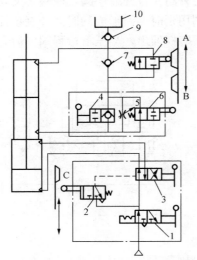

图 16-14　气液动力滑台气压传动系统
1、3、4—手动换向阀；2、6、8—行程阀；
5—节流阀；7、9—单向阀；10—油箱

1. 快进→慢进（工进）→快退→停止

如图 16-14 所示，手动阀 4 处于图示状态时，就可实现快进→慢进（工进）→快退→停止的动作循环，其动作原理如下：

当手动阀 3 切换到右位时，实际上就是给予进刀信号，在气压作用下气缸中活塞开始向下运动，液压缸中活塞下腔的油液经行程阀 6 的左位和单向阀 7 进入液压缸活塞的上腔，实现了快进；当快进到活塞杆上的挡铁 B 切换行程阀 6（使它处于右位）后，油液只能经节流阀 5 进入活塞上腔，调节节流阀的开度，即可调节气-液缸运动速度，所以活塞开始慢进（工作进给）；当慢进到挡铁 C 使行程阀 2 复位时，输出气信号使 3 切换到左位，这时气缸活塞开始向上运动。液压缸活塞上腔的油液经阀 8 的左位和手动阀 4

中的单向阀进入液压缸下腔，实现了快退，当快退到挡铁 A 切换阀 8 而使油液通道被切断时，活塞便停止运动。所以改变挡铁 A 的位置，就能改变"停"的位置。

2. 快进→慢进→慢退→快退→停止

把手动阀 4 关闭（处于左侧）时，就可实现快进→慢进→慢退→快退→停止的双向进给程序。其动作循环中的快进→慢进的动作原理与上述相同。当慢进至挡铁 C 切换行程阀 2 至左位时，输出气信号使阀 3 切换到左位，气缸活塞开始向上运动，这时液压缸活塞上腔的油液经行程阀 8 的左位和节流阀 5 进入活塞下腔，即实现了慢退（反向进给），慢退到挡铁 B 离开阀 6 的顶杆而使其复位（处于左位）后，液压缸活塞上腔的油液经阀 6 左位而进入活塞下腔，开始了快退，快退到挡铁 A 切换阀 8 而使油液通路被切断时，活塞就停止运动。

如图 16-14 所示，带定位机构的手动阀 1、行程阀 2 和手动阀 3 组合成一只组合阀块，阀 4、5 和 6 为一组合阀块，补油箱 10 是为了补偿系统中的漏油而设置的，一般可用油杯来代替。

16.5.2　工件夹紧气压传动系统

图 16-15 所示为机械加工自动线、组合机床中常用的工件夹紧的气压传动系统图。其工作原理是：当工件运行到指定位置后，气缸 A 的活塞杆伸出，将工件定位锁紧后，两侧的气缸 B 和 C 的活塞杆同时伸出，从两侧面压紧工件实现夹紧，而后进行机械加工，其气压系统的动作过程如下：

当用脚踏下换向阀 1 后，压缩空气经单向节流阀进入气缸 A 的无杆腔，夹紧头下降至工件定位位置后使机动行程阀 2 换向，压缩空气经单向节流阀 5 进入中继阀 6 的右侧，使中继阀 6 换向，压缩空气经中继阀 6 通过主控阀 4 的左位进入气缸 B 和气缸 C 的无杆腔，两气缸同时伸出。与此同时，压缩空气的一部分经单向节流阀 3 调定延时后使主控阀 4 换向到右位，则两气缸 B 和 C 返回。在两气缸返回的过程中，有杆腔的压缩空气使脚踏换向阀 1 复位，则气缸 A 返回。此时由于行程阀 2 复位（右位），所以中继阀 6 也复位，气缸 B 和 C 的无杆腔通大气，主控阀 4 自动复位。由此完成缸 A 活塞杆伸出压下（定位）→夹紧缸 B 和 C 活塞杆伸出夹紧（加工）→夹紧缸 B 和 C 活塞杆返回→缸 A 的活塞杆返回的动作循环。

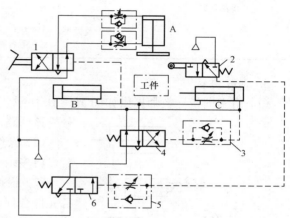

图 16-15　工件夹紧气压传动系统
1—换向阀；2—机动行程阀；3、5—单向节流阀；
4—主控阀；6—中继阀

技能训练　气动控制回路搭建

1. 训练目标

（1）掌握基本气动控制回路分析、设计的能力。

（2）初步掌握安装、调试气动控制回路的基本操作技能。

（3）初步掌握气动控制回路的故障诊断与维护的基本技能。

2. 训练设备及器材

训练设备及器材见表 16-1。

表 16-1　　　　　　　　　　　　训练设备及器材

设备、器材	型　　号	数　　量
气动综合实训台	型号可根据实际选择	6 台
空气压缩机	同上	6 台

续表

设备、器材	型　　号	数　　量
二联件	同上	6 只
调压阀	同上	6 只
单电控二位五通阀	同上	6 只
单电控二位三通阀	同上	6 只
双作用缸	同上	6 只
三通接头	同上	6 只
快接管路	同上	若干
工具	内六角扳手、固定扳手、螺丝刀、卡簧钳、铜棒、榔头等各种辅助工具	6 套

3. 训练内容

(1) 由实训指导教师提供如图 16 - 16 所示气动回路图或其他基本回路，同学们熟悉并分析该回路。在实训过程中严格按照操作过程操作。

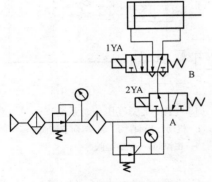

图 16 - 16　高低压转换回路

(2) 操作前关掉电源，使系统不带压力，清理实验台，将多余元件卸下放好。

(3) 根据回路设计要求选择相应规格气动元件，将各元件合理布局安装在实验台安装板上。根据回路元件连接关系将各气动元件利用管路快换接头进行连接，在连接时注意仔细核对，避免错误连接。在连接过程中尽量避免管路出现急弯和死弯，增加回路阻力，最后将回路与动力源连接。完成系统控制电路的连接。

(4) 回路连接完毕后，应仔细检查回路是否有错，管接头连接是否可靠，检查电路连接是否正确、是否插到位，在指导教师确认无误后方可启动系统运行。

(5) 实训完毕，卸掉系统压力，关闭电源，将各元件按顺序拆下放回原处，将实验台清理干净。

能 力 拓 展

1. 简述常见气动压力控制回路原理及其用途。

2. 利用两个双作用气缸，一只顺序阀，一个二位四通单电控换向阀设计顺序动作回路。

3. 试设计一个能完成快进→工进→快退的自动工作循环回路。

4. 试设计一个气缸控制回路，当信号 A、B、C 中任一信号存在时都可以使气缸活塞返回。

5. 气-液转换速度控制回路有何特点？

项目 17　气动系统安装调试与维护维修

任务 17.1　气动系统安装与调试

【任务描述】

气压传动系统的安装与调试是保证系统运行可靠、布局合理、安装工艺正确、维修及检测方便的重要环节，是系统设计的延续。通过学习为掌握气动系统的安装、调试技能奠定基础。

【任务目标】

(1) 掌握安装调试气动系统的基本知识。

(2) 具备能够正确安装调试气动系统的基本技能。

【基本知识】

17.1.1　气动系统的安装

1. 管道的安装

安装前应彻底检查、清洗管道中的粉尘等杂物，经检查合格的管道需吹风后才能安装。安装时应按管路系统安装图中标明的安装、固定方法安装，并要注意以下问题：

(1) 管道接口部分的几何轴线必须与管接头的几何轴线重合。否则会产生安装应力或造成密封不好。

(2) 螺纹连接头的拧紧力矩要适中。既不能过紧使管道接口部分损坏，也不能过松而影响密封。

(3) 为防止漏气，连接前螺纹处应涂密封胶。螺纹前端 2～3 牙不涂密封胶或拧入 2～3 牙后再涂密封胶，以防止密封胶进入管道内。

(4) 软管安装时应避免扭曲变形。在安装前，可在软管表面沿软管轴线涂一条色带，安装后用色带判断软管是否被扭曲。为防止拧紧时软管的扭曲，可在最后拧紧前将软管向相反方向转动 1/8～1/6 圈。

(5) 软管的弯曲半径应大于其外径的 9～10 倍。可用管接头来防止软管的过度弯曲。

(6) 硬管的弯曲半径一般情况下应不小于其外径的 2.5～3 倍。在弯管过程中，管子内部常装入填充剂支承管壁，从而避免管子截面变形。

(7) 管路走向要合理。尽量平行布置，减少交叉，力求最短，弯曲要少，并避免急剧弯曲。短软管只允许做平面弯曲，长软管可以做复合弯曲。

(8) 安装时应注意保证系统中的任何一段管道均能自由拆装。

(9) 压缩空气管道要涂标记颜色，一般涂灰色或蓝色，精滤管道涂天蓝色。

2. 气缸的安装

根据气缸的安装形式，通常气缸可分为可拆式和固定式气缸。根据气缸的安装形式可分为固定式、摆动式、嵌入式、回转式气缸四种。气缸安装时应注意以下几点：

(1) 气缸安装前，应经空载运行及在 1.5 倍最高工作压力下试压，运转正常和无漏气现象后方可使用。

(2) 气缸接入管道前，必须清除管内脏物，防止杂物进入气缸内。

(3) 当行程中载荷有变化时，应使用输出力充裕的气缸，并附加缓冲装置。

(4) 缓冲气缸在开始运行前，先把缓冲节流阀拧至节流量较小的位置，然后逐渐打开，直到调到满意的缓冲效果。

(5) 避免使用满行程，特别是当活塞杆伸出时，要避免活塞杆与缸盖相碰。否则容易引起活塞杆和外部连接处的载荷集中。

(6) 气缸安装形式应根据安装位置和使用目的等因素来选择。在一般情况下，采用固定式气缸；在需要随工作机构连续回转时（如车床和磨床等），应选用回转气缸；有特殊要求时，应选用相应的特种气缸。

3. 气控元件的安装

(1) 安装前应查看阀的铭牌，注意型号、规格与使用条件是否相符，包括电源、工作压力、通径和螺纹接口等。

(2) 安装减压阀之前的管路系统必须经过清洗，减压阀安装时必须使其后部靠近需要减压的系统，并保证阀体上的箭头方向与系统气体的流动方向一致。阀的安装位置应方便操作并便于观察压力表。减压阀不用时应旋松调压手柄，以免膜片长期受压引起塑性变形。在环境恶劣粉尘多的场合，还需在减压阀前安装过滤器。油雾器则必须安装在减压阀的后面。

(3) 滑阀式方向控制阀应水平安装，以保证阀芯的换向阻力相等，使方向控制阀可靠工作。

(4) 人工操纵的阀应安装在便于操作的地方，操作力不宜过大。脚踏阀的踏板位置不宜过高，行程不能过长，脚踏板上应有防护罩。在有激烈振动的场合，人控阀应附加锁紧装置以保证安全。

(5) 安装机控阀时应保证使其工作时的压下量不超过规定行程。

(6) 用流量控制阀控制执行元件的运动速度时，原则上应将其装设在气缸接口附近。

17.1.2　气动系统的调试

1. 管道的调试

管路系统的调试主要包括密封性试验和工作性能试验，调试前要熟悉管路系统的功用、工作性能指标和调试方法。

密封性试验前，要连接好全部管路系统。压力源可采用高压气瓶，其输出气体压力不低于试验压力。用皂液涂敷法或压降法检查密封性。当发现有外部泄漏时，必须先将压力降到零，方可进行拆卸及调整。系统应保压 2h。

密封性试验完毕后，即可进行工作性能试验。这时管路系统具有明确的被试对象，重点检查被试对象或传动控制对象的输出工作参数。

2. 气控系统的调试

(1) 调试前的准备工作。

1) 机械部分动作经检查完全正常后，方可进行气动回路的调试。

2) 在调试气动回路前，首先要仔细阅读气动回路图。

阅读气动回路图时应注意下面几点：

① 阅读程序框图。通过阅读程序框图大体了解气动回路的概况和动作顺序及要求等。

② 气动回路图中表示的位置（包括各种阀、执行元件的状态等）均为停机时的状态。因此，要正确判断各行程发信元件，如机动行程阀或非门发信元件此时所处的状态。

③ 详细检查各管道的连接情况。在绘制气动回路图时，为了减少线条数目，有些管路在图中并未表示出来，但在布置管路时却应连接上。在回路图中，线条不代表管路的实际走向，只代表元件与元件之间的联系与制约关系。

3）熟悉换向阀（包括行程阀等）的换向原理和气动回路的操作规程。

4）气源向气动系统供气时，首先要把压力调整到工作压力范围（一般为 $0.4 \sim 0.5$ MPa）。然后观察系统有无泄漏，若发现泄漏处应先解决泄漏问题。调试工作一定要在无泄漏情况下进行。

5）气动回路无异常的情况下，首先进行手动调试。在正常工作压力下，按程序进程逐个进行手动调试，如发现机械部分或控制部分存在不正常的现象时，应逐个予以排除，直到完全正常为止。

6）在手动动作完全正常的基础上，方可转入自动循环的调试工作，直至整机正常运行为止。

（2）空载试运转。空载试运转不得少于 2h，注意观察压力、流量、温度的变化。如果发现异常现象，应立即停车检查，待排除故障后才能继续试运转。

（3）负载试运转。负载试运转应分段加载，运转不得少于 4h，要注意油位、摩擦部位的温升等变化。在调试中应做好记录，以便总结经验，找出问题。

任务 17.2　气动系统使用维护与故障诊断

【任务描述】

气压传动系统的使用维护与故障诊断是保证系统安全、可靠、正常运行的重要保障措施，是延长系统寿命的重要因素。通过学习为掌握气动系统的使用维护、故障诊断及维修奠定基础。

【任务目标】

（1）掌握气动系统日常使用与维护的基本技能。

（2）具备能够正确诊断及解决气动系统简单故障的技能。

【基本知识】

17.2.1　气动系统使用注意事项

（1）应严格管理压缩空气的质量，开车前后要放掉系统中的冷凝水，定期清洗分水滤气器的滤芯。

（2）开车前要检查各调节手柄是否在正确位置，行程阀、行程开关、挡块的位置是否正确、牢固，对导轨、活塞杆等外露部分的配合表面应预先擦拭。

（3）熟悉元件控制机构的操作特点，要注意各元件调节手柄的旋向与压力、流量大小变化的关系，严防调节错误造成事故。

（4）系统使用中应定期检查各部件有无异常现象，各连接部位有无松动；油雾器、气缸、各种阀的活动部位应定期加润滑油。

（5）阀的密封元件通常用丁腈橡胶制成，应选择对橡胶无腐蚀作用的透平油作为润滑油。即使对无油润滑的元件，一旦用了含油雾润滑的空气后，就不能中断使用。因为润滑油已将原有油脂洗去，中断后会造成润滑不良。

（6）设备长期不用时，应将各手柄放松，以免弹簧失效而影响元件的性能。

（7）气缸拆下长期不使用时，所有加工表面应涂防锈油，进排气口加防尘塞。

（8）元件检修后重新装配时，零件必须清洗干净，特别注意防止密封圈剪切、损坏，注意唇形密封圈的安装方向。

17.2.2　气动系统的定期维护

为使气动系统能长期稳定地运行，应采取下述定期维护措施：

（1）每天应将过滤器中的水排放掉，检查油雾器的油面高度及油雾器调节情况。

（2）每周应检查信号发生器上是否有铁屑等杂质沉积，查看调压阀上的压力表，检查油雾器的工作是否正常。

（3）每三个月检查管道连接处的密封，以免泄漏。更换连接到移动部件上的管道。检查阀口有无泄漏。用肥皂水清洗过滤器内部，并用压缩空气从反方向将其吹干。

（4）每六个月检查气缸内活塞杆的支承点是否磨损，必要时需更换。同时应更换刮板和密封圈。

17.2.3　气动系统的故障诊断

1. 故障种类

气动系统由于故障发生的时期不同，故障的内容和原因也不同。因此，可将故障分为初期故障、突发故障和老化故障。

（1）初期故障。在调试阶段和开始运转的两、三个月内发生的故障称为初期故障。

（2）突发故障。系统在稳定运行时期内突然发生的故障称为突发故障。

（3）老化故障。个别或少数元件达到使用寿命后发生的故障称为老化故障。

2. 故障的诊断方法

（1）经验法。主要是依靠实际经验，并借助简单的仪表，诊断故障发生的部位，找出故障原因的方法，称为经验法。

（2）推理分析法。利用逻辑推理、步步逼近，寻找出故障的真实原因的方法称为推理分析法。

3. 常见故障及其排除方法

气动系统常见故障、原因及其排除方法见表 17-1～表 17-6。

表 17-1　　　　　　　　　　　减压阀常见故障及其排除方法

故　　障	原　　因	排除方法
二次压力上升	1. 阀座弹簧损坏 2. 阀座有伤痕，阀座橡胶剥离 3. 阀体中夹入灰尘，阀导向部分黏附异物 4. 阀芯导向部分和阀体的 O 形密封圈收缩、膨胀	1. 更换阀弹簧 2. 更换阀体 3. 清洗、检查滤清器 4. 更换 O 形密封圈

续表

故　障	原　因	排除方法
压力降很大（流量不足）	1. 阀口径小 2. 阀下部积存冷凝水；阀内混入异物	1. 使用口径大的减压阀 2. 清洗、检查滤清器
溢流口向外漏气	1. 溢流阀座有伤痕（溢流式） 2. 膜片破裂 3. 二次压力升高 4. 二次侧背压增加 5. 弹簧没放平	1. 更换溢流阀座 2. 更换膜片 3. 参见"二次压力上升"栏 4. 检查二次侧的装置、回路 5. 拧松手柄再拧下
异常振动	1. 弹簧的弹力减弱，弹簧错位 2. 阀体的中心、阀杆的中心错位 3. 因空气消耗量周期变化使阀不断开启、关闭，与减压阀引起共振	1. 把弹簧调整到正常位置，更换弹力减弱的弹簧 2. 检查并调整位置偏差 3. 和制造厂协商
虽已松开手柄，二次侧空气也不溢流	1. 溢流阀座孔堵塞 2. 使用非溢流式调压阀	1. 清洗并检查滤清器 2. 非溢流式调压阀松开手柄也不溢流。需在二次侧安装溢流阀
阀体泄漏	1. 密封件损伤 2. 弹簧松弛	1. 更换密封件 2. 调整弹簧刚度

表 17 - 2　　　　　　　　　　溢流阀常见故障及其排除方法

故　障	原　因	排除方法
压力虽已上升，但不溢流	1. 阀内部孔堵塞 2. 阀芯导向部分进入异物	1. 清洗 2. 清洗
压力虽没有超过设定值，但在二次侧却溢出空气	1. 阀内进入异物 2. 阀座损伤 3. 调压弹簧损坏	1. 清洗 2. 更换阀座 3. 更换调压弹簧
溢流时发生振动（主要发生在膜片式阀，其启闭压力差较小）	1. 压力上升速度很慢，溢流阀放出流量多，引起阀振动 2. 因从压力上升源到溢流阀之间被节流，阀前部压力上升慢而引起振动	1. 二次侧安装针阀微调溢流量，使其与压力上升量匹配 2. 增大压力上升源到溢流阀的管道口径
从阀体和阀盖向外漏气	1. 膜片破裂（膜片式） 2. 密封件损伤	1. 更换膜片 2. 更换密封件

表 17 - 3　　　　　　　　　　方向阀常见故障及其排除方法

故　障	原　因	排除方法
不能换向	1. 阀的滑动阻力大，润滑不良 2. O 形密封圈变形 3. 粉尘卡住滑动部分 4. 弹簧损坏 5. 阀操纵力小 6. 活塞密封圈磨损	1. 进行润滑 2. 更换密封圈 3. 清除粉尘 4. 更换弹簧 5. 检查阀的操作部分 6. 更换密封圈

续表

故　障	原　因	排除方法
阀产生振动	1. 空气压力低（先导型） 2. 电源电压低（电磁阀）	1. 提高操纵压力，采用直动型 2. 提高电源电压，采用低电压线圈
交流电磁铁有蜂鸣声	1. 块状活动铁芯密封不良 2. 粉尘进入块状、层叠型铁芯的滑动部分，使活动铁芯不能密切接触 3. 层叠活动铁芯的铆钉脱落，铁芯叠层分开不能吸合 4. 短路环损坏 5. 电源电压低 6. 外部导线拉得太紧	1. 检查铁芯接触和密封性，必要时更换铁芯组件 2. 清除粉尘 3. 更换活动铁芯 4. 更换固定铁芯 5. 提高电源电压 6. 引线应宽裕
电磁铁动作时间偏差大，或有时不能动作	1. 活动铁芯锈蚀，不能移动；在温度高的环境中使用气动元件时，由于密封不完善而向磁铁部分泄漏空气 2. 电源电压低 3. 粉尘等进入活动铁芯的滑动部分，使运动状况恶化	1. 铁芯除锈，修理好对外部的密封，更换铁芯组件 2. 提高电源电压或使用符合电压的线圈 3. 清除粉尘
线圈烧毁	1. 环境温度高 2. 快速循环使用时 3. 因为吸引时电流大，单位时间耗电多，温度升高，使绝缘损坏而短路 4. 粉尘夹在阀和铁芯之间，不能吸引活动铁芯 5. 线圈上残余电压	1. 按产品规定温度范围使用 2. 使用高级电磁阀 3. 使用气动逻辑回路 4. 清除粉尘 5. 使用正常电源电压，使用符合电压的线圈
切断电源活动铁芯不能退回	粉尘夹入活动铁芯滑动部分	清除粉尘

表 17 - 4　　　　　气缸常见故障及其排除方法

故　障	原　因	排除方法
外泄漏： 1. 活塞杆与密封衬套间漏气 2. 气缸体与端盖间漏气 3. 从缓冲装置的调节螺钉处漏气	1. 衬套密封圈磨损，润滑油不足 2. 活塞杆偏心 3. 活塞杆有伤痕 4. 活塞杆与密封衬套的配合面内有杂质 5. 密封圈损坏	1. 更换衬套密封圈 2. 重新安装，使活塞杆不受偏心负荷 3. 更换活塞杆 4. 除去杂质、安装防尘盖 5. 更换密封圈
内泄漏： 活塞两端串气	1. 活塞密封圈损坏 2. 润滑不良，活塞被卡住 3. 活塞配合面有缺陷，杂质挤入密封圈	1. 更换活塞密封圈 2. 重新安装，使活塞杆不受偏心负荷 3. 缺陷严重者更换零件，除去杂质
输出力不足，动作不平衡	1. 润滑不良 2. 活塞或活塞杆卡住 3. 气缸体内表面有锈蚀或缺陷 4. 进入了冷凝水、杂质	1. 调节或更换油雾器 2. 检查安装情况，清除偏心视缺陷大小再决定排除故障办法 3. 加强对分水滤气器和油水分离器的管理 4. 定期排放污水

续表

故　障	原　因	排除方法
缓冲效果不好	1. 缓冲部分的密封圈密封性能差 2. 调节螺钉损坏 3. 气缸速度太快	1. 更换密封圈 2. 更换调节螺钉 3. 研究缓冲机构的结构是否合适
损伤： 1. 活塞杆折断 2. 端盖损坏	1. 有偏心负荷 2. 摆动气缸安装销的摆动面与负荷摆动面不一致；摆动轴销的摆动角过大负荷很大，摆动速度又快 3. 有冲击装置的冲击加到活塞杆上；活塞杆承受负荷的冲击；气缸的速度太快 4. 缓冲机构不起作用	1. 调整安装位置，清除偏心 2. 使轴销摆角一致；确定合理的摆动速度 3. 冲击不得加在活塞杆上，设置缓冲装置 4. 在外部或回路中设置缓冲机构

表 17 - 5　　　　　　　　　　分水滤气器常见故障及其排除方法

故　障	原　因	排除方法
压力降过大	1. 使用过细的滤芯 2. 滤清器的流量范围太小 3. 流量超过滤清器的容量 4. 滤清器滤芯网眼堵塞	1. 更换适当的滤芯 2. 更换流量范围大的滤清器 3. 更换大容量的滤清器 4. 用净化液清洗（必要时更换）滤芯
从输出端逸出冷凝水	1. 未及时排出冷凝水 2. 自动排水器发生故障	1. 养成定期排水习惯或安装自动排水器 2. 修理（必要时更换）
输出端出现异物	1. 滤清器滤芯破损 2. 滤芯密封不严 3. 用有机溶剂清洗塑料件	1. 更换滤芯 2. 更换滤芯的密封，紧固滤芯 3. 用清洁的热水或煤油清洗
塑料水杯破损	1. 在具有有机溶剂的环境中使用 2. 空气压缩机输出某种焦油 3. 压缩机从空气中吸入对塑料有害的物质	1. 使用不受有机溶剂侵蚀的材料（如使用金属杯） 2. 更换空气压缩的润滑油，使用无油压缩机 3. 使用金属杯
漏气	1. 密封不良 2. 因物理（冲击）、化学原因使塑料杯产生裂痕 3. 泄水阀、自动排水器失灵	1. 更换密封件 2. 参看"塑料杯破损"栏 3. 修理（必要时更换）

表 17 - 6　　　　　　　　　　油雾器常见故障及其排除方法

故　障	原　因	排除方法
油不能滴下	1. 没有产生油滴下落所需的压差 2. 油雾器反向安装 3. 油道堵塞 4. 油杯未加压	1. 加上文丘里管或换成小的油雾器 2. 改变安装方向 3. 拆卸检查进行修理 4. 因通往油杯的空气通道堵塞，需拆卸修理

续表

故　障	原　因	排除方法
油杯未加压	1. 通往油杯的空气通道堵塞 2. 油杯大、油雾器使用频繁	1. 拆卸修理 2. 加大通往油杯空气通孔，使用快速循环式油雾器
油滴数不能减少	油量调整螺栓失效	检修油量调整螺栓
空气向外泄漏	1. 油杯破损 2. 密封不良 3. 观察玻璃破损	1. 更换油杯 2. 检修密封 3. 更换观察玻璃
油杯破损	1. 用有机溶剂清洗 2. 周围存在有机溶剂	1. 更换油杯，使用金属杯或耐有机溶剂杯 2. 与有机溶剂隔离

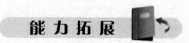

能力拓展

1. 管路安装应注意哪些问题？

2. 气动系统的保养与维护应注意哪些问题？

3. 气动系统的定期维护主要有哪些内容？

附录　常用液压与气动元件图形符号
（摘至 GB/T 786.1—2009）

附表 1　　　　　　　　　　　　符号要素、管路及连接

名　称	符　号	名　称	符　号
工作管路		液压	▶
控制、泄漏管路		气动	▷
组合元件框线		能量转换元件	◯
连接管路		测量仪表	○
交叉管路		控制元件	□
柔性管路		调节器件	◇

附表 2　　　　　　　　　　　　泵、马达和缸

名　称		符　号	名　称		符　号
定量泵	单向		单作用缸	单活塞杆缸	
	双向			伸缩缸	
变量泵	单向		双作用缸	单活塞杆缸	
	双向			双活塞杆缸	
定量马达	单向			可调缓冲缸（双、单向）	双向　　单向
	双向			伸缩缸	
变量马达	单向			增压器	
	双向			摆动马达	

附表 3　　　　　　　　　　　　　**控制机构和控制方法**

名　称		符　号	名　称		符　号
机械控制	顶杆式		压力控制	加压或卸压	
	单向滚轮式			内部	
	滚轮式			外部	
	弹簧式			电反馈	
人力控制	按钮式		先导控制	液压（加压）	
	手柄式			液压（卸压）	
	踏板式			气压（加压）	
电器控制	单作用电磁铁			电-液（加压）	
	双作用电磁铁			电-气（加压）	

附表 4　　　　　　　　　　　　　**控　制　元　件**

名　称	符　号	名　称	符　号
直动型溢流阀		直动型减压阀	
先导型溢流阀		先导型减压阀	
先导型比例电磁式溢流阀		溢流减压阀	
双向溢流阀		定差减压阀	

续表

名　　称	符　　号	名　　称	符　　号
先导型电磁溢流阀		直动型顺序阀	
		先导型顺序阀	
卸荷溢流阀		直动型卸荷阀	
单向顺序阀		或门型梭阀	
不可调节流阀		与门型梭阀	
可调节流阀		快速排气阀	
单向节流阀		带消声器的节流阀	
单向阀		液控单向阀	
减速阀		液压锁	
截止阀		二位二通换向阀	
调速阀		二位三通换向阀	

名　　称	符　　号	名　　称	符　　号
温度补偿型调速阀		二位四通换向阀	
旁通型调速阀		二位五通换向阀	
单向调速阀		三位四通换向阀	
压力继电器		旋转接头（三通路）	
行程开关		液压源	
通大气式油箱		气压源	
通大气式油箱（带空气滤清器）		电动机	
		原动机	
密闭式油箱		气灌	
蓄能器		气-液转换器	

参 考 文 献

［1］ 张安全，王德洪. 液压气动技术与实训［M］. 北京：人民邮电出版社，2007.

［2］ 侯会喜. 液压与气动技术［M］. 北京：北京理工大学出版社，2010.

［3］ 左健民. 液压与气压传动［M］. 4 版. 北京：机械工业出版社，2011.

［4］ 李鄂民. 液压与气压传动［M］. 北京：机械工业出版社，2001.

［5］ 丁树模，丁问司. 液压传动［M］. 3 版. 北京：机械工业出版社，2009.

［6］ 季明善. 液气压传动［M］. 2 版. 北京：机械工业出版社，2012.

［7］ 张利平. 液压传动系统及设计［M］. 北京：化学工业出版社，2005.

［8］ 赵波，王宏元. 液压与气动技术［M］. 3 版. 北京：机械工业出版社，2012.

［9］ 刘忠伟. 液压与气压传动［M］. 2 版. 北京：化学工业出版社，2011.

［10］ 徐灏. 机械设计手册（第 5 卷）［M］. 北京：机械工业出版社，2000.

［11］ 李壮云. 液压元件与系统［M］. 3 版. 北京：机械工业出版社，2011.

［12］ 张雅琴，姜佩东. 液压与气动技术［M］. 2 版. 北京：高等教育出版社，2009.

［13］ 张利平. 现代液压技术应用 220 例［M］. 北京：化学工业出版社，2004.

［14］ 符林芳，李稳贤. 液压与气压传动技术［M］. 北京：北京理工大学出版社，2010.